屋面与防水工程施工
（第3版）

主　编　刘广文　郭清彬　姚玲云

副主编　刘振亮　于庆华　蒋水兵

参　编　孙庆霞　徐福龙　徐明霞

　　　　赵　蕾　徐基平　焦　俭

　　　　崔建举　赵明晓　刘国诚

主　审　牟培超　高　原

北京理工大学出版社

BEIJING INSTITUTE OF TECHNOLOGY PRESS

内 容 提 要

本书介绍了建筑工程的屋面与防水工程施工的原理和施工过程。同时，根据编者多年的防水工程实践经验，增加了对于防水具有指导意义的材料特性的内容，总结了一些好的防水做法，指出了当前防水工程中存在的错误做法。本书针对高等院校学生的特点，语言通俗易懂，原理简明扼要。本书共分为7个单元，主要内容包括：建筑防水原理与原则、建筑防水材料及施工工具、地下防水工程施工、屋面工程施工、楼地面防水施工、外墙防水施工、防水修缮施工。

本书可作为高等院校土木工程类相关专业的教材，也可作为施工员或防水专业人员岗位培训教材和建筑工程技术人员的参考书。

图书在版编目（CIP）数据

屋面与防水工程施工 / 刘广文，郭清彬，姚玲云主编.--3版.--北京：北京理工大学出版社，2024.1
　　ISBN 978-7-5763-3371-8

Ⅰ.①屋…　Ⅱ.①刘…　②郭…　③姚…　Ⅲ.①屋顶－建筑防水－工程施工　Ⅳ.①TU761.1

中国国家版本馆CIP数据核字（2024）第032403号

责任编辑：李玉昌	**文案编辑**：李玉昌
责任校对：周瑞红	**责任印制**：王美丽

出版发行 / 北京理工大学出版社有限责任公司

社　　址 / 北京市丰台区四合庄路 6 号

邮　　编 / 100070

电　　话 / （010）68914026（教材售后服务热线）

　　　　　（010）68944437（课件资源服务热线）

网　　址 / http：//www.bitpress.com.cn

版 印 次 / 2024 年 1 月第 3 版第 1 次印刷

印　　刷 / 河北鑫彩博图印刷有限公司

开　　本 / 787 mm×1092 mm　1/16

印　　张 / 15.5

字　　数 / 415 千字

定　　价 / 89.00 元

第3版前言

本书自2013年出版发行以来，其内容历经了3个版本的更新。在此期间，编者深刻地意识到：一本好的教材，其内容及相应的教学过程都应该落实在纸上，从而让使用教材的人——无论是学生还是工程技术人员，都能通过阅读教材实时复原课堂教学的情景；另外，教材的内容应该是完整且齐全的，不需要借助第三方技术或手段来完善学习过程。但是，教材中可以列举出相应的参考书目，也可以列举出阅读清单，这样进行处理的目的是让学生能更好地理解和掌握教学内容。

随着屋面与防水工程新技术、新工艺、新材料的不断涌现及在工程建设过程中的广泛使用，为使本书内容能更好地符合屋面与防水工程施工实际，编者结合自身收集并阅读国内外的不同专业的多本教材和防水专业书籍时所产生的感悟，再次对本书进行了修订。本次修订过程中，重点补充了STEM的内容，即科学、技术、工程和数学，特别是计量单位制、建筑材料的性质、防水原理等内容，从物理学、数学、材料学等方面丰富了教材的内容，让读者得到基本的科学和工程训练。使用本版教材，无论是自学还是课堂学习，读者都将会得到一个工程师的完整训练。本次修订时，继续坚持本书编写的初衷，即使本书能够作为教材使用的同时，又能成为指导实际工作的一本工具手册，让学生学习完课程之后，走上工作岗位之后还能继续使用。

本版教材修订时，编者充分总结并吸纳了部分优秀教材的编写思路及模式，内容阐述由简到难，并结合实际工程项目，补充了大量的训练素材，从而最大化地发挥实训教学的作用，使读者在学习相关理论知识的同时，通过按照教材认真进行训练，步步为营，掌握相应的实践技能。

2022年10月，山东省住房和城乡建设厅《关于调整新建住宅工程质量保修期的指导意见》（鲁建质安字〔2022〕4号）将屋面防水工程，有防水要求的卫生间、房间和外墙面防渗漏的质量保修期由5年调整为10年。这一调整彰显了防水工程的重要和社会对建筑工程防水的重视。在这一背景下，对学生进行防水方面的实训训练，促使学生掌握相应的防水工作技能就显得尤为重要和必要。为此，本版教材在每章开始都增加了学习目标，包括知识目标、技能目标和素质目标，可以让读者聚焦学习内容的核心；并进一步完善了防水原理，增加了一些施工中常用的基础知识，补充了课后习题。

本书是山东城市建设职业学院的省级精品课程"屋面与防水工程施工"的配套教材。为推进线上线下混合式教学，本书在超星平台配套开设了"屋面与防水工程施工"在线课程，读者可扫描右侧的二维码或登录超星平台网站，搜索"屋面与防水工程施工"课程（https://mooc1.chaoxing.com/course/204111288.html）进行学习。

本书由山东城市建设职业学院刘广文、中铁建设集团中原建设有限公司郭清彬、德州职业技术学院姚玲云担任主编，由山东天齐置业集团股份有限公司刘振亮、山东城市建设职业学院于庆华、中铁建设集团中原建设有限公司蒋水兵担任副主编，参加本版教材编写的有山东城市建设职业学院孙庆霞、中铁建设集团中原建设有限公司徐福龙、山东城市建设职业学院徐明霞、山东城市建设职业学院赵蕾、山东城市建设职业学院徐基平、中铁建设集团中原建设有限公司焦俭、中铁建设集团中原建设有限公司崔建举、中铁建设集团中原建设有限公司赵明晓、中铁建设集团中原建设有限公司刘国诚。本书任务一由刘广文、姚玲云、郭清彬、于庆华编写；任务二、任务六由刘广文、孙庆霞、姚玲云、蒋水兵编写；任务三由徐明霞、刘振亮、徐福龙、焦俭编写；任务四由刘广文、赵蕾、于庆华、刘振亮、赵明晓编写；任务五由赵蕾、刘广文、姚玲云、郭清彬、刘国诚编写；任务七由刘广文、徐福龙、徐基平、崔建举编写。全书由山东城市建设职业学院牟培超、高原主审。

本书编写过程中参考了大量文献资料，在此谨向原著者表示诚挚的谢意。

由于编者水平有限，书中难免有不足之处，请各位读者批评指正。

编　者

第2版前言

　　屋面的主要功能是抵御自然界的风霜雨雪、太阳辐射、气温变化和其他不利的外在因素。防水主要是防止地下水、雨水、生活水渗出和渗入。屋面与防水的失效将严重影响房屋的使用功能的正常发挥。屋面漏雨、外墙渗漏、厨卫间渗漏、地下室渗漏都是影响建筑工程使用的施工缺陷。

　　屋面与防水工程施工课程主要培养学生在屋面与防水工程施工方面的职业能力和职业素养。通过本课程的学习，学生能够进行屋面、外墙、厨卫间、地下室的防水施工，将为学生毕业后从事此类工作奠定基本的能力基础。

　　屋面与防水工程施工的理论性和实践性都很强，无论是课程学习还是工程实际，都应该理论联系实际。如果不掌握防水材料的性能和适用条件的理论，就无法在实践中选择合适的防水材料。不掌握防水的原理，就不能正确编制施工方案并指导施工。因此，本书编写的初衷就是理论和实践并重。重视理论，努力把本书写成一本手册，让学生学习完课程之后，走上工作岗位还能有用。重视实践，就是书中反映最新的工程实践，把工程中的设计图纸、施工方案、技术交底、质量验收和通病防治的内容编入教材。这样做，可以让学生没出校门就知道岗位上要干什么，有利于实现学岗直通。当然，采用本书的学校应该配备必要的实践场所，最好有防水操作工人现场演示防水施工操作。

　　本书是作为山东城市建设职业学院省级精品课程"屋面与防水工程施工"的教材使用的。本书根据编者二十多年的建筑施工实践，结合高职高专院校学生的特点进行编写。本书共分为7个单元。单元1建筑防水原理与原则，介绍现代建筑防水的原理和原则，理论性较强；单元2认识防水材料及施工工具，主要介绍防水材料和工具，具有手册的性质；单元3地下防水工程施工，理论与实际相结合介绍地下防水工程的施工；单元4屋面工程施工，理论和实际相结合介绍屋面工程施工，包括屋面保温层的施工；单元5楼地面防水施工，相当于一些教材里的厨卫间防水施工，本书考虑厨卫间防水只是楼地面防水的特例，故作扩展；单元6外墙防水施工，根据最新规范编写，适应社会需求；单元7防水修缮施工，提升学生对防水失效的维修能力。

　　本书第2版根据工程实践补充了防水原理，补充了地下防水的要点，并对传统做法中一

1

些不利于防水的要求进行了修订。

本书由山东城市建设职业学院刘广文、山东天齐置业集团股份有限公司胡安春、山东商务职业学院陈楠担任主编，由山东正元建设工程有限责任公司韩锐、山东天齐置业集团股份有限公司王冰担任副主编，山东城市建设职业学院孙庆霞、山东天齐置业集团股份有限公司姜明向和褚鹏、山东城市建设职业学院赵蕾参加了本书的编写。具体编写分工如下：单元1由刘广文、胡安春编写；单元2、单元6由陈楠、孙庆霞编写；单元3由胡安春、王冰、姜明向编写；单元4由刘广文、赵蕾编写；单元5由韩锐、褚鹏、王冰编写；单元7由刘广文、韩锐编写。全书由山东城市建设职业学院建筑工程系主任、一级注册结构师牟培超副教授主审。

本书编写过程中参考了大量文献资料，在此谨向原著者表示诚挚的谢意。由于编者水平有限，书中难免有不足之处，请读者批评指正。

编　者

第1版前言

　　本书依据《屋面工程技术规范》（GB 50345）、《建筑装饰装修工程质量验收规范》（GB 50210）、《建筑工程施工质量验收统一标准》（GB 50300）、《民用建筑工程室内环境污染控制规范(2013版)》（GB 50325）等最新标准和规范，结合编者多年的施工经验和教学经验编写而成。

　　本书打破了传统的以学科体系编写教材的模式，按照建筑产品的生产工序和工作过程构建课程体系，以屋面与装饰工程施工过程为主线，构建出建筑防水材料基本知识，屋顶构造及屋面防水工程施工，防水工程季节性施工及安全技术，抹灰工程施工，门窗工程施工，吊顶工程施工，轻质隔墙工程施工，饰面板（砖）工程施工，幕墙工程施工，涂饰、裱糊与软包工程施工，楼地面工程施工等工作项目，每个工作项目分为若干工作任务，可满足"工学结合"的人才培养模式和"项目导向""任务驱动"等教学模式的需要。本书重点分析了屋面与装饰工程的施工准备、工艺流程、施工要点、工程质量检测与验收等技术问题，着力探讨工程施工方案的阅读与编制。

　　本书图文并茂，简明易懂，深入浅出，突出以能力为主的教育教学特点，便于学生了解工程实际情况，掌握专业技能。每个工作项目都配有知识目标和技能目标，以及项目小结和复习思考题，便于学生学习和应用，具有很强的实用性和指导性。

　　本书由刘宇、赵继伟、赵莉担任主编；扈恩华、刘强、陈秋霞、侯旭魁担任副主编。具体编写分工如下：刘宇编写项目2、项目3、项目6和项目9；赵继伟编写项目4、项目7和项目12；赵莉编写项目11；扈恩华编写项目1；陈秋霞编写绪论、项目8；刘强编写项目10；侯旭魁编写项目5。全书由刘宇和赵继伟统稿并定稿。

　　本书在编写过程中，参阅和引用了相关专家和学者公开出版的著作、标准和规范及其他资料，在此对相关文献的作者致以衷心的感谢！

　　由于编者水平所限，书中难免有缺点、错误和不足之处，希望读者提出宝贵意见，给予批评指正。

编　者

目 录

单元1　建筑防水原理与原则

学习目标

知识目标：

1. 了解水渗入建筑物的围护系统需要具备的条件；
2. 掌握建筑防水的基本原理；
3. 掌握现代建筑防水的技术原理；
4. 了解零延伸断裂原理，理解防水渗漏的原因；
5. 掌握建筑防水渗漏的原则。

能力目标：

1. 能够计算材料的性能指标；
2. 能够依据防水原理设计防水构造层次。

素养目标：

1. 具有社会责任感和良好的职业操守，诚实守信，严谨务实，爱岗敬业，团结协作；
2. 树立安全至上、质量第一的理念，坚持安全生产、文明施工。

任务描述

对于建筑物的屋面、地面和外墙等部分要防止水渗入，对于蓄水池等构筑物要防止水泄漏。与其他科学技术相同，防水也需要掌握一些基本的知识，掌握渗漏的原因和防水的原则。本单元就是要求学生掌握建筑防水的原理、渗漏的原因、防水的原则并会应用这些理论分析解决实际问题。

任务要求

现场勘察一个住宅或其他建筑物的地下室是否有渗漏现象。

如果该地下室有渗漏现象，根据本单元的防水材料的性能要求及防水原理，分析可能的渗漏原因。根据本单元学习的防水原理，如果让你负责这个地下室的施工，思考如何确保这个地下室不发生渗漏。

如果地下室没有渗漏现象，根据本单元的防水材料的性能要求及防水原理，分析这个地下室没有发生渗漏的原因。根据本单元学习的防水原理，如果让你负责这个地下室的施工，思考你应该怎样从技术原理上保证地下室不发生渗漏。

任务实施

1.1　建筑防水的原理

1.1.1　计量单位制

土木工程师需要处理很多测量（即测物理量）工作，在建筑防水的施工中，测量也是不可缺少的工作，无论这些工作是在哪里完成的，都需要采用专业人士(包括防水作业人员)都能明白的标准语言表示测量结果。这种专业人士都能明白的标准语言就是 1960 年由国际度量会议确定采用的国际单位制(Système Internationald' Unités，SI)。国际单位制包括 7 个基本单位，由此可以推导出其他所有物理量的单位。表 1-1 给出了国际单位制的 7 个基本单位。

表 1-1　国际单位制的 7 个基本单位

量名称	物理量符号	物理量单位	单位的名称	单位的符号
时间	t	1s	秒	s
长度	L	1m	米	m
质量	m	1kg	千克	kg
电流	I	1A	安培	A
热力学温度	T	1K	开尔文	K
物质的量	$n(\nu)$	1mol	摩尔	mol
发光强度	$I(Iv)$	1cd	坎德拉	cd

国际单位制可以利用基于 10 的幂次方的前缀将更大或更小的单位与基本单位联系起来，表 1-2 给出了国际单位制的前缀及其符号。例如，以下几种形式都表示同一种距离：600 000 000 mm、600 000 m、600 km。

表 1-2　国际单位制前缀及其符号

表示的因数	前缀名称	前缀符号	表示的因数	前缀名称	前缀符号
10^{18}	艾[可萨]	E	10^{-1}	分	d
10^{15}	拍[它]	P	10^{-2}	厘	c
10^{12}	太[拉]	T	10^{-3}	毫	m
10^{9}	吉[咖]	G	10^{-6}	微	μ
10^{6}	兆	M	10^{-9}	纳[诺]	n
10^{3}	千	K	10^{-12}	皮[可]	p
10^{2}	百	H	10^{-15}	飞[母托]	f
10^{1}	十	da	10^{-18}	阿[托]	a

【例 1-1】　泛水高度是指从卫生间刷防水涂料的地面到墙面上涂料涂刷最高点的距离，如图 1-1 所示。图 1-2 所示为某卫生间的设计图纸，图中结构柱为 600 mm×600 mm 方柱。如果该卫生间及前室的楼面需要涂刷防水涂料，请计算该地面的防水面积(忽略卫生间内部隔断面积，泛水高度取 300 mm)。

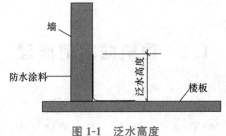

图 1-1　泛水高度

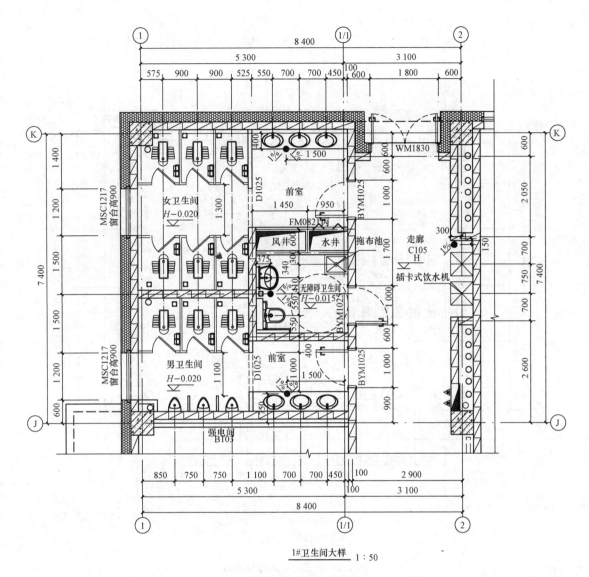

1#卫生间大样 1:50

图1-2 某卫生间的设计图纸

解：卫生间的长：7 400＋100－300＝7 200(mm)＝7.2 m

卫生间的宽：5 300＋100＋100＝5 500(mm)＝5.5 m

风井长度：2 600 mm＝2.6 m

风井宽度：700 mm＝0.7 m

于是卫生间地面涂料面积：$7.2 \times 5.5 - 2.6 \times 0.7 - 0.4 \times 0.3 - 5.5 \times 0.2 - 2.9 \times 0.2 = 35.98 (\text{m}^2)$

男卫生间泛水涂料面积：$[(0.6 - 0.3 + 1.2 + 1.5 - 0.1) \times 2 - 1] \times 0.3 + 5.5 \times 0.3 = 3.09 (\text{m}^2)$

女卫生间泛水涂料面积：$[(1.5 - 0.1 + 1.2 + 1.4 + 0.1) \times 2 - 1] \times 0.3 + 5.5 \times 0.3 = 3.81 (\text{m}^2)$

总防水涂料面积：$35.98 + 3.09 + 3.81 = 42.88 (\text{m}^2)$

【练习】 图1-3所示为某卫生间的设计图纸，如果该卫生间的楼面需要涂刷防水涂料，请计算该地面的防水面积(泛水高度取300 mm，卫生间周边墙厚为200 mm，内隔墙墙厚为100 mm)。

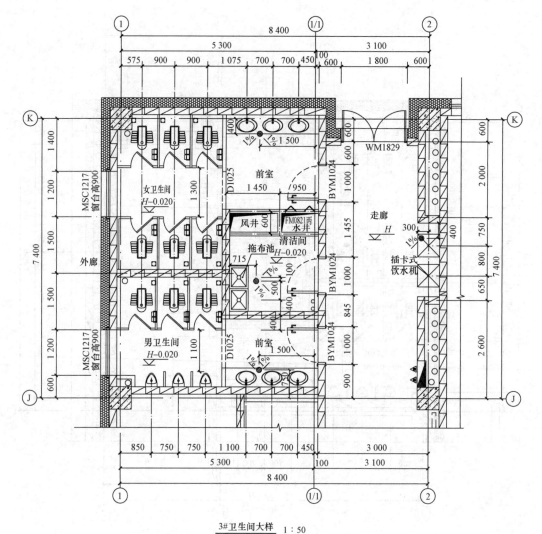

图 1-3　某卫生间的设计图纸

1.1.2　建筑材料与防水相关的性质

1. 材料的组成、结构与构造

(1)材料的组成。材料的组成包括材料的化学组成、矿物组成和相组成。材料的组成是决定材料性质的最基本因素。材料是否可以用于建筑防水，也是由材料的性质决定的。

1)材料的化学组成。材料的化学组成是指构成材料的化学元素及化合物的种类和数量。无机非金属材料常用组成其的各氧化物的含量来表示；金属材料常用组成其的各化学元素的含量来表示；有机材料则常用组成其的各化合物的含量来表示。材料的化学组成是决定材料化学性质、物理性质和力学性质的主要因素。

沥青的化学组成包括高分子碳氢化合物及非金属(氧、氮、碳等)衍生物。改性沥青的化学组成包括沥青及添加的橡胶、树脂、高分子聚合物、磨细的橡胶粉或其他填料。由于化学组成的不同，沥青与改性沥青的化学性质、物理性质和力学性质均存在差异。因此，沥青和改性沥青在防水工程中的使用条件也就不同。

2)材料的矿物组成。矿物是具有一定化学成分和结构特征的稳定单质或化合物。矿物组成是指构成材料的矿物种类和数量。无机非金属材料是由各种矿物组成的。材料的化学组成不同，其矿物组成不同；相同的化学组成，可组成多种不同的矿物。矿物组成不同的材料，其性质也不同。防水材料中用到了板岩、细砂等矿物材料。

3)材料的相组成。材料中具有相同结构、相同成分和性能，并以界面相互分开的均匀组成部分称为相。相组成是指构成材料的相的种类、数量、大小、形态和分布。自然界中的物质可分为气相、液相和固相。材料中同种化学物质由于加工工艺不同，温度、压力等环境条件不同，可形成不同的相。同种物质在不同的温度、压力等环境条件下，也常会转变其存在状态，如由气相转变为液相或固相。如沥青类材料当温度升高时，就会从固相转变为液相。当组成相的数量、大小、形态和分布不同时，材料的性能也就不同。例如，可以通过改变沥青的相组成来改变沥青的性能，这种沥青称为改性沥青。防水材料大多是多相固体或液体材料，这种由两相或两相以上的物质组成的材料，称为复合材料。例如，合成高分子卷材可认为是由合成高分子材料与化学助剂和填料组成的多相复合材料。沥青可以认为是由油分、树脂和沥青质三相组成的复合材料。防水层中还有采用由彼此相容的卷材和涂料组合而成的复合防水层。

复合材料的性质与其构成材料的相组成和界面特性有密切关系。所谓界面是指多相材料中相与相之间的分界面。在实际材料中，界面是一个较薄区域，它的成分和结构与相内的部分是不同的，可以作为"界面相"来处理。因此，对于防水材料，可以通过改变或控制其相组成和界面特性，来改善和提高材料的防水性能。

防水卷材中带有胎体增强材料的防水卷材及合成高分子复合片都属于复合材料的范畴。

(2)材料的结构。材料的结构是决定材料性能的另一个极其重要的因素。材料的结构可分为微观结构、细观结构和宏观结构。

1)材料的微观结构。微观结构是指普通电子显微镜分辨的结构范围，结构组成单元是微晶粒、胶粒等粒子(单个粒子的形状、大小和分布)，包括材料物质的种类、形态、大小及其分布特征。微观结构是高分辨电子显微镜分辨的结构范围，结构组成单元是原子、分子、离子或离子团等质点(质点在相互作用力下的聚集状态、排列形式)。微观结构的尺寸范围为 $10^{-10} \sim 10^{-6}$ m。材料的许多物理性质，如强度、硬度、弹塑性、导热性等都与其结构有密切关系。土木工程材料的使用状态一般为固体，固体的微观结构可分为晶体和非晶体两大类，而非晶体材料又可分为玻璃体和胶体两类。

2)材料的细观结构。细观结构是指光学显微镜能分辨的结构范围，结构组成单元是相(相的种类、数量、形貌、相互关系等)，尺寸范围为 $10^{-4} \sim 10^{-3}$ m。细观结构主要研究材料内部的晶粒、颗粒等的大小和形态、晶界或界面的形态、孔隙与微裂纹的大小、形状及分布，如水泥石的孔隙结构、金属的金相组织、木材的纤维和管胞组织等。

3)材料的宏观结构。宏观结构是指人眼或借助放大镜能分辨的结构范围，结构组成单元是相、颗粒、组成材料(孔隙、裂纹不同材料的组合与复合方式等)，尺寸范围在 10^{-3} m 级以上。宏观结构主要研究和分析材料的组合与复合方式、组成材料的分布情况、材料中的孔隙构造、材料的构造缺陷等。

常见土木工程材料的宏观结构，按孔隙特征可分为密实结构、多孔结构、微孔结构；按存在状态或构造特征可分为纤维结构、聚集结构、层状(叠合)结构、散粒结构。材料的宏观结构及主要特征见表1-3。

表 1-3　材料的宏观结构及主要特征

宏观结构	主要特征	常用材料
密实结构	高强、不透水、耐腐蚀	钢铁、玻璃、塑料
多孔结构	质轻、保温、绝热、吸声	泡沫塑料、泡沫玻璃、泡沫混凝土
微孔结构	有一定强度、质轻、保温、绝热、吸声	石膏制品、烧结黏土制品
纤维结构	抗拉强度高、质轻、保温、吸声、吸湿	木、竹、玻璃纤维
聚集结构	综合性能好、强度高、价格低	水泥混凝土、砂浆、沥青混合料、防水涂膜
层状结构	综合性能好	纸面石膏板、胶合板、改性沥青、防水卷材
散粒结构	混凝土集料、轻集料、保温绝热材料	砂、石子、陶粒、膨胀珍珠岩、蛭石

　　具有相同组成和微观结构的材料，可以制成宏观构造不同的材料，其性质和用途随宏观构造的不同差别很大，如玻璃与泡沫玻璃、塑料与泡沫塑料、普通混凝土与加气混凝土；而宏观构造相似的材料，即便其组成和微观结构不同，也具有某些相同或相似的性能和用途，如泡沫玻璃、泡沫塑料、加气混凝土，都具有保温隔热的功能。工程上，常用改变材料的密实度、孔隙结构，应用复合材料等方法，来改善材料的性能，以满足不同的需要。

　　(3)材料的构造。材料的构造是指具有特定性质的材料结构单元的相互搭配情况。构造这一概念与结构相比，进一步强调了相同材料或不同材料之间的搭配与组合关系，如材料的孔隙、岩石的层理、木材的纹理等，这些构造的特征、大小、尺寸及形态等，决定了材料特有的一些性质。同一种类的材料，其构造越均匀、密实，强度越高；构造呈层状、纤维状的，具有各向异性的性质；构造是疏松、多孔的，除降低材料的强度、表观密度外，还会影响其导热性、渗透性、抗冻性、耐久性等。又如具有特定构造的节能墙板，就是由具有不同性质的材料，经一定组合搭配而成的一种复合材料，它的构造赋予了墙板良好的隔热保温、隔声、防火、抗震、坚固耐久等功能和性质。

　　材料的组成相同，结构、构造不同，可具有不同的用途，如平板玻璃可用于采光，玻璃纤维可用于增强混凝土，泡沫玻璃则可用于隔热保温；材料的组成不同，结构、构造相同，则可具有相同的用途，如泡沫塑料和泡沫玻璃，均可用作隔热保温材料。因此，材料的构造状态通常决定它的使用性能和使用方法。

　　2. 材料内部孔隙与性质

　　从材料的构造来说，任何材料都有内部的孔隙，孔隙对材料的性质有很大的影响，特别是对建筑材料防水性能有很大影响。

　　(1)内部孔隙的来源与产生。材料在宏观和细观层次上都含有一定数量及一定大小的孔隙，所以，孔隙是材料的组成部分之一，仅少数致密材料(如玻璃、金属)可近似看成是绝对密实的。

　　天然材料的内部孔隙是在其形成过程中产生的。人造材料的内部孔隙是在生产过程中受生产条件所限，混入气体，而又去除不完全形成的；或是为改变其性质，在材料设计和制造中，有意形成的孔隙。如混凝土和水泥砂浆是由水泥胶结散粒材料形成的，材料在混合中有一定量的气体引入，另外，为保证和易性，施工用水量也大大超过水泥水化的需要，多余水分蒸发后，便形成了一定量的孔隙；保温绝热材料，则需要其内部有大量密闭空气，以降低导热系数，因此，多数需要引入气体的发泡工艺。

　　(2)孔隙的分类。

　　1)按内部孔隙的大小可将孔隙分为微细孔、毛细孔、较粗大孔和粗大孔等。在无机非金属材料中，孔径小于 20 nm 的微细孔，水或有害气体难以侵入，可视为无害孔隙。

2）按孔隙的形状可分为球状孔隙、片状孔隙（裂纹）、管状孔隙、墨水瓶状孔隙、尖角孔隙等。

3）按常压下水能否进入，可分为开口孔隙（连通孔隙）和闭口孔隙。闭口孔隙常压下水不能进入，但当水压力高于孔壁阻力时，水也会进入其中。球状孔隙是闭口孔隙，其他形状的孔隙为开口孔隙。开口孔隙对材料性质的影响较大，可使材料的大多数性质降低。

（3）孔隙对材料性质的影响。同一种材料其孔隙率越高，密实度越低，则材料的表观密度、体积密度、堆积密度越小，强度、弹性模量越低；耐磨性、耐水性、抗渗性、抗冻性、耐腐蚀性及其他耐久性越差，而吸水性、吸湿性、保温性、吸声性越强。

孔隙是开口还是闭口，对性质的影响也有差异。水和侵蚀介质容易进入开口孔隙，开口孔隙多的材料，其强度、耐磨性、耐水性、抗渗性、抗冻性、耐腐蚀性等性质下降更多，而其吸声性、吸湿性和吸水性更好，孔隙的尺寸越大，其影响也越大。适当增加材料中密闭孔隙的比例，可阻断连通孔隙，部分抵消冰冻的体积膨胀，在一定范围内提高其抗渗性、抗冻性。在混凝土中使用引气剂就属于这类做法。

3. 材料的体积组成与密度

材料的基本性质包括体积、质量和密度。特别是密度对材料的性质影响很大。

（1）材料的体积组成。大多数材料的内部都含有孔隙，孔隙的多少和孔隙的特征对材料的性能均产生影响。孔隙特征主要是指孔尺寸、孔与外界是否连通。

含孔材料的体积包括材料绝对密实体积、材料的孔体积和材料在自然状态下的体积。

1）材料绝对密实体积（V），是指不包括材料内部孔隙的固体物质本身的体积。

2）材料的孔体积（V_p），是指材料所含孔隙的体积，可分为开口孔体积（记为 V_K）和闭口孔体积（记为 V_B）。

3）材料在自然状态下的体积用 V_0 表示，是指材料的密实体积与材料所含全部孔体积之和。

上述三种体积存在以下关系：

$$V_0 = V + V_p \tag{1-1}$$

其中

$$V_p = V_K + V_B \tag{1-2}$$

散粒状材料的体积组成包括颗粒的固体物质体积 V、颗粒的闭口孔体积 V_B、颗粒间的间隙体积 V_j 及颗粒的开口孔体积 V_K。

用 $V_0{}'$ 表示材料堆积体积，是指在堆积状态下的材料颗粒体积和颗粒之间的间隙体积之和。表示颗粒与颗粒之间的间隙体积。散粒状土木工程材料体积关系如下：

$$V_0{}' = V_0 + V_j = V + V_p + V_j$$

（2）材料的密度、表观密度和堆积密度。

1）密度。材料在绝对密实状态下单位体积的质量，称为材料的密度。其可按下式计算：

$$\rho = \frac{m}{V} \tag{1-3}$$

式中　ρ——材料的密度（g/cm^3 或 kg/m^3）；

m——材料的质量（干燥至恒重）（g 或 kg）；

V——材料的绝对密实体积（cm^3 或 m^3）。

多孔材料的密度测定，关键是测出绝对密实体积。测定含孔材料绝对密实体积的简单方法是将该材料磨成细粉，干燥后用排液法测得的粉末体积即绝对密实体积。由于磨得越细，内部孔隙消除得越完全，测得的体积也就越精确，因此，一般要求细粉的粒径小于 0.2 mm。

对于砂石，因其孔隙率很小，$V \approx V_0$，常不经磨细，直接采用排水法测定其密度。对于本身不绝对密实，而采用排液法测得的密度称为视密度或近似密度。

2）表观密度。材料在自然状态下单位体积的质量，称为材料的表观密度。其可按下式计算：

$$\rho_0 = \frac{m}{V_0} \qquad (1-4)$$

式中　ρ_0——材料的表观密度（kg/m³）；

　　　m——材料的质量（kg）；

　　　V_0——材料在自然状态下的体积（m³）。

测定材料在自然状态下的体积的方法较简单，若材料外观形状规则，可直接度量外形尺寸，按几何公式计算；若外观形状不规则，可用排液法测得，为了防止液体由孔隙渗入材料内部而影响测定值，应在材料表面涂蜡。对于砂石，由于孔隙率很小，常称视密度为表观密度，如果要测定砂石真正意义上的表观密度，应蜡封开口孔后用排水法测定。

当材料含水时，质量增大，体积也会发生变化，所以，测定表观密度时须同时测定其含水率，注明含水状态。材料的含水状态有风干（气干）、烘干、饱和面干和湿润四种。一般为气干状态，烘干状态下的表观密度称为干表观密度。

3）堆积密度。散粒材料在堆积状态下单位堆积体积的质量，称为材料的堆积密度。其可按下式计算：

$$\rho_0 = \frac{m}{V_0'} \qquad (1-5)$$

式中　ρ_0——散粒材料的堆积密度（kg/m³）；

　　　m——材料的质量（kg）；

　　　V_0'——散粒材料的堆积体积（m³）。

材料的堆积密度也应注明材料的含水状态。根据散粒材料的堆积状态，堆积体积可分为自然堆积体积和紧密堆积体积（人工捣实后）。由紧密堆积测得的堆积密度称为紧密堆积密度。

（3）材料的密实度与孔隙率。

1）密实度。材料体积内被固体物质充实的程度，称为材料的密实度。其可按下式计算：

$$D = \frac{V}{V_0} \times 100\% \qquad (1-6)$$

或

$$D = \frac{\rho_0}{\rho} \times 100\% \qquad (1-7)$$

2）孔隙率。材料中孔隙体积占材料总体积的百分率，称为材料的孔隙率。其可按下式计算：

$$P = \frac{V_0 - V}{V_0} \times 100\% \qquad (1-8)$$

或

$$P = \left(1 - \frac{\rho_0}{\rho}\right) \times 100\% \qquad (1-9)$$

即

$$D + P = 1 \qquad (1-10)$$

孔隙率的大小反映了材料的密实程度，孔隙率大，则密实度小。工程中对保温隔热材料和吸声材料，要求其孔隙率大，而高强度的材料，则要求孔隙率小。工程上，一般通过测定材料的密度和表观密度来计算材料的孔隙率。

材料内部的孔隙是各式各样的，十分复杂。孔隙的大小、形状、分布、连通与否等，均属于孔隙构造上的特征，统称为孔隙特征。孔隙特征对材料的物理、力学性质均有显著影响。通常，在一般工程应用上，材料的孔隙特征主要是指孔隙的大小和连通性。根据孔隙的孔径大小可分为粗大孔隙(孔径达 1 mm 以上)、细小孔隙(孔径在 1 mm 以下)、微细孔隙(孔径在 10 μm 以下)三类。按孔隙的连通性可将孔隙分为开口孔隙和闭口孔隙。开口孔隙(简称开孔)如常见的毛细孔。在一般浸水条件下,开孔能吸水饱和。开口孔隙能提高材料的吸水性、透水性、吸声性,并降低抗冻性;闭口孔隙(简称闭孔)能提高材料的隔热保温性能和耐久性。

(4)材料的填充率与空隙率。

1)填充率。散粒材料在堆积体积中,被散粒材料的颗粒填充的程度,称为材料的填充率。其可按下式计算:

$$D' = \frac{V}{V_0'} \times 100\% \qquad (1-11)$$

或

$$D' = \frac{\rho_0'}{\rho_0} \times 100\% \qquad (1-12)$$

2)空隙率。散粒材料在堆积状态下,颗粒之间的空隙体积占堆积体积的百分率,称为材料的空隙率。其可按下式计算:

$$P' = \frac{V_0' - V_0}{V_0'} \times 100\% \qquad (1-13)$$

或

$$P' = \left(1 - \frac{\rho_0'}{\rho_0}\right) \times 100\% \qquad (1-14)$$

即

$$D' + P' = 1 \qquad (1-15)$$

空隙率的大小反映了散粒材料堆积时的致密程度,与颗粒的堆积状态密切相关,可以通过压实或振实的方法获得较小的空隙率,以满足不同工程的需要。

4. 材料与水有关的性质

(1)亲水性材料和憎水性材料。材料与水接触时,因材料不同,遇水后和水的相互作用情况也不同。根据材料表面被水润湿的情况,可分为亲水性材料(Hydrophilic Material)和憎水性材料(Hydrophobic Material)。

润湿是水在材料表面被吸附的过程,当材料在空气中与水接触时,在材料、水、空气三相交点处,沿水滴表面所作切线与材料表面所夹的角,称为润湿角 θ。若材料分子与水分子之间相互作用力大于水分子之间作用力时,材料表面就会被水润湿,此时 $\theta \leqslant 90°$[图 1-4 (a)],这种材料称为亲水性材料;反之,若材料分子与水分子之间相互作用力小于水分子之间作用力时,则认为材料不能被水润湿,此时 $90° < \theta < 180°$[图 1-4 (b)],这种材料称为憎水性材料。很显然 θ 越小,材料的亲水性越好,$\theta = 0°$ 时表明材料完全被水润湿。

多数建筑材料,如石料、砖、混凝土、木材等都属于亲水性材料。沥青、石蜡、橡胶、塑料等属于憎水性材料,这类材料能阻止水分渗入材料内部,降低材料吸水性。因此,憎水性材料经常作为防水、防潮材料或用作亲水性材料表面的憎水处理。

(2)吸水性。吸水性(Water Absorption)是指材料在水中吸收水分的性质,其大小用吸水率表示。吸水率有质量吸水率和体积吸水率两种。

1)质量吸水率。材料在吸水饱和状态下,吸收水分的质量占材料干燥质量的百分率,称为质量吸水率。其计算公式如下:

$$W_{质} = \frac{m_{吸} - m_{干}}{m_{干}} \times 100\% \qquad (1-16)$$

式中　$W_{质}$——材料的质量吸水率(%);

$m_{吸}$——材料吸水饱和后的质量（g）；

$m_{干}$——材料在干燥状态下的质量（g）。

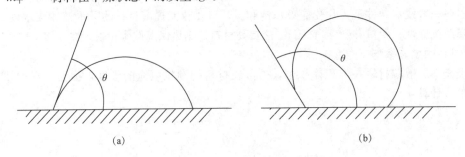

图1-4 材料的润湿角

(a)亲水性材料；(b)憎水性材料

2)体积吸水率。材料吸水饱和后，吸入水的体积占干燥材料自然体积的百分率，称为体积吸水率。其计算公式如下：

$$W_{体}=\frac{m_{吸}-m_{干}}{V_{干}} \cdot \frac{1}{\rho_{w}}\times100\% \tag{1-17}$$

式中 $W_{体}$——材料的体积吸水率（%）；

ρ_{w}——水的密度（g/cm³）；

$V_{干}$——干燥材料在自然状态下的体积（cm³）；

其他符号意义同前。

计算材料吸水率时，一般是指质量吸水率，但对于某些轻质多孔材料，如加气混凝土、软木等，由于具有很多开口微小的孔隙，其质量吸水率往往超过100%，此时常用体积吸水率来表示其吸水性。如无特别说明，吸水率通常是指质量吸水率。

材料吸水率不仅与材料的亲水性、憎水性有关，而且与材料的孔隙率和孔隙构造特征有密切关系。一般来说，密实材料或具有闭口孔隙的材料是不吸水的；具有粗大孔隙的材料，因其水分不易存留，吸水率一般小于孔隙率；而孔隙率较大且有细小开口连通孔隙的亲水材料，吸水率较大。

材料吸水后，不仅表观密度增大，强度降低，保温、隔热性能降低，而且更易受冰冻破坏，因此，材料吸水后对材质是不利的。

(3)吸湿性。干燥材料在空气中吸收空气中水分的性质，称为吸湿性（Hygroscopicity）。吸湿性大小可用含水率表示。其计算公式如下：

$$W_{含}=\frac{m_{含}-m_{干}}{m_{干}}\times100\% \tag{1-18}$$

式中 $W_{含}$——材料的含水率（%）；

$m_{含}$——材料含水时的质量（g）；

$m_{干}$——材料干燥至恒重时的质量（g）。

材料含水率的大小，除与本身的性质如孔隙大小及构造有关外，还与周围空气的温湿度有关。含水率随着空气温度、湿度的大小变化，作相应变化，当空气湿度大且温度较低时，材料的含水率就大；反之则小。当材料的含水率与空气湿度平衡时，其含水率称为平衡含水率，当材料吸水达到饱和状态时其含水率即吸水率。

由式(1-18)得：

$$m_{含}=m_{干}(1+W_{含}) \tag{1-19}$$

$$m_{干} = \frac{m_{含}}{(1+W_{含})} \tag{1-20}$$

式(1-19)是根据干重计算材料湿重的公式；式(1-20)是根据湿重计算材料干重的公式，两者均为材料用量计算中常用的公式。

（4）耐水性。材料长期处于饱和水作用下不被破坏，其强度也不显著降低的性质，称为耐水性（Water Resistance）。材料的耐水性用软化系数来表示。其计算公式如下：

$$K_{软} = \frac{f_{饱}}{f_{干}} \tag{1-21}$$

式中　$K_{软}$——软化系数；

$\quad\quad f_{饱}$——材料在饱和水状态下的强度（MPa）；

$\quad\quad f_{干}$——材料在干燥状态下的强度（MPa）。

材料处于饱和水状态下，水分侵入材料内部毛细孔，减弱了材料内部的结合力，使强度有不同程度降低。不同建筑材料的耐水性差别很大，软化系数的波动范围为0～1。钢、玻璃、沥青等材料的软化系数基本为1，而未经处理的生土软化系数为0，花岗石等密实石材的软化系数接近于1。常规情况下，用于严重受水侵蚀或处在潮湿环境中的材料，其软化系数应不低于0.85；用于受潮较轻或次要结构的材料，则不宜小于0.7；软化系数数值越大，耐水性越好，通常认为软化系数大于0.85的材料为耐水材料。

（5）抗渗性。抗渗性（Penetration Resistance）是指材料抵抗压力水渗透的性质。渗透是指水在压力作用下，通过材料内部毛细孔的迁移过程。材料的抗渗性可以用渗透系数来表示。其表达式如下：

$$K = \frac{Qd}{AtH} \tag{1-22}$$

式中　K——渗透系数（cm/h）；

$\quad\quad d$——试件厚度（cm）；

$\quad\quad A$——渗水面积（cm^2）；

$\quad\quad Q$——渗水量（cm^3）；

$\quad\quad t$——渗水时间（h）；

$\quad\quad H$——静水压力水头（cm）。

渗透系数反映了材料在单位时间内，在单位水头作用下通过单位面积及厚度的渗透水量。K值越大，材料的抗渗性越差。

表示抗渗性的另一指标是抗渗等级，用PN表示。其中N表示试件所能承受的最大水压，以0.1 MPa为单位，如P4、P6、P8分别表示材料最大能承受0.4 MPa、0.6 MPa、0.8 MPa的水压而不渗水。防水混凝土的抗渗性能一般采用这种方式表达。

材料的抗渗性与材料的孔隙率及孔隙特征有关。密实的材料及具有闭口微细小孔的材料，实际上是不透水的；具有较大孔隙及细微连通的毛细孔的亲水性材料，往往抗渗性较差。对于地下建筑及水工构筑物、压力管道等经常受压力水作用的工程，所需的材料及防水材料等都应具有良好的抗渗性。

（6）抗冻性。抗冻性（Frost Resistance）是指材料在吸水饱和状态下，经过多次冻融循环作用而不被破坏，强度也不显著降低的性质。一次冻融循环是指材料吸水饱和后，先在-15 ℃的温度下（水在微小的毛细管中低于-15 ℃才能冻结）冻结后，再在20 ℃的水中融化。材料经过多次冻融循环作用后，表面将出现裂纹、剥落等现象，造成质量损失及强度降低。这是由于材料孔隙内饱和水结冰时其体积增大约9%，在孔隙内产生很大的冰胀应力使孔壁受到相应的拉应力，当拉应力超过材料的抗拉强度时，孔壁将出现局部裂纹或裂缝。随着冻融循环次数的增加，裂纹或裂缝不断扩展,最终使材料受冻破坏。

材料的抗冻性能常用抗冻等级来表示,如混凝土材料用 FN 表示其抗冻等级。其中,N 表示混凝土试件经受冻融循环试验后,强度及质量损失不超过《蒸压加气混凝土性能试验方法》(GB/T 11969—2020)规定的标准值时,所对应的最大冻融循环次数,如 F150 表示此种混凝土质量损失不大于 5%,强度损失不大于 25%,能抵抗的最大冻融循环次数为 150 次。

材料的抗冻性取决于材料的孔隙特征、吸水饱和程度及抵抗冰胀应力的能力。如果材料具有细小的开口孔隙,孔隙率大且处于饱和水状态下材料容易受冻破坏,若孔隙中含水,但并未饱和,仍有足够的自由空间时,即使受冻也不致产生破坏;粗大的开口孔隙,因其水分不易保留,很难达到吸水饱和程度,所以抗冻性也较强。一般来说,密实的材料、具有闭口孔隙且强度较高的材料,有较强的抗冻能力。

抗冻性是衡量材料抵抗冻融循环作用的能力,也经常作为无机非金属材料抵抗大气物理作用的一种耐久性指标。抗冻性良好的材料,对于抵抗温度变化、干湿交替等风化作用的能力越强。所以,对于温暖地区的建筑物,虽无冰冻作用,但为抵抗大气作用,确保建筑物耐久,对材料往往也提出一定的抗冻性要求。

5. 材料与热有关的性质

(1)导热性。当材料两侧存在温度差时,热量将从温度高的一侧向温度低的一侧传导,材料这种传导热量的性质称为导热性。导热性可用热导率(导热系数)表示,其物理意义是厚度为 1 m的材料,当其相对表面的温度差为 1 K 时,1 s 时间内通过 1 m² 面积的热量。热导率的计算公式如下:

$$\lambda = \frac{Q\delta}{(t_1 - t_2)AZ} \tag{1-23}$$

式中 λ——材料的热导率(导热系数)[W/(m·K)];

Q——传导的热量(J);

δ——材料的厚度(m);

$t_1 - t_2$——材料两侧的温度差(K);

A——材料传热的面积(m²);

Z——传热时间(s)。

材料的热导率越小,其热传导能力越差,绝热性能越好。工程中通常把 $\lambda \leqslant 0.23$ W/(m·K)的材料称为绝热材料。常用材料的热工性质指标见表 1-4。

表 1-4 常用材料的热工性质指标

材料名称	热导率/[W·(m·K⁻¹)]	比热容/[kJ·(kg·K⁻¹)]	线膨胀系数/(10⁻⁶·K⁻¹)
普通混凝土	1.8	0.88	5.8~15
烧结普通砖	0.4~0.7	0.84	5~7
松木	0.17~0.35	2.51	
玻璃	2.7~3.26	0.83	8~10
泡沫塑料	0.03	1.30	
水	0.58	4.187	
密闭空气	0.023	1	—

材料的热导率与材料内部的孔隙构造密切相关。因为密闭空气的热导率仅为 0.023 W/(m·K),所以当材料中含有较多闭口孔隙时,其热导率较小,材料的绝热性较好;但当材料内部含有较

多粗大、连通的孔隙时，则空气会产生对流作用，使其传热性大大提高。水的热导率远大于空气，当材料吸水或吸湿后，其热导率增加，导热性提高，绝热性降低。

（2）热阻。材料层厚度 δ 与热导率 λ 的比值，称为热阻，单位为 $m^2 \cdot K/W$。其可按下式计算：

$$R = \frac{\delta}{\lambda} \tag{1-24}$$

它表明热量通过材料层时所受到的阻力。

在同样的温差条件下，热阻越大，通过材料层的热量越少。在多层平壁导热条件下，应用热阻概念来计算十分方便，多层平壁的总热阻等于各单层材料的热阻之和。

热导率或热阻是评定材料绝热性能的主要指标。其大小受材料的孔隙结构、含水状况影响很大。通常，材料的孔隙率越大、表观密度越小，热导率就越小，因为空气的热导率只有 $0.023\ W/(m \cdot K)$；具有细微而封闭孔结构的材料，其热导率比具有较粗大或连通孔结构的材料小；由于水的热导率较大，为 $0.58\ W/(m \cdot K)$，冰的热导率更大，为 $2.33\ W/(m \cdot K)$，所以材料受潮或冰冻后，导热性能会受到严重影响。热导率和热阻还与材料的组成、温度等因素有关，通常金属材料、无机材料、晶体材料的热导率分别大于非金属材料、有机材料、非晶体材料；温度越高，材料的热导率越大（金属材料除外）。

（3）热容量。材料在温度变化时吸收或放出热量的能力，称为热容量，用比热容表示。其可按下式计算：

$$c = \frac{Q}{m(t_1 - t_2)} \tag{1-25}$$

式中 Q——材料的热容量（kJ）；

$\quad\quad c$——材料的比热容[kJ/(kg·K)]；

$\quad\quad m$——材料的质量（kg）；

$\quad\quad t_1 - t_2$——材料受热或冷却前后的温差（K）。

比热容是指单位质量的材料在温度每变化 1 K 时所吸收或放出的热量。比热容与材料质量的乘积称为材料的热容量值，即材料温度上升 1 K 需吸收的热量或温度降低 1 K 所放出的热量。材料的热容量值对于保持室内温度稳定作用很大，热容量值大的材料能在热流变化、采暖、空调不均衡时，缓和室内温度的波动；屋面材料也宜选用热容量值大的材料。

材料的热导率和比热容是设计建筑物围护结构（墙体、屋盖）、进行热工计算时的重要参数。设计建筑时应选用热导率较小而热容量较大的材料，以使建筑物保持室内温度的稳定性。同时，热导率也是工业窑炉热工计算和确定冷藏库绝热层厚度时的重要数据。

（4）耐热性。材料长期在热环境中抵抗热破坏的能力称为耐热性。除有机材料外，一般材料对热都有一定的耐热性能。但在高温作用下，大多数材料都会有不同程度的破坏、熔化，甚至着火燃烧。

（5）耐火性。材料在长期高温作用下，保持其结构和工作性能的基本稳定而不损坏的性能称为耐火性，用耐火度（又称耐熔度）表示，它是表征物体抵抗高温而不熔化的性能指标。工程上用于高温环境的材料和热工设备等都要使用耐火材料。根据耐火度的不同，材料可分为以下三大类：

1）耐火材料耐火度不低于 1 580 ℃的材料，如各类耐火砖等。

2）难熔材料耐火度为 1 350～1 580 ℃的材料，如难熔烧结普通砖、耐火混凝土等。

3）易熔材料耐火度为低于 1 350 ℃的材料，如烧结普通砖、玻璃等。

（6）耐燃性。材料能经受火焰和高温的作用而不被破坏，强度也不显著降低的性能称为耐燃性。耐燃性是影响建筑物防火、结构耐火等级的重要因素。根据耐燃性的不同，材料可分为以下三大类：

1) 不燃材料遇火或高温作用时，不起火、不燃烧、不碳化的材料，如混凝土、天然石材、砖、玻璃和金属等。需要注意的是，玻璃、钢铁和铝等材料，虽然不燃烧，但在火烧或高温下会发生较大的变形或熔融，因而是不耐火的。

2) 难燃材料遇火或高温作用时，难起火、难燃烧、难碳化，只有在火源持续存在时才能继续燃烧，火源消除燃烧即停止的材料，如沥青混凝土和经防火处理的木材等建筑材料。

3) 易燃材料是指遇火或高温作用时，容易引燃起火或微燃，火源消除后仍能继续燃烧的材料，如木材、沥青等。用可燃材料制作的构件，一般应作防火处理。

(7) 温度变形。材料在温度变化时产生的体积变化称为温度变形。多数材料在温度升高时体积膨胀，温度下降时体积收缩。温度变形在单向尺寸上的变化称为线膨胀或线收缩，一般用线膨胀系数来衡量。线膨胀系数是指固体物质的温度每变化 1 K，材料长度变化的百分率，用 α 表示。其计算公式如下：

$$\alpha = \frac{\Delta L}{L(t_2 - t_1)} \tag{1-26}$$

式中　α——材料在常温下的平均线膨胀系数（1/K）；

ΔL——材料的线膨胀或线收缩量（mm）；

$t_2 - t_1$——温度差（K）；

L——材料原长（mm）。

材料的线膨胀系数一般都较小，但由于建筑结构的尺寸较大，温度变形引起的结构体积变化仍是关系其安全与稳定的重要因素。工程上，常用预留伸缩缝的办法来解决温度变形问题。

6. 材料的强度

材料在外力（荷载）作用下抵抗破坏的能力称为材料的强度，以单位面积上所能承受的荷载大小来衡量。

材料的强度本质上是材料内部质点之间结合力的表现。当材料受外力作用时，其内部便产生应力相抗衡，应力随外力的增大而增大。当应力（外力）超过材料内部质点之间的结合力所能承受的极限时，便导致内部质点的断裂或错位，使材料破坏。此时的应力为极限应力，通常用来表示材料强度的大小。根据材料的受力状态，材料的强度可分为抗压强度、抗拉强度、抗弯（折）强度和抗剪强度等。

材料的抗压强度、抗拉强度、抗剪强度的计算公式如下：

$$f = \frac{F}{A} \tag{1-27}$$

式中　f——材料的抗压强度、抗拉强度、抗剪强度（MPa）；

F——材料被破坏时的最大荷载（N）；

A——材料的受力面积（mm²）。

材料的强度与其组成和构造等内部因素有关。不同种类的材料抵抗外力的能力不同；同类材料当其内部构造不同时，其强度也不同。致密度越高的材料，强度越高，即材料的孔隙率越大，则强度越低。对于同一品种的材料，其强度与孔隙率之间存在近似直线的反比关系。通常，表观密度大的材料，其强度也大。晶体结构的材料，其强度还与晶粒粗细有关，其中细晶粒的强度高。玻璃原是脆性材料，抗拉强度很低，但当制成玻璃纤维后，则成了很好的抗拉材料。

材料的强度还与其含水状态及温度有关，含有水分的材料，其强度较干燥时低；温度高时，材料的强度一般将降低，这对沥青混凝土尤为明显。

另外，测试条件和方法等外部因素也会影响材料的强度测定值。如相同材料采用小试件测得的强度较大试件高；加荷速度快测得的强度值偏高；试件表面不平或涂润滑剂时，测得的强度值偏低。

在工程使用上，为了掌握材料性能，便于分类管理、合理选用材料、正确进行设计、控制工程质量，常将材料按其强度的大小划分成不同的等级，称为强度等级，它是衡量材料力学性质的主要技术指标。脆性材料如混凝土、砂浆、砖和石等，主要用于承受压力，其强度等级用抗压强度来划分；韧性材料如建筑钢材，主要用于承受拉力，其强度等级就用抗拉时的屈服强度来划分。

常用土木工程材料的强度见表1-5。由表1-5可知，不同种类的材料，具有不同的抵抗外力的能力；同类材料抵抗不同外力作用的能力也不相同；尤其是内部构造非匀质的材料，其不同外力作用下的强度差别很大。混凝土、砂浆、砖、石等，其抗压强度较高，而抗拉、抗弯（折）强度较低，所以这类材料多用于结构的受压部位，如墙、柱、基础等；木材的顺纹抗拉和抗弯（折）强度均大于抗压强度，所以可用作梁、屋架等构件；建筑钢材的抗拉、抗压强度都较高，则适用于承受各种外力的结构构件。

表1-5　常用土木工程材料的强度　　　　　　　　　　　MPa

材料名称	抗压强度	抗拉强度	抗弯强度
花岗石	120～250	5～8	10～14
普通黏土砖	10～30	—	2.6～5.0
普通混凝土	10～100	1.0～8.0	3.0～10.0
松木(顺纹)	30～50	80～120	60～100
建筑钢材	235～1 600	235～1 600	—

7. 弹性与塑性

（1）弹性。材料在外力作用下产生变形，当外力去除后，能够完全恢复原来形状的性质称为弹性；这种可恢复的变形称为弹性变形，或暂时变形，或瞬时变形。弹性变形的大小与所受应力的大小成正比，所受应力与应变的比值称为弹性模量，如图1-5所示。在材料的弹性范围内，弹性模量是一个常数，按下式计算：

$$E = \frac{\sigma}{\varepsilon}$$

(1-28)

式中　E——材料的弹性模量（MPa）；

　　　σ——材料所受的应力（MPa）；

　　　ε——材料在应力σ作用下产生的应变，无量纲。

弹性模量是衡量材料抵抗变形能力的指标。其值越大，材料越不易变形，即刚度大。弹性模量是工程结构设计和变形验算的主要依据之一。常用建筑钢材的弹性模量约为2.1×10^6 MPa；普通混凝土的弹性模量是个变值，一般为$2.2 \times 10^4 \sim 3.8 \times 10^4$ MPa。

（2）塑性。材料在外力作用下产生变形，当外力去除后，仍保持变形后的形状和尺寸，且不产生裂缝的性质称为塑性；这种不可恢复的变形称为塑性变形，或永久变形，或残余变形，如图1-6所示。

实际上，完全的弹性材料是没有的，大多数材料在受力变形时，既有弹性变形，也有塑性变形，只是在不同的受力阶段，变形的主要表现形式不同。如钢材，在受力不大的情况下，表现为弹性变形，而在受力超过一定限度后，就表现为塑性变形；有的材料，受力后弹性变形和塑性变形同时产生，去除外力后，弹性变形(ab)可以恢复，而塑性变形(Ob)则不会消失（图1-7），这类材料称为弹塑性材料，如常见的混凝土材料。

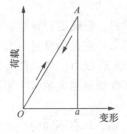
图1-5　材料的弹性变形曲线

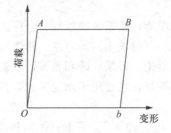
图1-6　材料的塑性变形曲线

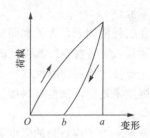
图1-7　材料的弹塑性变形曲线

8. 脆性与韧性

外力作用于材料并达到一定限度后，材料无明显塑性变形而发生突然破坏的性质称为脆性。具有这种性质的材料称为脆性材料，如普通混凝土、砖、陶瓷、玻璃、石材和铸铁等。一般脆性材料的抗压强度比其抗拉强度、抗弯强度高很多倍，其抵抗冲击和振动的能力较差，不宜用于承受振动和冲击的结构构件。

在振动或冲击荷载作用下，材料能吸收较多的能量，并产生较大的变形而不被破坏的性质称为材料的冲击韧性。具有这种性质的材料称为韧性材料，如低碳钢、低合金钢、铝合金、塑料、橡胶、木材和玻璃钢等。材料的韧性用冲击试验来检验，又称为冲击韧性，用冲击韧性值即材料受冲击破坏时单位断面所吸收的能量来衡量。其计算公式如下：

$$\alpha_k = \frac{W}{A} \tag{1-29}$$

式中　α_k——材料的冲击韧性值（J/cm^2）；

　　　W——材料被破坏时所吸收的能量（J）；

　　　A——材料受力截面面积（cm^2）。

韧性材料在外力作用下，会产生明显的变形，变形随外力的增大而增大，外力所做的功转化为变形能被材料所吸收，以抵抗冲击的影响。材料在破坏前所产生的变形越大，所能承受的应力越大，其所吸收的能量就越多，材料的韧性就越强。在建筑中，对于承受冲击荷载和有抗震要求的结构，如道路、桥梁、轨道、吊车梁及其他受震动影响的结构，应选用韧性较好的材料。

9. 硬度与耐磨性

材料表面抵抗其他硬物压入或刻划的能力称为材料的硬度。为保持较好表面使用性质和外观质量，要求材料必须具有足够的硬度。

非金属材料的硬度用莫氏硬度表示，它是用系列标准硬度的矿物块对材料表面进行划擦，根据划痕确定硬度等级。莫氏硬度等级见表1-6。

表1-6　莫氏硬度等级

标准矿物	滑石	石膏	方解石	萤石	磷灰石	长石	石英	黄玉	刚玉	金刚石
硬度等级	1	2	3	4	5	6	7	8	9	10

金属材料的硬度等级常用压入法测定，主要有布氏硬度法（HB）和洛氏硬度法（HR）。布氏硬度法是以淬火的钢珠压入材料表面产生的球形凹痕单位面积上所受压力来表示；洛氏硬度法

是用金刚石圆锥或淬火的钢球制成的压头压入材料表面，以压痕的深度来表示。

硬度大的材料其强度也高，工程上常用材料的硬度来推算其强度，如用回弹法测定混凝土强度，即用回弹仪测得混凝土表面硬度，再间接推算出混凝土的强度。

材料表面抵抗磨损的能力称为材料的耐磨性。耐磨性常以磨损率衡量，可按下式计算：

$$G = \frac{m_1 - m_2}{A} \tag{1-30}$$

式中　G——材料的磨损率（g/cm²）；

　　　m_1——材料磨损前的质量（g）；

　　　m_2——材料磨损后的质量（g）；

　　　A——材料受磨面积（cm²）。

材料的耐磨性与材料的组成结构、构造、材料强度和硬度等因素有关。材料的硬度越高、越致密，耐磨性越好。路面、地面等受磨损的部位，要求使用耐磨性好的材料。

10. 材料的耐久性

材料的耐久性（Durability）是指材料在使用期间，受到各种内在的或外来因素的作用，能经久不变质、不破坏，能保持原有性能，不影响使用的性质，是一项综合指标，主要包括抗冻性、抗腐蚀性、抗渗性、抗风化性、耐热性、耐酸性、耐腐蚀性等各方面的内容。材料在建筑物使用期间，除受到各种荷载作用外，还受到自身和周围环境各因素的破坏作用。这些破坏因素对材料的作用往往是复杂多变的，它们单独或相互交叉作用。一般可将其归纳为物理作用、化学作用、生物作用。物理作用包括干湿变化、温度变化、冻融循环、磨损等，使材料发生体积膨胀、收缩或导致内部裂缝的扩展，长期、反复多次的作用使材料逐渐破坏；化学作用包括有害气体及酸、碱、盐等液体对材料产生的破坏作用；生物作用包括昆虫、菌类的作用，使材料虫蛀、腐朽破坏。

一般情况下，矿物质材料（如石材、混凝土、砂浆等）直接暴露在大气中，受到风、霜、雨、雪的物理作用，主要表现为抗风化性和抗冻性；当材料处于水中或水位变化区，主要受到环境的化学侵蚀、冻融循环作用；钢材等金属材料在大气或潮湿条件下，易遭受电化学腐蚀；木材、竹材等植物纤维质材料常因腐朽、虫蛀等生物作用而遭受破坏；沥青及塑料等高分子材料在阳光、空气、水的作用下逐渐老化。

耐久性是材料的一项长期性质，需对其在使用条件下进行长期的观察和测定。近年来已采用快速检验法，即在实验室模拟实际使用条件进行有关的快速试验，根据试验结果对耐久性作出判定。

不同材料受到的环境作用及程度也不同。如砖、石、混凝土等矿物质材料，大多由于物理作用而破坏，当其处于水位变化区或水中时，也常会受到化学破坏作用。金属材料主要是化学作用引起的腐蚀。金属在有水和空气的条件下，会因氧化还原作用而产生锈蚀。木材及其他植物纤维组成的天然有机材料，常因生物作用而破坏，如木材的腐蚀与腐朽。沥青及高分子合成材料，在阳光、空气、热的作用下会逐渐老化，使材料变脆、开裂而逐渐破坏。由于环境作用因素复杂，耐久性也难以用一个参数来衡量。工程上通常用材料抵抗使用环境中主要影响因素的能力来评价耐久性，如抗渗性、抗冻性、抗老化和抗碳化等性质。建筑中材料的耐久性与破坏因素的关系见表1-7。

表 1-7　材料的耐久性与破坏因素的关系

原因	破坏机理	破坏因素	评定指标	常用材料
渗透	物理	压力水	渗透系数、抗渗等级	混凝土、砂浆
冻融	物理	水、冻融	抗冻等级	混凝土、砖

原因	破坏机理	破坏因素	评定指标	常用材料
磨损	物理	机械力、流体冲刷	磨蚀性	混凝土、石材
热及燃烧	物理、化学	高温、火焰	参考强度变化、开裂、变形	耐火砖、防火材料
碳化	化学	二氧化碳、水	碳化深度	混凝土
化学腐蚀	化学	酸、碱、盐	参考强度变化、开裂、变形	混凝土
老化	化学	阳光、空气、水、温度	参考强度变化、开裂、变形	高分子材料
锈蚀	物理、化学	水、二氧化碳、氯离子	电化学腐蚀	钢材
腐烂	生物	水、二氧化碳、菌	参考强度变化、开裂、变形	木材、棉、毛
蛀	生物	虫类	参考强度变化、开裂、变形	木材、棉、毛
碱-骨料反应	物理、化学	碱含量、二氧化硅、氧气	膨胀率	混凝土

影响材料耐久性的内在因素也很多，除材料本身的组成结构、强度等因素外，材料的致密程度、表面状态和孔隙特征对耐久性影响很大。一般来说，材料的内在结构密实、强度高、孔隙率小、连通孔隙少、表面致密，则抵抗环境破坏能力强，材料的耐久性好。

为提高材料的耐久性，应根据材料的特点和使用情况采取相应措施，通常可以从以下几个方面考虑：

(1)设法减轻大气或其他介质对材料的破坏作用，如降低温度、排除侵蚀性物质等。

(2)提高材料本身的密实度，改变材料的孔隙构造。

(3)适当改变成分，进行憎水处理及防腐蚀处理。

(4)在材料表面设置保护层，如抹灰、做饰面、刷涂料等。

1.1.3 防水的基本原理

促使水渗入建筑物的力主要包括重力、风力、毛细管引力、静水压力和蒸汽压力等。屋面等位置水的重力是促使水渗入室内的原因。缝隙处的风力使雨水渗入。附加的外部风压及较低的内部压力并存时，毛细管引力是促使水渗入室内的原因。地下水的静水压力在地下室侧墙上为横向，在地下室底板上为向上。密闭保温层中的蒸汽压力是促使保温层内自由水向室内渗透的重要动力。

无论是防水卷材还是防水涂料，基本上都是以膜的状态参与防水，这些膜可阻止地面潮气被吸收；减小水蒸气迁移；阻止表面水渗入及水蒸气扩散；阻止静水压力下的水渗入；保护基层不受水中化学物质的影响。

一般来说，用于防水的材料应该具有以下的基本性质：

(1)憎水性与密实性。防水材料应采用憎水性材料。这种材料本身与水不发生浸润，因而可以防止水的渗透。防水材料应具有不透水性，或者可以渗透进入其他材料(如混凝土或砂浆)的空隙中堵塞空隙，从而提高这些材料的渗透性能。

(2)良好的延伸性能和耐气候变化性能。在受到外力作用时，能够具有一定的延伸量而不发生断裂破坏或造成渗漏。在气候变化和高温、低温等异常情况下可以保持柔性和防水性能。

(3)良好的耐腐蚀、耐霉烂、耐紫外线等耐久性。鉴于卷材使用的环境，对卷材应有耐腐蚀、耐霉烂、耐紫外线等性能要求。

对于目前的防水设防而言，其基本原理就是在地下室、屋面或厨卫间制作一个大的"塑料袋"，把水挡在"塑料袋"之外，或限制在"塑料袋"之内。因此，必须采用"迎水面"防水做法。

就是水从建筑物的哪个方向进来，就应该把防水层设置在水进来的方向，否则无法达到防水效果。

【例1-2】 某地下室防水，为方便施工，参建单位提出在地下室内做4 mm厚非固化型橡胶改性沥青防水涂料，这个方案是否可行？为什么？

解： 这个方案不可行。根据防水原理，应采用迎水面防水，在室内设置地下防水的防水层，是背水面防水，作用和效果不大。

【练习】 某工程屋面防水，为了节约资金，拟采用农业大棚用聚乙烯塑料薄膜作为防水层，是否可以？为什么？

1.1.4 现代建筑防水技术及材料

现代建筑的防水技术是在透水的建筑结构上粘贴或涂刷一层不透水的防水材料（防水片材或涂膜），形成不透水的建筑围护体系，如图1-8所示。这个原理和我们用塑料袋提水是一个道理。

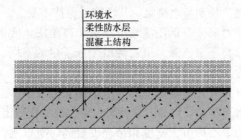

图1-8　现代建筑防水做法

常用的不透水的防水材料有塑料、橡胶、纤维和沥青。

1. 塑料

塑料是一大类庞杂的高分子聚合物合成材料，由于其制造工艺过程和用途的不同，导致塑料制品的形状复杂多变。常用的塑料制品通常为模压制品和注塑制品，可用单丝、棒、管、薄膜和板片等挤出与压延型材。建筑防水中使用的一般是涂料和片材。

塑料的性能包括密度小，一般仅为$0.9 \sim 2.3$ g/cm³，这对于要求减轻自重的建筑等行业具有重要的意义；多数塑料具有良好的电气绝缘性；塑料还具有减震消声性能，因此，工程上常利用它作为减震消声的材料；多数塑料具有优良的减磨、耐磨和自润滑特性；塑料还具有耐腐蚀性；大多数塑料在一般的酸、碱盐类介质中，都具有良好的耐腐蚀性能，聚四氟乙烯甚至能耐双氧水等具有很强腐蚀性的电解质腐蚀；塑料还具有透光性能力，有些塑料在某些特殊环境下可以代替玻璃。

塑料的相容性又称为塑料的共混性，这主要是针对高聚物共混体系而言的。不同的塑料进行共混以后，也可以得到单一塑料所无法拥有的性质。这种塑料的共混材料通常被称为塑料合金。相容性就是指两种或两种以上的塑料共混后得到的塑料合金中，在熔融状态下，各种参与共混的塑料组分之间不产生分离现象的能力。

热敏性是指塑料在受热、受压时的敏感程度，也可称为塑料的热稳定性。通常，当塑料在高温或高剪切力等条件下时，树脂高聚物本体中的大分子热运动加剧，有可能导致分子链断裂、导致聚合物分子微观结构发生一系列的化学、物理变化，宏观上表现为塑料的降解、变色等缺陷，具有这种特性的塑料称为热敏性塑料。塑料的热敏性对塑料的加工成形影响很大，因此，生产中为了防止热敏性塑料在成型过程中受热分解等现象发生，通常在塑料中添加一些抗热敏的热稳定剂。

吸湿性是指塑料对水的亲疏程度。有的塑料很容易吸附水分,有的塑料吸附水分的倾向不大,这与塑料本体的微观分子结构有关。一般具有极性基团的塑料对水的吸附性较强,如聚酰胺、聚碳酸酯等;而具有非极性基团的塑料对水的吸附性较小,如聚乙烯对水几乎不具有吸附力。

(1)塑料的基本组成。塑料是一种以合成或用天然材料改性而得到的树脂(高分子化合物)为基体的固体材料。它的组成除称为树脂的高分子化合物基体外,还有某些有特定用途的添加剂(少数情况下可以不加添加剂),合成树脂(高分子聚合物)是塑料最基本、最重要的组成部分,它决定着塑料的基本性质。

塑料的成分包括合成树脂、塑料助剂(增塑剂、填充剂、稳定剂、润滑剂、着色剂)。

(2)几种常用的塑料。

1)聚乙烯(PE)。聚乙烯属于烯烃类聚合物,是由乙烯聚合而成的。聚乙烯是塑料工业中产量最大的塑料。它是质轻、无毒、无味具有优良的绝缘性耐化学腐蚀性及耐低温性能的热塑性塑料品种,有很高的耐水性,长期与水接触,其性能可保持不变。

聚乙烯的聚合方法按压力来分有低压法、中压法和高压法,所得到的聚合物相应地被称为低压聚乙烯、中压聚乙烯和高压聚乙烯。聚乙烯由于分子量的不同,可呈现液态、黏滞态和固态,用作塑料的聚乙烯常为固态。

高压法制备的聚乙烯,其聚合物本体中的分子结构支链较多,密度和结晶度较低,质地柔软、透明性好,可以用于制薄膜和日用品,这种聚乙烯也被称作低密度聚乙烯。

低压法和中压法制备的聚乙烯由于密度和结晶度较高,所以刚性大,机械强度高,但透明性较差,适用于制备各种工业配件。这种聚乙烯又称为高密度聚乙烯。但与其他塑料相比,机械强度低,表面硬度差。

2)聚丙烯(PP)。聚丙烯是 20 世纪 60 年代发展起来的热塑性塑料。聚丙烯密度低、无色、无味、无毒,外观和聚乙烯很相似,呈白色蜡状,但与聚乙烯相比,它的透明性更高,透气性更低。它的密度也比聚乙烯小,为 $0.90 \sim 0.91 \ \mathrm{g/cm^3}$。另外,聚丙烯的弹性、屈服强度、硬度及抗拉、抗压强度等都高于聚乙烯,其中拉伸强度甚至高于聚苯乙烯和 ABS。聚丙烯吸水率小于 0.02%,几乎不吸水,因此,聚丙烯的高频绝缘性能好,绝缘性能不受湿度的影响。聚丙烯的最高使用温度可达 150 ℃,最低使用温度为 -15 ℃,当温度低于 35 ℃时会脆裂。聚丙烯在氧、热、光的作用下极易降解、老化,所以必须加入防老化剂。

3)聚氯乙烯(PVC)。聚氯乙烯通常不易燃烧,聚离火即灭。聚氯乙烯树脂可根据不同的用途选择相应的添加剂加入树脂中,可以得到呈现不同的物理性能和力学性能的聚氯乙烯塑件。常用的聚氯乙烯有硬质聚氯乙烯和软质聚氯乙烯之分。硬质聚氯乙烯不含或含有少量的增塑剂,有较好的抗拉、抗弯、抗压和抗冲击性能,它可单独用作结构材料,其脆化温度低于 -50 ℃,在 75~80 ℃变软;软质聚氯乙烯含有较多的增塑剂,它的柔软性、断裂伸长率、耐寒性增加,但脆性、硬度、抗拉强度降低。选用适当增塑剂的软 PVC 吸水率不大于 0.5%。另外,PVC 是无定型高聚物,没有明显的熔点,加热到 120~150 ℃时具有可塑性。它的热稳定性较差,因此,需加入碱性稳定剂防止其裂解,它的使用温度范围也较窄,一般在 -15~55 ℃。

聚氯乙烯的硬板广泛用于化学工业上制作各种储槽的衬里、建筑物的瓦楞板、门窗结构、墙壁装饰物等建筑用材。

4)聚苯乙烯(PS)。聚苯乙烯是一种无定型高聚物,它无色、无味、透明,燃烧时冒黑烟,密度为 $1.05 \ \mathrm{g/cm^3}$,容易染色和加工,尺寸稳定,电绝缘性和热绝缘性较好。聚苯乙烯有优良的电性能(尤其是高频绝缘性能)和一定的化学稳定性,能耐碱、硫酸、磷酸,能溶于苯、甲苯、

10％～30％的盐酸、稀醋酸及其他有机酸，但不耐硝酸及氧化剂的作用，如四氯化碳、氯仿、邻二氯苯、酮类(不包含丙酮)及酯类和一些油类等。PS 的缺点是耐热性低，热变形温度一般在70～98 ℃，只能在不高的温度下使用。

5)丙烯腈—丁二烯—苯乙烯共聚物(ABS)。ABS 是由丙烯腈、丁二烯、苯乙烯共聚而成的聚合物。丙烯腈使 ABS 有良好的耐化学腐蚀性及表面硬度，丁二烯使 ABS 坚韧，苯乙烯使 ABS 有良好的加工性和染色性能。ABS 外观为粒状或粉状，呈浅象牙色，不透明但成型的塑料件有较好的光泽，无毒、无味，易燃烧、无自熄性，它的吸湿性小于1％，密度为 1.08～1.2 g/cm³。ABS 具有较高的抗冲击强度，并有良好的机械强度和一定的耐磨性、耐寒性、耐油性、耐水性、化学稳定性和电气性能。ABS 有一定的硬度和尺寸稳定性，易于加工成型，且易着色。

6)环氧树脂(EP)。环氧树脂是含有环氧基的高分子化合物。未固化之前，它是线型的热塑性树脂，只有在加入固化剂(如胺类和酸酐等)之后，才交联成不熔的体型结构的高聚物，才有作为塑料的实用价值。

环氧树脂有许多优良的性能，其最突出的特点是黏结能力很强，是人们熟悉的"万能胶"的主要成分。另外，它还耐化学药品、耐热，电气绝缘性能良好，收缩率小。与酚醛树脂相比，环氧树脂具有较好的力学性能，但缺点是耐气候性差、耐冲击性低、质地脆。环氧树脂种类繁多，应用广泛，可用作金属和非金属材料的胶粘剂，用于封装各种电子元件，还可以作为各种产品的防腐涂料。

2. 橡胶

橡胶材料具有很好的弹性，橡胶在很宽的温度范围内(－50～150 ℃)具有极好的弹性，在小负荷作用下即能产生弹性变形。常温下橡胶的弹性是橡胶材料的独有特征，因此橡胶也被称为高弹材料。这种高弹性表现为在外力作用下，橡胶可以具有较大的弹性变形，外力去除后可以迅速恢复，且橡胶的这种弹性变形与金属材料的形变又不同，橡胶材料的形变模量非常低，并具有高的拉伸强度和疲劳强度还具有不透水、不透气、耐酸碱和电绝缘性等性能。这些良好性能使橡胶成为重要的工业原料，具有广泛的应用。

橡胶也属于高分子材料，具有高分子材料的共性，如黏弹性、绝缘性、环境老化性、质轻等性能，而且橡胶比较柔软，硬度小。

(1)橡胶的性能特点。橡胶的性能特点是高弹性。受外力作用而发生的变形是可逆弹性变形，外力除去后，只需要千分之一秒便可恢复到原来的形状；橡胶发生高弹变形时，弹性模量低，只有 1 MPa，且橡胶高弹变形时，变形量大，可达100％～1 000％；橡胶还具有良好的回弹性能，如天然橡胶的回弹高度可达70％～80％。经硫化处理和炭黑增强后，橡胶的抗拉强度达 25～35 MPa，并具有良好的耐磨性。

(2)常见橡胶种类。

1)丁苯橡胶(SBR)。丁苯橡胶是丁二烯和苯乙烯两种单体通过乳液共聚或溶液共聚而得到的弹性高聚物，它也是应用最广、产量最大的一种合成橡胶，占合成橡胶总量的40％～50％。丁苯橡胶的性能主要受苯乙烯含量的影响，随苯乙烯含量的增加，橡胶的耐磨性、硬度增大而弹性下降。丁苯橡胶比天然橡胶质地均匀，耐磨性、耐热性和耐老化性好，但加工成型困难，硫化速度慢。丁苯橡胶广泛用于制造轮胎、胶布、胶板等。

2)硅橡胶。硅橡胶是由各种二氯硅烷经水解、缩聚而得到的一种有机弹性聚合物。其分子结构是以硅原子和氧原子构成主链，这种 Si—O 主链是柔性链，极易内旋转，因而，硅橡胶在低温下也具有良好的弹性。另外，硅氧键的键能较高，这就使硅橡胶具有很高的热稳定性。由于硅橡胶具有优良的耐热性、耐寒性、耐候性、耐臭氧性及良好的绝缘性，它主要用于制造各种耐高低温的制品，如管道接头、高温设备的垫圈、衬垫、密封件及高压电线、电缆的绝缘层等。

3)三元乙丙橡胶。三元乙丙橡胶是乙烯、丙烯和非共轭二烯烃的三元共聚物。二烯烃具有特殊的结构，在进行共聚物反应时，仅有一个活性大的双键参加反应，而剩下的另一个活性较小的双键保留在共聚物分子链上成为不饱和点，供硫化使用。只有两键之一的才能共聚，不饱和的双键主要是作为交链处。另一个不饱和的不会成为聚合物主链，只会成为边侧链。三元乙丙的主要聚合物链是完全饱和的。这个特性使三元乙丙可以抵抗热、光、氧气和臭氧。三元乙丙本质上是无极性的，对极性溶液和化学物具有抗性，吸水率低，具有良好的绝缘特性。

三元乙丙橡胶防水卷材的耐候性与耐臭氧性好。因为三元乙丙橡胶分子结构中的主链上没有双键，少数的双键仅存在于支链上，而其他类型橡胶分子结构的主链上一般都有双键。所以，当受到臭氧、光、热、湿的作用时，三元乙丙橡胶分子结构的主链不易断裂，表现出比其他橡胶高分子材料更好的抗老化能力。

3. 纤维

纤维是制造织物和绳线的原料。根据材料标准和检测学会（ASTM）定义，纤维长丝必须具有比其直径大 100 倍的长度并且不能小于 5 mm，也就是说，凡是本身的长度与直径比值大于 100 的均匀线状或丝状的聚合物材料均称为纤维。合成纤维是用石油、天然气、煤或农副产品为原料合成的聚合物经加工制成的纤维。这些合成纤维实质上是一种在室温下分子的轴向强度很大，受力后变形较小，在一定温度范围内力学性能变化不大的聚合物材料。

4. 沥青

沥青是高分子碳氢化合物及其氧、氮、碳等衍生物组成的极其复杂的混合物。在常温下呈现固体、半固体或液体状态。颜色由棕褐色至黑色，能溶于苯、汽油、三氯甲烷、丙酮等多种有机物溶液。沥青具有黏性、塑性、耐酸、耐碱、耐腐蚀、憎水性、不吸水、不导电等性能，在工程中用作防潮、防水、防腐材料，可用于屋面防水、地下防水、防腐工程及道路工程，还可制造沥青防水卷材、沥青防水涂料和胶粘剂等。

1.1.5 建筑防水的渗漏模型

液体在多孔介质中的流动称为渗流。自然界中最常见的渗流现象就是水在土壤孔隙中的流动。渗流理论广泛应用于给水与排水、水利、地质、采矿、石油、化工等许多工程部门，也适用于建筑防水领域。

1. 建筑材料的渗透特性

许多建筑材料是多孔介质，具有透水能力。不同结构的建筑材料，其透水性能有很大的差异。透水性能的好坏主要取决于孔隙的大小和多少、孔隙的形状和分布等因素。如果建筑材料中各点的渗透性能都相同，称为均质建筑材料；如果渗透性能随各点位置而变化则称为非均质建筑材料。如果建筑材料渗透性能不随渗流方向而变化（即各点各方向的渗透性能都相同），称为各向同性建筑材料；反之称为各向异性建筑材料。

水是以多种形式存在于建筑材料之中的。其可分为气态水、附着水、薄膜水、毛细水和重力水等。重力水是指在重力作用下，沿建筑材料孔隙运动的水。

2. 渗流的基本定律——达西定律

1856 年，法国工程师达西通过大量的试验研究，总结出渗流流速与渗流水头损失之间的基本关系式，被称为达西定律。

达西试验装置如图 1-9 所示。在上端开口的直立圆筒内充填颗粒均匀的砂层，在圆筒底下部装有一块滤网，用以托住砂层，圆筒侧壁相距为 l 的两断面处各装有一根测压管，水由上端注入圆筒，并通过溢水管使多余的水溢出，从而使筒内水位保持恒定。透过砂层的水从排水短管流入计量容器中，测出经过此时间流入容器中水的体积，即可计算出渗流量 Q。由于渗流流速极小，故流速水头可以忽略不计。因此，测压管水头即总水头，测压管水头差即两断面间的水头损失，即 $h_w = H_1 - H_2$。

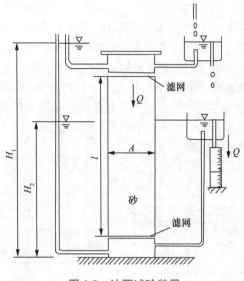

图 1-9 达西试验装置

水力坡度等于测压管水力坡度，即

$$J = \frac{h_w}{l} = \frac{H_1 - H_2}{l} \qquad (1\text{-}31)$$

达西通过对大量试验资料的分析，发现圆筒内的渗流量 Q 与圆筒过水断面面积 A 及水力坡度 J 成正比，并与土壤的透水性能有关。即

$$Q = kAJ \qquad (1\text{-}32)$$

$$v = \frac{Q}{A} = kJ \qquad (1\text{-}33)$$

式中 v——渗流断面平均流速，即渗流流速(m/s)；

　　k——反映土壤透水性能的综合系数，称为渗透系数(m/s 或 cm/s)。

达西试验是在圆筒直径不变、均质砂土中进行的，属于均匀渗流，渗流断面上各点的流速应相等，即 $u = v$，故式(1-33)可写为

$$u = v = kJ \qquad (1\text{-}34)$$

式中 u——点流速(m/s)；

　　J——该点的水力坡度。

式(1-34)称为达西定律，表示渗流的水力坡度，即单位长度上的水头损失与渗流速度的一次方成正比，即水头损失与流速呈线性关系。故达西定律也称为渗流线性定律。凡是符合这种规律的渗流，称为层流渗流或线性渗流。

达西定律的适用范围可采用雷诺数来判别：

$$Re = \frac{vd}{\nu} \leqslant 1 \qquad (1\text{-}35)$$

式中 v——渗流断面平均流速(m/s)；

　　ν——水的运动黏滞系数(m²/s)；

　　d——土壤的平均粒径(m)。

23

本单元所讨论的渗流仅限于符合达西定律的层流渗流。防水工程中涉及的地下水运动及水在建筑材料内的渗透，属于达西定律适用范围。

图 1-10 所示的现代建筑防水做法是一种带有缺陷的做法，缺陷包括防水材料耐久性不良、设计选材不当、施工不认真、施工后的破损等。仅以施工后的破损举例如下。

假定施工后的防水层具有一个面积为 A 的破损，破损处的外界水压力为 P_a，防水层的基层是混凝土楼板，该楼板的透水能力符合达西定律的规律，渗透系数为 K，如图 1-10 所示。则根据达西定律，破损处的渗流量 $Q=K \cdot J \cdot \alpha \cdot A$，式中，$\alpha$ 为防水层与基层的贴紧影响系数，当防水层与基层粘贴紧密不透水时，其值约为 $1.0 \sim 1.5$；当防水层与基层完全无接触时，α 就变成了面积为 A 的破损的流量能影响的面积系数，其数值随水量和水压增大（图 1-11）；当防水层采用非耐水胶粘剂或防水材料背面为透水无纺布时，α 的值为 $10 \sim 1\ 000$。这样，在有外界水源和水压力的情况下，建筑就会发生渗漏。

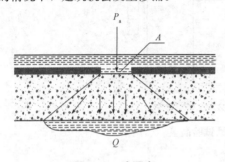

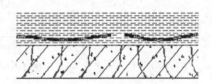

图 1-10　渗漏点　　　　　　　　　　图 1-11　防水与基层无接触

如果仅仅在有外界水源和水压力的情况下渗漏，那还是好的。图 1-12 是经常发生在屋面上的一种情况，防水层破损后，下雨时水渗入保温层；雨过天晴，屋面发生起鼓破坏，或者屋面发生"下雨不漏，雨后漏"的渗漏现象，如图 1-13 所示。这种现象的原因是水透过防水层，进入保温层。天晴后，屋面温度升高，保温层内水分蒸发，形成蒸汽压力，将保温层上部的构造层抬起或将水压入室内。因此，根据渗漏模型，希望防水层最好可以紧密贴合在基层表面，这样 α 值较小，可以有效防止渗漏。

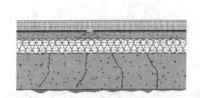

图 1-12　保温层吸湿渗透　　　　　图 1-13　"下雨不漏，雨后漏"的渗漏现象分析

1.1.6　"零延伸断裂"原理

图 1-14 所示为防水层紧密贴合在基层上的防水模型，模型符合对防水层的要求，在防水层与基层上任取一点，在正常情况下，这个点的长度为 0，如图 1-14(a) 所示。但是，基层的水泥结构是会开裂的，也是非常容易开裂的，因此，一旦该点基层发生开裂，其长度为 ΔL，

如图 1-14(b)所示，则该点的线应变 $\varepsilon = \Delta L/0 = \infty$。这个结论说明，无论什么材料，这时候都将被拉裂，这个现象称为"零延伸断裂"。所以，防水层紧贴基层设置，会因基层开裂影响防水效果。

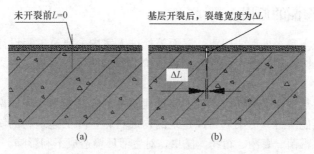

图 1-14　"零延伸断裂"原理

有没有一举两得的办法呢？答案是有的。先研究"零延伸断裂"的破坏形态。对于匀质材料，如涂膜和没有胎体增强材料的卷材，受"零延伸断裂"影响，防水层由底部开裂，裂缝周边是塑性变形区，塑性变形区外是正常的材料。如果想在发生"零延伸断裂"时不影响防水效果，则材料必须有一定的厚度，没有厚度的保证，无法确保防水层不受"零延伸断裂"的影响，如图 1-15 所示。

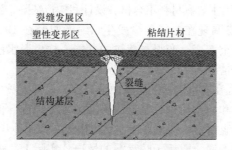

图 1-15　匀质材料的抗裂机理

对于带有胎体增强材料的复合防水卷材，"零延伸断裂"影响的范围仅限于胎体增强材料的下部防水材料，到胎体增强材料为止。胎体增强材料的强度一般都比较大，所以，这类卷材的抗基层变形的能力比较强，如图 1-16 所示。

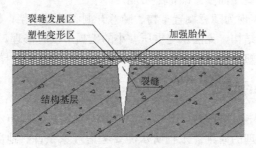

图 1-16　复合卷材的抗裂机理

1.2　防水渗漏的原因和原则

1.2.1　防水渗漏的原因

为确保水不从地下室、外墙、门窗、屋面等处进入室内，建筑工程设计和施工时都会采取很多措施。工程设计时采用的防水标准对工程造价的影响明显，这也是很多人为降低防水标准的一个重要原因。

水具有良好的导热性和吸热性，不仅能降低建筑物的隔热能力，还能增加室内空气湿度而影响人体健康。水还能溶解、污染、腐蚀建筑的构成材料，降低建筑物的安全性和耐久性。水的渗透会滋生细菌、霉菌、真菌、植物、昆虫，对生活环境造成不利影响。

水渗入建筑物的围护系统，需要同时具备以下三个条件：

（1）水必须存在于建筑物围护系统的表面，包括屋面、墙面、地面等。

（2）建筑物围护系统必须有水能通过的路径，包括裂缝、孔洞或管道。

（3）有能使水通过裂缝、孔洞或管道的作用力，这些作用力包括重力、风压力、水压力及水的表面张力（毛细水的原因）。

只有当三个条件都满足，水才能渗透进入建筑物内部。阻断任何一个条件，建筑物的防水就可以实现。

防水失效发生渗漏的原因主要有材料不合格、设计和构造缺陷、施工粗糙、使用和维护不当。

（1）材料不合格造成的渗漏现在一般很少发生。编者曾经在1994年看到一种高分子涂膜，在气候作用下，发生性能严重衰变，变得与煎饼的性能一样，遇水浸泡即渣化。但是，现在的防水材料已经很少出现这种情况。

（2）设计和构造缺陷是现在防水渗漏的主要原因。部分设计人员生搬硬套规范和图集，屋面防水做法无法适应施工操作和防水原理，是造成渗漏的主要原因。例如，松散的水泥珍珠岩找平层、发泡混凝土找平层的滥用，特别是直接在结构楼板上做这种找平找坡层，雨水渗透之后，形成蓄水构造，表现出下雨不漏，雨后天晴渗漏的情况。实际上，采用这种构造的设计，是完全的正置做法，根本不是倒置做法。所以，渗漏也是难免的。

（3）施工粗糙是渗漏的另外一个原因。施工粗糙不仅表现在返水高度不足、接缝不严等常见缺陷，还表现在找平层做不到平整、光滑、坚实，无空鼓、无开裂、无起砂等质量要求。2006年编者在某工程屋面见到，直接在混凝土楼板上喷涂发泡聚氨酯保温层，支模用的钢筋都未割除，这样的施工操作，想要屋面不渗漏都不可能。

（4）使用和维护不当表现为随意搁置重物、随意开洞和设置支架；屋面没有检修周期，没有清洁周期。屋面作为维护结构，无法承受重压，小的破损不及时修理，造成了大的破损和渗漏。屋面不进行保洁，树叶、塑料袋等垃圾不能及时清理，堵塞排水口，导致渗漏。

1.2.2　建筑防水的原则

《建筑与市政工程防水通用规范》（GB 55030—2022）规定，工程防水应遵循因地制宜、以防为主、防排结合、综合治理的原则。工程防水需要考虑气象条件、地质条件、工程部位等使用环境的影响，在进行设计、材料选择、施工、运行维护时能适应使用环境，做到因地制宜。工程防水需要综合考虑排水和防水的要求，做到以防为主、防排结合。

为确保防水的有效性，工程防水一般需要采取多种措施综合实施，并应结合其他功能和需要形成系统。工程防水在使用过程中需要进行检查、维护与维修，对于出现渗漏的工程，防水的维修措施需要多措并举。

工程防水设计工作年限：地下工程防水设计工作年限不应低于工程结构设计工作年限；屋面工程防水设计工作年限不应低于20年；室内工程防水设计工作年限不应低于25年；桥梁工程桥面防水设计工作年限不应低于桥面铺装设计工作年限；非侵蚀性介质蓄水类工程内壁防水层设计工作年限不应低于10年。混凝土屋面板、塑料排水板、不具备防水功能的装饰瓦和不搭接瓦、注浆加固等不应作为一道防水层。

屋面工程设计应遵循"保证功能、构造合理、防排结合、优选用材、美观耐用"的原则。

(1)"保证功能"是屋面工程设计的根本要求，其功能包括防水、保温、隔热、隔汽、排水、适应变形、外观造型、采光通风等，只有保证了屋面工程的使用功能，才能满足不同建筑的使用需求。

(2)"构造合理"是指屋面工程的细部构造，应符合不同种类屋面的具体构造要求，要针对不同的屋面形式进行合理的节点设计和施工，因为节点处理不好，常常是造成屋面工程渗漏的根源。

(3)"防排结合"在进行屋面工程设计时，是一条重要的原则，屋面工程必须具有一定的排水坡度，使雨水能从屋面上迅速排走而不会造成屋面积水，就有利于防止屋面因积水而导致渗漏。

(4)"优选用材"并不是什么材料好就选用什么材料，而是要根据建筑物性质、重要程度、使用功能要求、屋面形式、防水层设计使用年限及地区特点等，选择与屋面工程相匹配的材料。

(5)"美观耐用"是要根据建筑物的不同屋面造型、不同装饰效果、不同使用功能要求，使屋面工程的外表美观，坚固耐用，满足屋面防水层设计使用年限的要求。

屋面工程施工应遵照"按图施工、材料检验、工序检查、过程控制、质量验收"的原则。屋面工程施工就是对屋面工程所使用的各种防水、保温、隔热等材料的一次再加工。因此，在施工时所使用的各种原材料的品种、质量均应符合设计图纸的要求。对于各构造层的做法、节点的处理等都必须照图施工，施工单位不能随意变更设计图纸。在屋面工程的各构造层施工过程中，必须按照有关规范、规程、工艺标准的要求精心作业。不能随意操作，粗制滥造。

在屋面工程各构造层之间，常常会出现因上一道工序存在的问题未解决，而被下一道工序所覆盖，给屋面工程留下质量隐患。所以，在屋面工程施工中必须按构造层的施工程序进行工序检查，严格控制各道构造层的施工质量，做到在操作人员自检合格的基础上，进行工序间的交接检查和专职质量人员的检查，检查结果应有完整的记录，经检查质量合格后方可进行验收。在进行检查中如果发现上道工序不合格，质量检查人员应拒绝验收，必须进行返工或修整，直至合格后方可进行下一道工序的施工。

地下工程防水的设计和施工应遵循"防、排、截、堵相结合，刚柔相济，因地制宜，综合治理"的原则。"防、排、截、堵相结合"是采用防水、排水、截水和堵漏相结合的方法来进行地下防水的设计和施工；"刚柔相济"是地下防水要采用防水混凝土这类的刚性材料和卷材、涂膜、防水密封材料等柔性材料相结合；"因地制宜"是指地下工程防水要考虑地下工程种类的多样性和地下工程所处的地域的复杂性，使每个工程的防水设计可以根据工程特点有所选择；"综合治理"是对上述方法的结论，就是不要希望采用单一措施就可以达到地下防水工程的防水效果。

根据建筑防水的原因和原则的分析，可以得出如下的建议和结论。

(1)确保屋面防水效果的方法是在钢筋混凝土屋面板上直接做一层找平层，找平层表面应泛浆抹平、收水压光，在找平层上做一层高延伸率的涂膜防水层，在涂膜防水层上，再做保护层。采用这种做法完成屋面后，上面再做任何做法，基本都可以保证不再渗漏。

(2)地下防水不渗漏的关键不是柔性防水层，是地下室的设计构造和混凝土的浇筑质量。地下室防水底板厚度应该满足从室外地坪到地下室底板高度的抗浮要求，而不是简单的250 mm厚的钢筋混凝土。地下室侧墙设计应考虑温度、干燥收缩、荷载变化等因素导致的开裂，最好设置诱导缝。地下室混凝土施工缝位置应避开应力集中部位。在地下室底板和侧墙上粘贴的卷材防水(预铺反粘除外)作用和效果都不是很确切,也不宜达到防水效果。建议底板采用混凝土自防水,侧墙外侧采用高延伸率的涂膜防水。

单元小结

本单元主要让大家熟悉了学习本课程的基本知识和理论。这些基本知识包括防水原理(计量单位、与防水有关的建筑材料的性质、现代防水技术及材料、防水的渗漏模型、零延伸断裂原理)、渗漏的原因、防水的原则和防水原理的提示。

本单元是基础性和原则性的,在防水的设计、选材、施工和验收中具有提纲挈领的作用,是做好防水工程的基本出发点。

习 题

一、单项选择题

1. 下列不是基本计量单位的是(   )。
   A. 秒   B. 米   C. 千瓦   D. 安培
2. 下列不是材料的组成的是(   )。
   A. 化学组成   B. 矿物组成   C. 相组成   D. 分子组成
3. 材料在外力作用下产生变形,当外力去除后,能够完全恢复原来形状的性质称为(   )。
   A. 塑性   B. 弹塑性   C. 抗变形性   D. 弹性
4. 材料的(   )是指材料在使用期间,受到各种内在的或外来因素的作用,能经久不变质、不破坏,能保持原有性能,不影响使用的性质。
   A. 抗风化性   B. 耐久性   C. 抗腐蚀性   D. 抗渗性

二、多项选择题

1. 材料与水有关的性质包括(   )。
   A. 亲水性材料和憎水性材料   B. 吸水性和吸湿性
   C. 耐水性和抗渗性   D. 抗冻性
2. 材料与热有关的性质包括(   )。
   A. 导热性   B. 热阻和热容量
   C. 耐热性、耐火性和耐燃性   D. 温度变形
3. 用于防水的材料应该具有的基本性质有(   )。
   A. 憎水性与密实性
   B. 良好的延伸性能和耐气候变化性能
   C. 良好的柔性和强度
   D. 良好的耐腐蚀、耐霉烂、耐紫外线等耐久性
4. 水渗入建筑物的围护系统,需要同时具备的条件有(   )。
   A. 水必须存在于建筑物围护系统的表面
   B. 建筑物围护系统必须有水能通过的裂缝、孔洞或者管道
   C. 必须有能使水通过裂缝、孔洞或管道的作用力,这些作用力包括重力、风压力、水压力及水的表面张力
   D. 建筑物没有设置防水层

三、计算题

1. 某地岩石的密度为 2.85 g/cm³，孔隙率为 1.4%。岩石破碎为碎石后，测得碎石的堆积密度为 1 570 kg/m³，计算此岩石的表观密度和碎石的空隙率。

2. 某种材料的体积吸水率为 8%，密度为 2.9 g/cm³，绝对干燥时的表观密度为 1 480 kg/m³，试计算该材料的质量吸水率、开口孔隙率、闭口孔隙率，并估计该材料的抗冻性。

3. 含水率为 5% 的湿砂 200 g，烘干至质量恒定时的质量为多少？

4. 用烧结普通砖进行抗压试验，浸水饱和后的破坏荷载为 185 kN，干燥状态的破坏荷载为 210 kN(受压面面积为 115 mm×120 mm)，若建筑物地下室外墙无防水层，请确定该砖是否宜用于建筑物地下室外墙的砌筑。

四、简答题

1. 简述现代建筑的防水原理。

2. 根据"零延伸断裂原理"，对涂膜防水层及卷材防水层的构造有哪些要求？

3. 屋面工程设计的原则是什么？

4. 屋面工程施工的原则是什么？

5. 地下工程设计和施工的原则是什么？

五、工程实例应用题

图 1-17 所示为某卫生间的设计图纸，该图纸的设计说明中有如下规定：

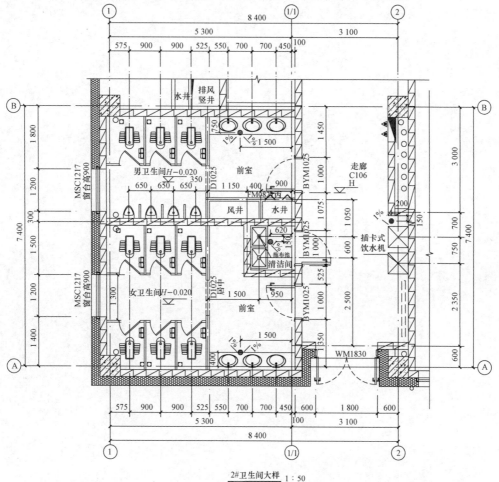

图 1-17 某卫生间设计图纸

(1)所有卫生间、清洁间、特殊实验室等须防水的房间地面应向地漏找不小于1‰坡，并采用防水涂料或聚合物水泥防水砂浆防水层，做到墙面距离楼面 1 800 mm 高处，卫生间内墙应全部做防水处理。

(2)凡管道穿过此类房间地面时须预埋套管，高出地面 50 mm，套管周边 200 mm 范围内加涂 1.5 mm 厚防水涂料加强层；地漏周围，穿地面或墙面防水层管道及预埋件周围与找平层之间预留 10 mm 宽、7 mm 深的凹槽，并嵌填密封材料。

请计算该卫生间的防水面积。

单元 2　建筑防水材料及施工工具

学习目标

知识目标：

1. 掌握石油沥青及其性质；
2. 掌握防水卷材的分类及适用条件；
3. 掌握防水涂料的分类及适用条件；
4. 了解刚性防水材料，掌握防水混凝土的要点；
5. 了解防水密封材料及其性能和选择；
6. 掌握保温隔热材料分类及性能；
7. 了解堵漏材料，认识防水施工工具。

能力目标：

1. 能够查看防水材料的性能指标，进行材料验收；
2. 能够进行防水材料的取样；
3. 能够根据工程的使用环境和功能要求选择建筑防水材料；
4. 能够合理选择建筑的保温隔热材料；
5. 能够选择合适的堵漏材料。

素养目标：

1. 能够具备较强的学习能力和信息获取能力；
2. 能够具备吃苦耐劳、勇于创新的职业素养。

任务描述

某博物馆工程建设地点位于济南市历城区，北距黄河 400 m，建筑高度 53.6 m，外墙采用石材幕墙及玻璃幕墙，地下有两层，−1 层层高为 4.8 m，−2 层层高为 5.4 m；勘察地下水位位于建筑标高的−2.6 m。屋面采用平屋面，女儿墙高度为 900 mm。该工程每层有 4 个卫生间，2 个开水间。

任务要求

根据任务描述，为该博物馆工程选择屋面防水材料、外墙防水材料、卫生间及开水间防水材料和地下室底板与侧墙防水材料。要求防水材料的选择依据充分，选型合理。

进行防水材料选择时，应考虑：防水材料的耐久性应与工程防水设计工作年限相适应。材料性能应与工程使用环境条件相适应；每道防水层厚度应满足防水设防的最小厚度要求；防水材料影响环境的物质和有害物质限量应满足要求。外露使用防水材料的燃烧性能等级不应低于B2 级。

31

2.1 沥青及制品

2.1.1 石油沥青

1. 沥青的概念

沥青是一种棕黑色有机胶凝状物质。其主要成分是沥青质和树脂,其次有高沸点矿物油和少量的氧、硫和氯的化合物。有光泽,呈液体、半固体或固体状态,低温时质脆,黏结性和防腐性能良好,是一种防水、防潮和防腐的有机胶凝材料。

2. 沥青的分类

沥青主要可分为煤焦沥青、石油沥青和天然沥青3种。有的资料也将其分为天然沥青、石油沥青、页岩沥青和煤焦油沥青4种。

(1)煤焦沥青是炼焦的副产品,即焦油蒸馏后残留在蒸馏釜内的黑色物质。它与精制焦油只在物理性质上有区别,没有明显的界限。一般的划分方法是规定软化点在26.7℃(立方块法)以下的为焦油,在26.7℃以上的为沥青。煤焦沥青中主要含有难挥发的蒽、菲、芘等。这些物质具有毒性,由于这些成分的含量不同,煤焦沥青的性质也因而不同。温度的变化对煤焦沥青的影响很大,冬季容易脆裂,夏季容易软化。加热时有特殊气味;加热到260℃持续5h以上,其所含的蒽、菲、芘等成分就会挥发出来。

(2)石油沥青是原油蒸馏后的残渣。根据提炼程度的不同,石油沥青在常温下呈液体、半固体或固体。石油沥青色黑而有光泽,具有较高的感温性。由于它在生产过程中曾经蒸馏至400℃以上,因而所含挥发成分甚少,但仍可能有高分子的碳氢化合物未经挥发出来,这些物质或多或少对人体健康是有害的。

(3)天然沥青储藏在地下,形成矿层或在地壳表面堆积。这种沥青大都经过天然蒸发、氧化,一般已不含有任何毒素。

注意:沥青中以煤焦油沥青危害最大。沥青烟和粉尘可经呼吸道和污染皮肤而引起中毒,发生皮炎、视力模糊、眼结膜炎、胸闷、腹痛、心悸、头痛等症状。经科学试验证明,沥青和沥青烟中所含的3,4-苯并芘是引起皮肤癌、肺癌、胃癌和食管癌的主要原因之一。

在受沥青污染的空气中长期生活,可导致免疫力下降。

3. 建筑上用的沥青

建筑上用的是建筑石油沥青,石油沥青技术性质主要有黏滞性、塑性、温度敏感性和大气稳定性。

(1)石油沥青的黏滞性又称黏性或黏度,是反映沥青材料内部阻碍其相对流动的一种特性,是沥青材料软硬、稀稠程度的反映。

对黏稠(半固体或固体)的石油沥青用针入度表示,对液体石油沥青则用黏滞度表示。

(2)塑性是指石油沥青在外力作用下产生变形而不破坏,除去外力后,仍能保持变形后的形状的性质。沥青之所以能配制成性能良好的柔性防水材料,很大程度上取决于沥青的塑性。沥青的塑性对冲击振动荷载有一定的吸收能力,并能减少摩擦时的噪声,故沥青是一种优良的道路路面材料。石油沥青的塑性用延度表示。

(3)温度敏感性(感温性)是指石油沥青的黏滞性和塑性随温度升降而变化的性能。

温度敏感性以软化点指标表示。由于沥青材料从固态至液态有一定的变态间隔,故规定以其中某一状态作为从固态转变到黏流态的起点,相应的温度则称为沥青的软化点。

(4)大气稳定性是指石油沥青在热、阳光、氧气和潮湿等大气因素的长期综合作用下抵抗老化的性能,也是沥青材料的耐久性。大气稳定性即沥青抵抗老化的性能。

石油沥青的大气稳定性以加热蒸发损失百分率和加热前后针入度比来评定。

2.1.2 石油沥青玛琋脂

1. 沥青玛琋脂简介

沥青玛琋脂(SMA)是一种由沥青、纤维稳定剂、砂粉及少量的细集料组成的沥青混合料。具有高含量粗集料、高含量矿粉、较大沥青用量、低含量中间粒径颗粒的组成特点。高含量的粗骨料在混合料中颗粒面与面直接接触、相互嵌锁构成的骨架直接承受了荷载作用,这种骨架对温度敏感性小。含量较高的矿粉与沥青形成黏聚力很高的胶凝状物——玛琋脂,使混合料的整体力学性质提高。这两个方面的作用使混合料具有足够的竖向与侧向约束,在车辆荷载的作用下,不产生或只产生微小的永久性变形。

沥青玛琋脂具有很高的抗车辙能力和温度稳定性、优良的抗裂性能、良好的耐久性能、较好的抗滑性能。与传统的沥青混凝土相比,沥青玛琋脂的使用寿命增加 40% 左右。若使用改性后的沥青,可进一步提高其性能。

玛琋脂应具有恰当的耐热度,根据具体使用条件和当地的极端最高温度来确定用多高的耐热度。耐热度过低,夏季易液化流淌;耐热度过高,冬季易冷脆断裂。玛琋脂应具有一定的柔韧性,在结构发生变形时不致被拉裂。玛琋脂还应具有足够的粘结力。

2. 沥青玛琋脂的用途

用于重交通道路、机场跑道、高等级公路及钢桥路面面层的铺筑。建筑工程中用其作为防水层、防水层黏结材料或密封防水材料。

2.1.3 石油沥青冷底子油

1. 冷底子油的概念

冷底子油是用稀释剂(汽油、柴油、煤油、苯等)对沥青进行稀释的产物。其多在常温下用于防水工程的底层,故称冷底子油。

2. 冷底子油的用途

冷底子油黏度小,具有良好的流动性。涂刷在混凝土、砂浆或木材等基面上,能很快渗入基层孔隙中,待溶剂挥发后,便与基面牢固结合。冷底子油形成的涂膜较薄,一般不单独作防水材料使用,只作某些防水材料的配套材料。在铺贴防水卷材之前涂布在混凝土、砂浆、木材等基层上,能很快渗入基层孔隙中,待溶剂挥发后,使基层表面变为憎水性,为黏结同类防水材料创造了有利条件,便于基面牢固结合。

冷底子油应涂刷于干燥的基面上,不宜在有雨、雾、露的环境中施工,通常要求与冷底子油相接触的水泥砂浆的含水率小于 10%。

使用冷底子油时应采用商品冷底子油。

2.2 防水卷材

防水卷材本质上是一种复合材料,由沥青、高聚物、胎体增强材料和表面覆盖材料组成。防水卷材存在四个界面,沥青与高聚物界面、胎体与改性沥青界面、上表面覆盖材料与改性沥青界面及下表面与改性沥青界面。

《建筑与市政工程防水通用规范》(GB 55030—2022)规定,卷材防水层的最小厚度见表2-1。

表2-1 卷材防水层的最小厚度

防水卷材类型			卷材防水层最小厚度/mm
聚合物改性沥青类防水卷材	热熔法施工聚合物改性防水卷材		3.0
	热沥青粘接和胶粘法施工聚合物改性防水卷材		3.0
	预铺反粘防水卷材(聚酯胎类)		4.0
	自粘聚合物改性防水卷材(含湿铺)	聚酯胎类	3.0
		无胎类及高分子膜基	1.5
合成高分子类防水卷材	均质型、带纤维背衬型、织物内增强型		1.2
	双面复合型		主体片材芯材0.5
	预铺反粘防水卷材	塑料类	1.2
		橡胶类	1.5
	塑料防水板		1.2

当热熔施工橡胶沥青类防水涂料与防水卷材配套使用作为一道防水层时,其厚度不应小于1.5 mm。

2.2.1 沥青防水卷材

沥青防水卷材(Bituminous Water Proofsheet)是用原纸、纤维毡等胎体材料浸涂沥青,表面撒布粉状、粒状或片状材料制成可卷曲的片状防水材料。

沥青防水卷材可分为有胎卷材和无胎卷材。凡是用厚纸或玻璃丝布、石棉布、棉麻织品等胎料浸渍石油沥青制成的卷状材料,称为有胎卷材;将石棉、橡胶粉等掺入沥青材料中,经碾压制成的卷状材料称为辊压卷材,也称无胎卷材。

1. 沥青防水卷材的构造

沥青防水卷材的构造如图2-1所示。

图2-1 沥青防水卷材的构造

2. 沥青防水卷材的分类

沥青防水卷材可分为石油沥青纸胎油毡(现已禁止生产使用)、石油沥青玻璃布油毡、石油沥青玻璃纤维胎油毡及铝箔面油毡4类。

3. 沥青防水卷材的用途

沥青防水卷材适用于建筑墙体、屋面及隧道、公路、垃圾填埋场等。

2.2.2 高聚物改性沥青防水卷材

2.2.2.1 高分子聚合物

高分子聚合物是一类相对分子质量通常在$10^4\sim10^6$以上的大分子物质，其分子所含原子数通常为几万、几十万甚至高达几百万个。

可以从不同的角度对聚合物进行分类，如从单体来源、合成方法、最终用途、加热行为、聚合物结构等。

按材料的性质和用途分类，可将高聚物分为塑料、橡胶和纤维。

(1)塑料是以合成或天然聚合物为主要成分，辅以填充剂、增塑剂和其他助剂在一定温度和压力下加工成型的材料或制品。其中的聚合物常称作树脂。塑料的行为介于纤维和橡胶之间，有很广的范围，软塑料接近橡胶，硬塑料接近纤维。塑料按其受热行为也可分为热塑性塑料和热固性塑料。按塑料的状态又可细分为模塑塑料、层压塑料、泡沫塑料、人造革、塑料薄膜等。

(2)橡胶通常是一类线型柔顺高分子聚合物，具有典型的高弹性，在很小的作用力下，能产生很大的形变(500%～1 000%)，外力除去后，能恢复原状。橡胶经适度交联(硫化)后形成的网络结构可防止大分子链相互滑移，增大弹性形变。交联度增大，弹性下降，弹性模量上升，高度交联可得到硬橡胶。天然橡胶、丁苯橡胶、顺丁橡胶和乙丙橡胶是常用的品种。

(3)纤维通常是线性结晶聚合物，平均分子量较橡胶和塑料低，纤维不易产生形变，伸长率小(10%～50%)，弹性模量(大于35 000 N/cm²)和抗张强度(大于35 000 N/cm²)都很高。工业中常用的合成纤维有聚酰胺(如尼龙－66、尼龙－6 等)、聚对苯二甲酸乙二醇酯和聚丙烯腈等。

2.2.2.2 高聚物改性沥青的优点

SBS属于苯乙烯类热塑性弹性体，是苯乙烯－丁二烯－苯乙烯三嵌段共聚物，SBS中聚苯乙烯链段和聚丁二烯链段明显地呈现两相结构，聚丁二烯为连续相，聚苯乙烯为分散相，这种两相分离结构使其能与沥青基质形成空间立体网络结构，从而有效地改善沥青的温度性能、拉伸性能、弹性、内聚附着性能、混合料的稳定性、耐老化性等。在众多的沥青改性剂中，SBS能够同时改善沥青的高低温性能及感温性能，使其成为研究和应用最多的品种，SBS改性沥青目前占全球沥青需求量的61%之多。

APP即无规聚丙烯，是生产聚丙烯(等规聚丙烯)的副产物，为黏稠物，外观呈乳白色蜡状颗粒状，软化点为120～140 ℃，100 ℃的运动黏度为1 000～4 000 mm/s，密度为(0.89±0.01)g/cm³，闪点为220～250 ℃，灰分微量。

APP(塑性体)改性沥青防水卷材的特点是高温性优越。其制品应用范围广，利用率较高，改变了制成品在高温下抗流延性、低温下的龟裂等缺点，提高了沥青自身的曲挠性、韧性和内聚力。

2.2.2.3 高聚物改性沥青卷材的分类

高聚物改性沥青卷材包括弹性体改性沥青防水卷材、塑性体改性沥青防水卷材、改性沥青聚乙烯胎防水卷材和自粘聚合物改性沥青卷材。为便于掌握带自粘层的防水卷材，本部分也对其进行介绍。

1. 弹性体改性沥青防水卷材

根据国家标准《弹性体改性沥青防水卷材》(GB 18242—2008)规定，弹性体改性沥青卷材按胎基可分为聚酯毡(PY)、玻纤毡(G)、玻纤增强聚酯毡(PYG)；按上表面隔离材料可分为聚乙烯膜（PE）、细砂（S）、矿物颗粒（M）；按下表面隔离材料可分为细砂（S）或聚乙烯膜（PE）；按材料性能可分为Ⅰ型和Ⅱ型。常用的这类卷材是SBS（苯乙烯—丁二烯—苯乙烯）改性沥青卷材。

弹性体改性沥青防水卷材的公称宽度为 1 000 mm，聚酯毡（PY）卷材的公称厚度为 3 mm、4 mm和5 mm；玻纤毡（G）卷材的公称厚度为 3 mm 和 4 mm；玻纤增强聚酯毡（PYG）卷材的公称厚度为 5 mm；每卷的公称面积为 7.5 m²、10 m²、15 m²。弹性体改性沥青防水卷材的单位面积质量、面积及厚度，见表2-2。

表 2-2　弹性体改性沥青防水卷材的单位面积质量、面积及厚度

规格（公称厚度）/mm		3			4			5		
上表面材料		PE	S	M	PE	S	M	PE	S	M
下表面材料		PE	PE、S		PE	PE、S		PE	PE、S	
面积/ (m²·卷⁻¹)	公称面积	10、15			10、7.5			7.5		
	偏差	±0.10			±0.10			±0.10		
单位面积质量/（kg·m⁻²）≥		3.3	3.5	4.0	4.3	4.5	5.0	5.3	5.5	6.0
厚度/mm	平均值 ≥	3.0			4.0			5.0		
	最小单值	2.7			3.7			4.7		

弹性体改性沥青防水卷材按名称、型号、胎基、上表面材料、下表面材料、厚度、面积和标准编号标记。如 SBS Ⅰ PY M PE 3 10 GB 18242—2008，表示面积为 10 m²，厚度为 3 mm，上表面为矿物粒料，下表面为聚乙烯膜聚酯毡Ⅰ型弹性体改性沥青卷材。

弹性体改性沥青防水卷材主要适用于工业与民用建筑的屋面与地下防水工程；玻纤增强聚酯毡卷材可用于机械固定单层防水，但需要通过抗风荷载试验；玻纤毡卷材适用于多层防水中的底层防水；外露使用宜采用上表面隔离材料为不透明的矿物颗粒的防水卷材（图2-2）。地下工程防水采用表面隔离材料为细砂的防水卷材。

图 2-2　上表面隔离材料为不透明的矿物颗粒（板岩）

弹性体改性沥青防水卷材外观应卷紧卷齐，端面里近外出不得超过 10 mm；成卷卷材在 4～50 ℃任一产品温度下展开，在距离卷芯 1 000 mm 长度外不应有 10 mm 以上的裂纹或粘结；胎基应浸透，不应有未被浸渍处；卷材表面应平整，不允许有孔洞、缺边和裂口、疙瘩，矿物粒料粒度应均匀一致并紧密地粘附于卷材表面；每卷卷材接头处不应超过一个，较短的一段长度不应少于 1 000 mm，接头应剪切整齐，并加长 150 mm。

弹性体改性沥青防水卷材材料性能，见表2-3。

表 2-3 弹性体改性沥青防水卷材材料性能

序号	项目		指标				
			I		II		
			PY	G	PY	G	PYG
1	可溶物含量 /(g·m^{-2}) ≥	3 mm	2 100				—
		4 mm	2 900				—
		5 mm	3 500				—
		试验现象	—	胎基不燃	—	胎基不燃	—
2	耐热性	℃	90		105		
		≤mm	2				
		试验现象	无流淌、滴落				
3	低温柔性/℃		−20		−25		
			无裂缝				
4	不透水性 30 min		0.3 MPa	0.2 MPa	0.3 MPa		
5	拉力	最大峰拉力/(N·50 mm^{-1})	500	350	800	500	900
		次高峰拉力/(N·50 mm^{-1})	—	—	—	—	800
		试验现象	拉伸过程中,试件中部无沥青涂盖层开裂或与胎基分离现象				
6	延伸率	最大峰时延伸率/% ≥	30	—	40	—	—
		第二峰时延伸率/% ≥	—	—	—	—	15
7	浸水后质量增加/% ≤	PE、S	1.0				
		M	2.0				
8	热老化	拉力保持率/% ≥	90				
		延伸率保持率/% ≥	80				
		低温柔性/℃	−15		−20		
			无裂缝				
		尺寸变化率/%	0.7	—	0.7	—	0.3
		质量损失/%	1.0				
9	渗油性	张数 ≤	2				
10	接缝剥离强度/(N·mm^{-1}) ≥		1.5				
11	钉杆撕裂强度[a]/N ≥		—				300
12	矿物粒料粘附性[b]/g ≤		2.0				
13	卷材下表面沥青涂盖层厚度[c]/mm ≥		1.0				
14	人工气候加速老化	外观	无滑动、流淌、滴落				
		拉力保持率/% ≥	80				
		低温柔性/℃	−15		−20		
			无裂缝				

[a] 仅适用于单层机械固定施工方式卷材。
[b] 仅适用于矿物粒料表面的卷材。
[c] 仅适用于热熔施工的卷材。

弹性体改性沥青防水卷材应进行进场复试。将取样卷材切除距外层卷头 2 500 mm 后，取 1 m 长的卷材按《建筑防水卷材试验方法 第 4 部分：沥青防水卷材 厚度、单位面积质量》(GB/T 328.4—2007)(见附录一)的取样方法均匀分布裁取试件。卷材性能试件的形状和数量见表 2-4。

表 2-4　试件形状和数量

序号	试验项目		试件形状(纵向×横向)/(mm×mm)	数量/个
1	可溶物含量		100×100	3
2	耐热性		125×100	纵向 3
3	低温柔性		150×25	纵向 10
4	不透水性		150×150	3
5	拉力及延伸率		(250～320)×50	纵横向各 5
6	浸水后质量增加		(250～320)×50	纵向 5
7	热老化	拉力及延伸率保持率	(250～320)×50	纵横向各 5
		低温柔性	150×25	纵向 10
		尺寸变化率及质量损失	(250～320)×50	纵向 5
8	渗油性		50×50	3
9	接缝剥离强度		400×200(搭接边处)	纵向 2
10	钉杆撕裂强度		200×100	纵向 5
11	矿物粒料黏附性		265×50	纵向 3
12	卷材下表面沥青涂盖层厚度		200×50	横向 3
13	人工气候加速老化	拉力保持率	120×25	纵横向各 5
		低温柔性	120×25	纵向 10

组批：同一类型、同一规格 10 000 m² 为一批，不足 10 000 m² 也可作为一批。

抽样：在每批产品中随机抽取 5 卷进行单位面积质量、面积、厚度及外观检查。

卷材外包装上应包括：生产厂名、地址、商标、产品标记、能否热熔施工、生产日期或批号、检验合格标识、生产许可证号及其标志。

卷材可用纸包装、塑胶带包装、盒包装或塑料袋包装。用纸包装时应以全柱面包装，柱面两端未包装长度总计不超过 100 mm，产品应在包装或产品说明书中注明贮存与运输注意事项。

贮存与运输时，不同类型、不同规格的产品应分别存放，不应混杂。避免日晒雨淋，注意通风。贮存温度不应高于 50 ℃，立放贮存只能单层，运输过程中立放不超过两层。

运输时防止倾斜或横压，必要时加盖苫布。在正常贮存、运输条件下，贮存期自生产之日起为一年。

2. 塑性体改性沥青防水卷材

塑性体改性沥青防水卷材简称 APP 防水卷材，是以聚酯毡、玻纤毡、玻纤增强聚酯毡为胎基，以无规聚丙烯烃类聚合物(APAO、APO 等)作石油沥青改性剂，两面覆以隔离材料所制成的防水卷材。

塑性体改性沥青防水卷材按胎基可分为聚酯毡(PY)、玻纤毡(G)、玻纤增强聚酯毡(PYG)；按上表面隔离材料可分为聚乙烯膜(PE)、细砂(S)、矿物颗粒(M)；按下表面隔离材料可分为细砂(S)、聚乙烯膜(PE)；按材料性能可分为Ⅰ型和Ⅱ型。

材料的公称宽度为 1 000 mm，聚酯毡(PY)卷材的公称厚度为 3 mm、4 mm、5 mm；玻纤毡(G)卷材的公称厚度为 3 mm、4 mm；玻纤增强聚酯毡(PYG)卷材的公称厚度为 5 mm；每卷的公称面积为 7.5 m^2、10 m^2、15 m^2。

塑性体改性沥青防水卷材按名称、型号、胎基、上表面材料、下表面材料、厚度、面积和标准编号标记。如 APP Ⅰ PY M PE 3 10 GB 18243—2008，表示面积为 10 m^2，厚度为 3 mm，上表面为矿物粒料，下表面为聚乙烯膜聚酯毡Ⅰ型塑性体改性沥青卷材。

塑性体改性沥青防水卷材主要适用于工业与民用建筑的屋面与地下防水工程；玻纤增强聚酯毡卷材可用于机械固定单层防水，但需要通过抗风荷载试验；玻纤毡卷材适用于多层防水中的底层防水；外露使用宜采用上表面隔离材料为不透明的矿物颗粒的防水卷材。地下工程防水采用表面隔离材料为细砂的防水卷材。

塑性体改性沥青防水卷材单位面积质量、面积及厚度，见表2-5。

表 2-5　塑性体改性沥青防水卷材单位面积质量、面积及厚度

规格(公称厚度)/mm		3			4			5		
上表面材料		PE	S	M	PE	S	M	PE	S	M
下表面材料		PE	PE、S		PE	PE、S		PE	PE、S	
面积/ ($m^2 \cdot 卷^{-1}$)	公称面积	10、15			10、7.5			7.5		
	偏差	±0.10			±0.10			±0.10		
单位面积质量/($kg \cdot m^{-2}$) ≥		3.3	3.5	4.0	4.3	4.5	5.0	5.3	5.5	6.0
厚度/mm	平均值 ≥	3.0			4.0			5.0		
	最小单值	2.7			3.7			4.7		

塑性体改性沥青防水卷材应卷紧卷齐，端面里近外出不得超过 10 mm；成卷卷材在 4~60 ℃任一产品温度下展开，在距离卷芯 1 000 mm 长度外不应有 10 mm 以上的裂纹或粘结；胎基应浸透，不应有未被浸渍处。卷材表面应平整，不允许有孔洞、缺边和裂口、疙瘩，矿物粒料粒度应均匀一致并紧密地粘附于卷材表面；每卷卷材接头处不应超过一个，较短的一段长度不应少于 1 000 mm，接头应剪切整齐，并加长 150 mm。

塑性体改性沥青防水卷材材料性能，见表2-6。

表 2-6　塑性体改性沥青防水卷材材料性能

序号	项目		指标				
			Ⅰ		Ⅱ		
			PY	G	PY	G	PYG
1	可溶物含量/($g \cdot m^{-2}$) ≥	3 mm	2 100				—
		4 mm	2 900				
		5 mm	3 500				
		试验现象	—	胎基不燃	—	胎基不燃	
2	耐热性	℃	110		130		
		≤mm	2				
		试验现象	无流淌、滴落				

序号	项目		指标				
			I		II		
			PY	G	PY	G	PYG
3	低温柔性/℃		−7		−15		
			无裂缝				
4	不透水性(30 min)/MPa		0.3	0.2	0.3		
5	拉力	最大峰拉力/(N·50 mm⁻¹)	500	350	800	500	900
		次高峰拉力/(N·50 mm⁻¹)	—	—	—	—	800
		试验现象	拉伸过程中,试件中部无沥青涂层开裂或与胎基分离现象				
6	延伸率	最大峰时延伸率/% ≥	25		40		
		第二峰时延伸率/% ≥	—		—		15
7	浸水后质量增加/% ≤	PE、S	1.0				
		M	2.0				
8	热老化	拉力保持率/% ≥	90				
		延伸率保持率/% ≥	80				
		低温柔性/℃	−2		−10		
			无裂缝				
		尺寸变化率/%	0.7	—	0.7	—	0.3
		质量损失/%	1.0				
9	接缝剥离强度/(N·mm⁻¹) ≥		1.0				
10	钉杆撕裂强度ᵃ/N ≥		—				300
11	矿物粒料黏附性ᵇ/g ≤		2.0				
12	卷材下表面沥青涂盖层厚度ᶜ/mm ≥		1.0				
13	人工气候加速老化	外观	无滑动、流淌、滴落				
		拉力保持率/% ≥	80				
		低温柔性/℃	−2		−10		
			无裂缝				

ᵃ 仅适用于单层机械固定施工方式卷材。
ᵇ 仅适用于矿物粒料表面的卷材。
ᶜ 仅适用于热熔施工的卷材。

塑性体改性沥青防水卷材应进行进场复试,复试合格后方可使用。将取样卷材切除距外层卷头 2 500 mm 后,取 1 m 长的卷材按《建筑防水卷材试验方法 第4部分:沥青防水卷材 厚度、单位面积质量》(GB/T 328.4—2007)(见附录一)取样方法均匀分布裁取试件。塑性体改性沥青防水卷材试件的形状和数量见表2-7。

表2-7 塑性体改性沥青防水卷材试件形状和数量

序号	试验项目	试件形状(纵向×横向)/(mm×mm)	数量/个
1	可溶物含量	100×100	3

序号	试验项目		试件形状（纵向×横向）/（mm×mm）	数量/个	
2	耐热性		125×100	纵向3	
3	低温柔性		150×25	纵向10	
4	不透水性		150×150	3	
5	拉力及延伸率		（250～320）×50	纵横向各5	
6	浸水后质量增加		（250～320）×50	纵向5	
7	热老化	拉力及延伸率保持率	（250～320）×50	纵横向各5	
		低温柔性	150×25	纵向10	
		尺寸变化率及质量损失	（250～320）×50	纵向5	
8	渗油性		50×50	3	
9	接缝剥离强度		400×200（搭接边处）	纵向2	
10	钉杆撕裂强度		200×100	纵向5	
11	矿物粒料黏附性		265×50	纵向3	
12	卷材下表面沥青涂盖层厚度		200×50	横向3	
13	人工气候加速老化	拉力保持率	120×25	纵横向各5	
		低温柔性	120×25	纵向10	

组批：同一类型、同一规格10 000 m²为一批，不足10 000 m²也可作为一批。

抽样：在每批产品中随机抽取5卷进行单位面积质量、面积、厚度及外观检查。

卷材外包装上应包括：生产厂名、地址、商标、产品标记、能否热熔施工、生产日期或批号、检验合格标识、生产许可证号及其标志。

卷材可用纸包装、塑胶袋包装、盒包装或塑料袋包装。纸包装时应以全柱面包装，柱面两端未包装长处总计不超过100 mm，产品应在包装或产品说明书中注明贮存与运输注意事项。

贮存与运输时，不同类型、不同规格的产品应分别存放，不应混杂。避免日晒雨淋，注意通风。贮存温度不应高于50 ℃，立放贮存只能单层，运输过程中立放不超过两层。

运输时防止倾斜或横压，必要时加盖苦布。在正常贮存、运输条件下，贮存期自生产日起为一年。

3. 改性沥青聚乙烯胎防水卷材

改性沥青聚乙烯胎防水卷材是以高密度聚乙烯膜为胎基，上、下两面为改性沥青或自粘沥青，表面覆盖隔离材料制成的防水卷材。改性沥青聚乙烯胎防水卷材的改性沥青可采用改性氧化沥青、丁苯橡胶改性氧化沥青、高聚物（SBS）改性氧化沥青。同时可以制成自粘防水卷材和耐根穿刺防水卷材。

改性沥青聚乙烯胎防水卷材按产品的施工工艺可分为热熔型和自粘型两种。热熔型按改性剂的成分可分为改性氧化沥青防水卷材、丁苯橡胶改性氧化沥青防水卷材、高聚物（SBS）改性氧化沥青防水卷材和高聚物改性沥青耐根穿刺防水卷材4类。改性沥青聚乙烯胎防水卷材的代号见表2-8。

表 2-8　改性沥青聚乙烯胎防水卷材的代号

序号	形式	代号
1	热熔型	T
2	自粘型	S
3	改性氧化沥青防水卷材	O
4	丁苯橡胶改性沥青防水卷材	M
5	高聚物(SBS)改性沥青防水卷材	P
6	高聚物改性沥青耐根穿刺防水卷材	R
7	高密度聚乙烯膜胎体	E
8	聚乙烯膜覆面材料	E

　　热熔型卷材上、下表面隔离材料为聚乙烯膜。自粘型卷材上、下表面隔离材料为防粘材料。

　　热熔型卷材的厚度有 3.0 mm、4.0 mm，其中耐根穿刺卷材为 4.0 mm。自粘型卷材的厚度为 2.0 mm、3.0 mm。卷材的公称宽度有 1 000 mm 及 1 100 mm 两种。每卷的公称面积为 10 m² 或 11 m²。

　　卷材按施工工艺、产品类型、胎基、上表面覆盖材料、厚度和标准号顺序标记。

　　例如，3.0 mm 厚热熔型聚乙烯胎聚乙烯膜覆面高聚物改性沥青防水卷材，标记为 T PEE 3 GB 18967—2009。

　　改性沥青聚乙烯胎防水卷材适用于非外露的建筑与基础设施的防水工程。

　　改性沥青聚乙烯胎防水卷材的单位面积质量及规格尺寸应符合表 2-9 的规定。

表 2-9　改性沥青聚乙烯胎防水卷材的单位面积质量及规格尺寸

公称厚度/mm		2	3	4
单位面积质量/(kg · m⁻²)		2.1	3.1	4.2
每卷面积偏差/m²			±0.2	
厚度/mm	平均值 ≥	2.0	3.0	4.0
	最小单值 ≥	1.8	2.7	3.7

　　改性沥青聚乙烯胎防水卷材外观要求是成卷卷材应卷紧卷齐，端面里进外出不得超过 20 mm。成卷卷材在 4～45 ℃任一产品温度下展开，在距离卷芯 1 000 mm 长度外不应有裂纹或长度 10 mm 以上的粘结。卷材表面应平整，不允许有孔洞、缺边和裂口、疙瘩或其他任何能观察到的缺陷存在。每卷卷材接头处不应超过一个，较短一段的长度不应少于 1 000 mm，接头应剪切整齐，并加长 150 mm。

　　改性沥青聚乙烯胎防水卷材的物理力学性能应符合表 2-10 的规定。

表 2-10　改性沥青聚乙烯胎防水卷材的物理力学性能

序号	项目	技术指标				
		T				S
		O	M	P	R	M
1	不透水性	0.4 MPa，30 min 不透水				

序号	项目			技术指标				
				T				S
				O	M	P	R	M
2	耐热性/℃			90				70
				无流淌，无起泡				无流淌，无起泡
3	低温柔性/℃			−5	−10	−20	−20	−20
				无裂纹				
4	拉伸性能	拉力/(N·50 mm⁻¹) ≥	纵向	200			400	200
			横向					
		断裂延伸率/%	纵向	120				
			横向					
5	尺寸稳定性		℃	90				70
			% ≤	2.5				
6	卷材下表面沥青涂盖层厚度/mm ≥			1.0				—
7	剥离强度/(N·mm⁻¹)	卷材与卷材		—				1.0
		卷材与铝板		—				1.5
8	钉杆水密性							通过
9	持粘性/min ≥							15
10	自粘沥青再剥离强度(与铝板)/(N·mm⁻¹)			—				1.5
11	热空气老化	纵向拉力/(N·50 mm⁻¹) ≥		200			400	200
		纵向断裂延伸率/% ≥		120				
		低温柔性/℃		5	0	−10	−10	−10
				无裂纹				

改性沥青聚乙烯胎防水卷材应进行进场复试，复试合格后方可使用。将每卷卷材将取样卷材切除距外层卷头 2 500 mm 后，取 1 m 长的卷材按《建筑防水卷材试验方法 第 4 部分：沥青防水卷材 厚度、单位面积质量》(GB/T 328.4—2007)(见附录一)的取样方法均匀分布裁去试件。卷材性能试件的尺寸和数量按表 2-11 截取。

表 2-11　卷材性能试件的尺寸和数量

序号	项目	试件尺寸(纵向×横向)/(mm×mm)	数量/个
1	不透水性	150×150	3
2	耐热性	100×50	3
3	低温柔性	150×25	纵向 10
4	拉伸性能	150×50	纵横向各 5
5	尺寸稳定性	250×250	3
6	卷材下表面沥青涂盖层厚度	200×50	3

序号	项目		试件尺寸(纵向×横向)/(mm×mm)	数量/个
7	剥离强度	卷材与卷材	150×50	10(5组)
		卷材与铝板	250×50	5
8	钉杆水密性		300×300	2
9	持粘性		150×50	5
10	自粘沥青再剥离强度		250×50	5
11	热空气老化		200×200	5

组批：以同一类型、同一规格 10 000 m² 为一批，不足 10 000 m² 也可作为一批。

抽样：在每批产品中随机抽取 5 卷进行单位面积质量、面积、厚度及外观检查。

卷材外包装上应包括：产品名称、生产厂名、地址、商标、产品标记、生产日期或批号、检验合格标识、生产许可证号及其标志、运输与贮存注意事项。

卷材宜以塑料膜包装。柱面两端热塑封好，外用胶带捆扎，也可用编织袋包装。贮存与运输时，不同类型、不同规格的产品应分别存放，不应混杂。避免日晒雨淋，注意通风。贮存温度不应高于 45 ℃，卷材平放贮存，码放高度不超过 5 层。

运输时防止倾斜或横压，必要时加盖苫布。产品在正常贮存、运输条件下，贮存期自生产之日起为一年。

4. 带自粘层的防水卷材(GB/T 23260—2009)

带自粘层的防水卷材的产品名称标记为：带自粘层的＋主体材料防水卷材产品名称。如 3 mm 矿物料面聚酯胎Ⅰ型，10 m² 的带自粘层的弹性体改性沥青防水卷材标记为：带自粘层 SBS Ⅰ PY M 3 10 GB 18242-GB/T 23260—2009；长度为 20 m，宽度为 2.1 m、厚度为 1.2 mmⅡ型 L 类聚氯乙烯防水卷材标记为：带自粘层 PVC 卷材 L Ⅱ 1.2/20×2.1 GB 12592-GB/T 23260—2009。

同时说明，非沥青防水卷材规格中的厚度为主体材料厚度。

产品的自粘层物理力学性能应符合表 2-12 的规定。

表 2-12 卷材自粘层物理力学性能

序号	项目		指标
1	剥离强度 /(N·mm⁻¹)	卷材与卷材	≥1.0
		卷材与铝板	≥1.5
2	浸水后剥离强度/(N·mm⁻¹)		≥1.5
3	热老化后剥离强度/(N·mm⁻¹)		≥1.5
4	自粘面耐热性		70 ℃，2 h 无流淌
5	持粘性/min		≥15

产品外包装上应包括产品名称、生产厂名、地址、商标、产品标记、生产日期或批号、贮存与运输注意事项、检验合格标识。

卷材采用适于运输和贮存的方式包装。运输与贮存时，不同类型、规格的产品应分别堆放，不应混杂。避免日晒雨淋，注意通风。贮存温度不应高于 45 ℃，卷材平放贮存时，码放高度不超过 5 层，立放贮存时单层堆放。

运输时防止倾斜或侧压，必要时加盖苫布。在正常运输、贮存条件下，贮存期自生产日起为至少为一年。

5. 自粘聚合物改性沥青防水卷材(GB 23441—2009)

自粘聚合物改性沥青防水卷材按有无胎基增强可分为无胎基(N 类)、聚酯胎基(PY 类)；N 类按上表面材料可分为聚乙烯膜(PE)、聚酯膜(PET)、无膜双面自粘(D)；PY 类按上表面材料可分为聚乙烯膜(PE)、细砂(S)、无膜双面自粘(D)；产品按性能可分为 I 型和 II 型，卷材厚度为 2.0 mm 的 PY 类只有 I 型。

卷材的规格：卷材公称宽度为 1 000 mm、2 000 mm。卷材的公称面积为 10 m^2、15 m^2、20 m^2、30 m^2。卷材的厚度为 N 类：1.2 mm、1.5 mm、2.0 mm；卷材的厚度为 PY 类：2.0 mm、3.0 mm、4.0 mm。其他规格的可向厂家订货，但 N 类厚度不得小于 1.2 mm，PY 类厚度不得小于 2.0 mm。

产品标记按产品名称、类型、上表面材料、厚度、面积、标准编号顺序标记。例如，20 m^2、2.0 mm 聚乙烯膜面 I 型 N 类自粘聚合物改性沥青防水卷材标记为：自粘卷材 N I PE 2.0 20 GB 23441—2009。

对产品质量的要求：产品面积不小于产品面积标记值的 99%。N 类单位面积质量、厚度应符合表 2-13 的规定。PY 类单位面积质量、厚度应符合表 2-14 的规定。

表 2-13　N 类单位面积质量、厚度

厚度规格/mm		1.2	1.5	2.0
上表面材料		PE、PET、D	PE、PET、D	PE、PET、D
单位面积质量/(kg·m^{-2}) ≥		1.2	1.5	2.0
厚度/mm	平均值　≥	1.2	1.5	2.0
	最小单值	1.0	1.3	1.7

表 2-14　PY 类单位面积质量、厚度

厚度规格/mm		2.0		3.0		4.0	
上表面材料		PE、D	S	PE、D	S	PE、D	S
单位面积质量/(kg·m^{-2}) ≥		2.1	2.2	3.1	3.2	4.1	4.2
厚度/mm	平均值　≥	2.0		3.0		4.0	
	最小单值	1.8		2.7		3.7	

卷材外观要求：成卷卷材应卷紧卷齐，断面里进外出不得超过 20 mm。成卷卷材在 4～45 ℃任一产品温度下展开，在距离卷芯 1 000 mm 长度外不应有裂纹或长度 10 mm 以上的粘结。PY 类产品，其胎基应浸透，不应有未被浸透的浅色条纹。卷材表面应平整，不允许有孔洞、块、气泡、缺边和裂口，上表面为细砂的，细砂应均匀一致并等密地粘附于卷材表面。每卷卷材接头不应超过一个，较短一段的长度不应少于 1 000 mm，接头应剪切整齐，并加长 150 mm。

产品的物理力学性能：N 类卷材物理力学性能应符合表 2-15 的规定；PY 类卷材物理力学性能应符合表 2-16 的规定。

表 2-15　N 类卷材物理力学性能

序号	项目		指标				
			PE		PET		D
			I	II	I	II	
1	拉伸性能	拉力/(N·50 mm⁻¹)	150	200	150	200	—
		最大拉力时延伸率/%	200		30		—
		沥青断裂延伸率/%	250		150		450
		拉伸时现象	拉伸过程中，在膜断裂前无沥青涂盖层与膜分离现象				—
2	钉杆撕裂强度/N ≥		60	110	30	40	
3	耐热性		70 ℃滑动不超过 2 mm				
4	低温柔性/℃		−20	−30	−20	−30	−30
			无裂纹				
5	不透水性		0.2 MPa，120 min 不透水				—
6	剥离强度/(N·mm⁻¹) ≥	卷材与卷材	1.0				
		卷材与铝板	1.5				
7	钉杆水密性		通过				
8	渗油性/张数 ≥		2				
9	持粘性/min ≥		20				
10	热老化	拉力保持率/% ≥	80				
		低温柔性/℃	−18	−28	−18	−28	−18
			无裂纹				
		最大拉力时延伸率/% ≥	200		30		400（沥青层断裂延伸率）
		剥离强度卷材与铝板/(N·mm⁻¹) ≥	1.5				
11	热稳定性	外观	无起鼓、皱褶、滑动、流淌				
		尺寸变化/%	2				

表 2-16　PY 类卷材物理力学性能

序号	项目			指标	
				I	II
1	可溶物含量/(g·m⁻²) ≥		2.0 mm	1 300	—
			3.0 mm	2 100	
			4.0 mm	2 900	
2	拉伸性能	拉力/(N·50 mm⁻¹) ≥	2.0 mm	350	—
			3.0 mm	450	600
			4.0 mm	450	800
		最大拉力时延伸率/% ≥		30	40
3	耐热性			70 ℃无滑动、流淌、滴落	

序号	项目		指标	
			I	II
4	低温柔性/℃		−20	−30
			无裂纹	
5	不透水性		0.3 MPa，120 min 不透水	
6	剥离强度/(N·mm⁻¹) ≥	卷材与卷材	1.0	
		卷材与铝板	1.5	
7	钉杆水密性		通过	
8	渗油性/张数 ≥		2	
9	持粘性/min ≥		15	
10	热老化	最大拉力时延伸率/% ≥	30	40
		低温柔性/℃	−18	−28
			无裂纹	
		剥离强度卷材与铝板/(N·mm⁻¹) ≥	1.5	
		尺寸稳定性/% ≥	1.5	1.0
11	自粘沥青再剥离强度/(N·mm⁻¹)		1.5	

产品外包装上应包括：产品名称、生产厂名、地址、商标、产品标记、生产日期或批号、检验合格标记、生产许可证号及其标志、运输与贮存注意事项。

卷材应采用适于运输和贮存的方式包装。运输与贮存时，不同类型、规格的产品应分别堆放，不应混杂。避免日晒雨淋，注意通风。贮存温度不应高于 45 ℃，卷材平放贮存时，码放高度不超过 5 层，立放贮存时单层堆放。

运输时防止倾斜或侧压，必要时加盖苫布。在正常运输、贮存条件下，产品贮存期自生产日起为至少为一年。

2.2.3 认识合成高分子卷材

1. 合成高分子的概念

合成高分子是由可聚合小分子化合物经聚合反应形成的高分子量化合物。按材料用途可分为合成橡胶、合成纤维、合成塑料、涂料、胶粘剂等。

2. 合成高分子卷材的特点

合成高分子卷材以合成高分子材料为主体，掺入适量化学助剂和填料，经混炼、压延或挤出工艺制成的片状防水材料，也称为防水片材。

按合成高分子材料种类可分为三元乙烯橡胶防水卷材、氯丁橡胶卷材、氯丁橡胶乙烯防水卷材、聚氯乙烯防水卷材、氯化聚乙烯橡胶共混卷材。

(1)三元乙烯橡胶防水卷材。耐老化性能最好，化学稳定性佳，优良的耐候性、耐臭氧性、耐热性、耐低温柔性甚至超过氯丁与丁基橡胶，比塑料优越得多，它还具有质量轻、拉升强度高、伸长率大、使用寿命长、耐强碱腐蚀等优点。

(2)氯丁橡胶卷材。除耐低温性能稍差外，其他性能与三元乙烯橡胶防水卷材基本类似，拉伸强度大，耐油性、耐日光性、耐臭氧性、耐候性很好。

(3)氯丁橡胶乙烯防水卷材。氯丁橡胶乙烯防水卷材是以增塑聚氯乙烯为基料的塑性卷材，具有较好的延伸率和耐高低温性能，采用冷粘法施工极为方便。

（4）聚氯乙烯防水卷材。拉伸强度高，延伸率大，对基层伸缩或开裂变形的适应能力强；具有良好的水蒸气扩散性，易于排除基层的湿气。耐根系穿透、耐化学腐蚀，耐老化，使用寿命长。

（5）氯化聚乙烯橡胶共混卷材。具有塑料的热塑性和橡胶弹性的特点，弹度高，弹性好，耐老化性、延伸性，耐低温性能大，卷材可用多种胶粘剂粘结冷施工。

总体而言，合成高分子防水卷材的材性指标较高，如优异的弹性和抗拉强度，使卷材对基层变形的适应性增强；优异的耐候性能，使卷材在正常的维护条件下，使用年限更长，可减少维修、翻新的费用。

3. 合成高分子卷材的构造和物理性能

合成高分子卷材按构造可分为均质片、复合片、点粘片和异形片。均质片是以同一种或一组高分子材料为主要材料，各部位截面材质均匀一致的防水片材；复合片是以高分子合成材料为主要材料，复合织物等为保护或增强层，以改变其尺寸稳定性和力学特性，各部位截面结构一致的防水卷材；点粘片是均质片材与织物等保护层多点粘结在一起，粘结点在规定区域内均匀分布，利用粘结点的间距，使其具有切向排水功能的防水片材；异形片（图 2-3）是以合成高分子材料为主要材料，经特殊工艺加工成表面为连续凹凸壳体或特定几何形状的防（排）水片材。

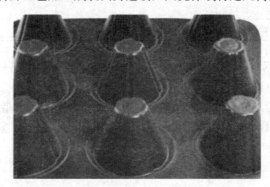

图 2-3　异形片

合成高分子卷材的规格尺寸及允许偏差见表 2-17 和表 2-18，特殊规格可以订货。

表 2-17　合成高分子卷材的规格尺寸

项目	厚度/mm	宽度/m	长度/m
橡胶类	1.0, 1.2, 1.5, 1.8, 2.0	1.0, 1.1, 1.2	≥20[a]
树脂类	≥0.5	1.0, 1.2, 1.5, 2.0, 2.5, 3.0, 4.0, 6.0	

[a] 橡胶类片材在每卷 20 m 长度中允许有一处接头，且最小块长度应≥3 m，并应加长 15 cm 备作搭接；树脂类片材在每卷至少 20 m 长度内不允许有接头，自粘片材及异形片材每卷 10 m 长度内不允许有接头。

表 2-18　合成高分子卷材的允许偏差

项目	厚度		宽度	长度
	<1.0 mm	≥1.0 mm		
允许偏差	±10%	±5%	±1%	不允许出现负值

合成高分子卷材的外观质量标准：片材表面应平整，不能有影响使用性能的杂质、机械损伤、折痕及异常粘着等缺陷。在不影响使用的条件下，橡胶类片材表面的凹痕深度橡胶类片材不得超过片材厚度的20%；树脂类片材不得超过5%；气泡深度橡胶类片材气泡深度不得超过片材厚度的20%，每1 m²内气泡面积不得超过7 mm²，树脂类片材不允许有气泡。异形片表面应边缘整齐、无裂纹、孔洞、粘连、气泡、疤痕及其他机械损伤缺陷。

均质片的物理性能应符合表2-19的规定；复合片的物理性能应符合表2-20的规定。

表 2-19　均质片的物理性能

项目		指标								
		硫化橡胶类			非硫化橡胶类			树脂类		
		JL1	JL2	JL3	JF1	JF2	JF3	JS1	JS2	JS3
拉伸强度 /MPa	常温(23 ℃) ≥	7.5	6.0	6.0	4.0	3.0	5.0	10	16	14
	高温(60 ℃) ≥	2.3	2.1	1.8	0.8	0.4	1.0	4	6	5
拉断伸长率 /%	常温(23 ℃) ≥	450	400	300	400	200	200	200	550	500
	低温(−20 ℃) ≥	200	200	170	200	100	100	—	350	300
撕裂强度/(kN·m⁻¹) ≥		25	24	23	18	10	10	40	60	60
不透水性(30 min)		0.3 MPa 无渗漏		0.2 MPa 无渗漏	0.3 MPa 无渗漏	0.2 MPa 无渗漏		0.3 MPa 无渗漏		
低温弯折		−40 ℃ 无裂纹	−30 ℃ 无裂纹	−30 ℃ 无裂纹	−30 ℃ 无裂纹	−20 ℃ 无裂纹	−20 ℃ 无裂纹	−20 ℃ 无裂纹	−35 ℃ 无裂纹	−35 ℃ 无裂纹
加热伸缩量 /mm	延伸 ≤	2	2	2	2	4	4	2	2	2
	收缩 ≤	4	4	4	4	6	10	6	6	6
热空气老化 (80 ℃×168 h)	拉伸强度 保持率/%	80	80	80	90	60	80	80	80	80
	拉断延伸率 保持率/%	70	70	70	70	70	70	70	70	70
耐碱性[饱和 Ca(OH)₂ 溶液23 ℃× 168 h]	拉伸强度 保持率/%	80	80	80	80	70	70	80	80	80
	拉断延伸率 保持率/%	80	80	80	90	80	70	90	90	90
臭氧老化 (40 ℃×168 h)	伸长率40%, 500×10⁻⁸	无裂纹	—	—	无裂纹	—	—	—	—	—
	伸长率20%, 200×10⁻⁸	—	无裂纹	—	—	—	—	—	—	—
	伸长率10%, 100×10⁻⁸	—	—	无裂纹	—	无裂纹	无裂纹	—	—	—
人工气候老化	拉伸强度 保持率/% ≥	80	80	80	80	70	80	80	80	80

项目		指标								
		硫化橡胶类			非硫化橡胶类			树脂类		
		JL1	JL2	JL3	JF1	JF2	JF3	JS1	JS2	JS3
人工气候老化	拉断延伸率保持率/% ≥	70	70	70	70	70	70	70	70	70
粘接剥离强度（片材与片材）	标准试验条件（N·mm⁻¹）≥	1.5								
	浸水保持率（23 ℃×168 h）/% ≥	70								

注：1. 人工气候老化和粘结剥离强度为推荐项目；
　　2. 非外露使用可以不考核臭氧老化、人工气候老化、加热伸缩量、60 ℃拉伸强度性能。

表 2-20　复合片的物理性能

项目		指标			
		硫化橡胶类	非硫化橡胶类	树脂类	
		FL	FF	FS1	FS2
拉伸强度/MPa	常温(23 ℃) ≥	80	60	100	60
	高温(60 ℃) ≥	30	20	40	30
拉断伸长率/%	常温(23 ℃) ≥	300	250	150	400
	低温(−20 ℃) ≥	150	50	—	300
撕裂强度/N ≥		40	20	20	50
不透水性(0.3 MPa，30 min)		无渗漏	无渗漏	无渗漏	无渗漏
低温弯折		−35 ℃无裂纹	−20 ℃无裂纹	−30 ℃无裂纹	−20 ℃无裂纹
加热伸缩量/mm	延伸 ≤	2	2	2	2
	收缩 ≤	4	4	2	4
热空气老化(80 ℃×168 h)	拉伸强度保持率/% ≥	80	80	80	80
	拉断延伸率保持率/% ≥	70	70	70	70
耐碱性[饱和 Ca(OH)₂溶液 23 ℃×168 h]	拉伸强度保持率/% ≥	80	60	80	80
	拉断延伸率保持率/% ≥	80	60	80	80
臭氧老化(40 ℃×168 h)，200×10⁻⁵，伸长率 20%		无裂纹	无裂纹	—	—
人工气候老化	拉伸强度保持率/% ≥	80	70	80	80
	拉断延伸率保持率/% ≥	70	70	70	70
粘接剥离强度（片材与片材）	标准试验条件/(N·mm⁻¹) ≥	1.5	1.5	1.5	1.5
	浸水保持率(23 ℃×168 h)/% ≥	70	70	70	70
复合强度(FS2 型表面与芯层)/MPa ≥		—	—	—	0.8

注：1. 人工气候老化和粘合性能项目为推荐项目；
　　2. 非外露使用可以不考核臭氧老化、人工气候老化、加热伸缩量、高温(60 ℃)拉伸强度性能。

对于聚酯胎上涂覆三元乙丙橡胶的 FF 类片材，拉断伸长率(纵/横)指标不得小于100%，其他性能指标应符合表 2-20 的规定。

对于总厚度小于 1.0 mm 的 FS2 类复合片材，拉伸强度(纵/横)指标常温(23 ℃)时不得小于 50 N/cm，低温(−20 ℃)时不得小于 30 N/cm；拉断伸长率(纵/横)指标常温(23 ℃)时不得小于 100%，高温(60 ℃)时不得小于 80%；其他性能指标应符合表 2-20 规定值的要求。

自粘片的主体材料应符合表 2-19 和表 2-20 相关类别的要求，自粘层性能应符合表 2-21 的规定。

表 2-21　自粘层性能

项目			指标
低温弯折			−25 ℃无裂纹
持粘性/min ≥			20
剥离强度 /(N·mm⁻¹)	标准试验条件	片材与片材 ≥	0.8
		片材与铝板 ≥	1.0
		片材与水泥砂浆板 ≥	1.0
	热空气老化后(80 ℃×168 h)	片材与片材 ≥	1.0
		片材与铝板 ≥	1.2
		片材与水泥砂浆板 ≥	1.2

异形片的物理性能应符合表 2-22 的要求。

表 2-22　异形片的物理性能

项目		指标		
		膜片厚度<0.8 mm	膜片厚度为 0.8～1.0 mm	膜片厚度≥1.0 mm
拉伸强度/(N·cm⁻¹) ≥		40	56	72
拉断伸长率/% ≥		25	35	50
抗压性能	抗压强度/kPa ≥	100	150	300
	壳体高度压缩 50%后外观	无破损		
排水截面面积/cm² ≥		30		
热空气老化 (80 ℃×168 h)	拉伸强度保持率/% ≥	80		
	拉断延伸率保持率/% ≥	70		
耐碱性[饱和 Ca(OH)₂ 溶液 23 ℃×168 h]	拉伸强度保持率/% ≥	80		
	拉断延伸率保持率/% ≥	80		

注：壳体形状和高度无具体要求，但性能指标须满足本表规定。

点(条)粘片粘接部位的物理性能应符合表 2-23 的要求。

表 2-23　点(条)粘片粘接部位的物理性能

项目	指标		
	DS1/TS1	DS2/TS2	DS3/TS3
常温(23 ℃)拉伸强度/(N·cm⁻¹) ≥	100	60	
常温(23 ℃)拉断伸长率/% ≥	150	400	
剥离强度/(N·mm⁻¹) ≥	1		

片材试样的制备：将规格尺寸检测合格的卷材展平后静置 24 h，裁取试验所需的足够长度试样，按图 2-4 及表 2-24 裁取所需的试片，试片距离卷材边缘不得小于 100 mm。裁切复合片时应顺着织物的纹路，尽量不破坏纤维并使工作部分保证最多的纤维根数。

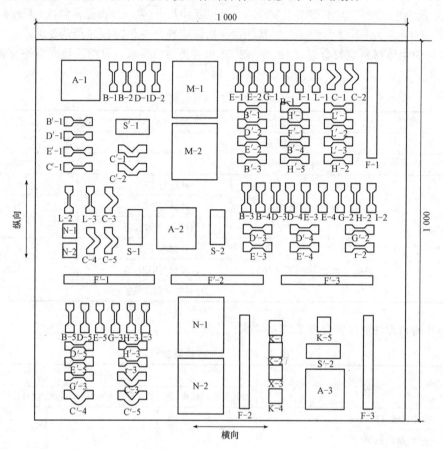

图 2-4　试样裁切示意图

表 2-24　试样的形状、尺寸与数量

项目		试样代号	试样形状		试样数量	
					纵向	横向
不透水性		A	140 mm×140 mm		3	
拉伸性能	常温(23 ℃)	B, B′	GB/T 528 中 I 型哑铃片	FS2 类片材	200 mm× 25 mm	5	5
	高温(60 ℃)	D, D′		100 mm× 25 mm	5	5
	低温(−20 ℃)	E, E′			5	5
撕裂强度		C, C′	GB/T 529 中直角形试片		5	5
低温弯折		S, S′	120 mm×50 mm		2	2
加热伸缩量		F, F′	300 mm×30 mm		3	3
热空气老化		G, G′	GB/T 528 中 I 型哑铃片	FS2 类片材, 200 mm×25 mm	3	3
耐碱性		I, I′			3	3

项目		试样代号	试样形状		试样数量	
					纵向	横向
臭氧老化		L, L′	GB/T 528—1998 中 I 型哑铃片	FS2 类片材，200 mm×25 mm	3	3
人工气候老化		H, H′			3	3
粘接剥离强度	标准试验条件	M	200 mm×25 mm		2	—
	浸水 168 h	N			2	
复合强度		K	FS2 类片材，50 mm×50 mm		5	
注：试样代号中，字母上方有"′"者应横向取样。						

用于自粘层性能检测的试样裁样如图 2-5 所示，尺寸与数量见表 2-25。

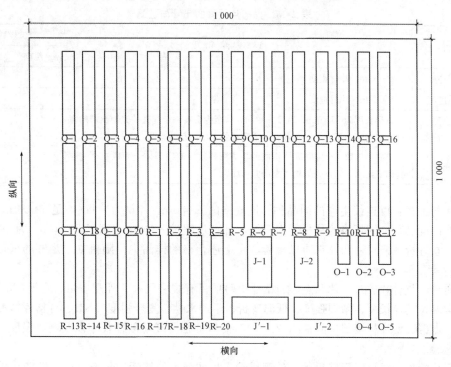

图 2-5　用于自粘层性能检测的试样裁样示意图

表 2-25　用于自粘层性能检测的试样尺寸与数量

项目		试样代号	试样规格尺寸	试样数量	
				纵向	横向
低温弯折		J, J′	120 mm×50 mm	2	2
持粘性		O	70 mm×25 mm	5	—
剥离强度（片材与片材、片材与铝板、片材与水泥砂浆板）	标准试验条件	Q	200 mm×25 mm	20	—
	热空气老化后	R	200 mm×25 mm	20	—

异形片试样抗压强度裁样示意图如图 2-6 所示，尺寸与数量见表 2-26。

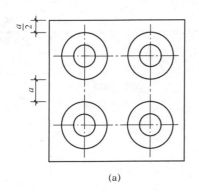
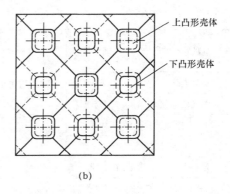

（a）   （b）

图 2-6　异形片抗压强度裁样示意图

(a)单向壳体；(b)双向壳体

表 2-26　异形片试样的尺寸与数量

项目	试样规格尺寸	试样数量	
		纵向	横向
平均膜厚度	100 mm×片材宽度	1	—
壳体总厚度	100 mm×片材宽度	1	—
拉伸强度和拉断伸长率	试样长度为 250 mm；宽度：单向壳体至少含有一个完整的壳型凸起的宽度，双向壳体至少上、下各有一个完整的壳型凸起的宽度	3	3
抗压强度	单向壳体取 4 个完整壳体构成的正方形样块，双向壳体上面取 5 个完整壳体下面 4 个完整壳体构成的正方形样块	5	—

组批与抽样：以连续生产的同品种、同规格的 5 000 m² 片材为一批(不足 5 000 m² 时，以连续生产的同品种、同规格的片材量为一批，日产量超过 8 000 m² 则以 8 000 m² 为一批)，随机抽取 3 卷进行规格尺寸和外观质量检验，在上述合格的样品中再随机抽取足够的试样进行物理性能检验。

均质片、复合片、自粘片和点(条)粘片检验项目有规格尺寸、外观质量、常温(23 ℃)拉伸强度、常温拉断伸长率、撕裂强度、低温弯折、不透水性、复合强度(FS2)、自粘片持粘性及剥离强度、点(条)粘片粘接部位的常温(23 ℃)时的拉伸强度和拉断伸长率以及剥离强度，按批进行出厂检验。

异形片的检验项目：规格尺寸、外观质量、拉伸强度、拉断伸长率、抗压性能、排水截面面积按批进行出厂检验。

判定规则：规格尺寸、外观质量及物理性能各项指标全部符合技术要求，则为合格品。规格尺寸、外观质量若有一项不符合要求，则该卷片材为不合格品；此时需另外抽取 3 卷进行复试，复试结果如仍有一卷不合格，则应对该批产品进行逐卷检查，剔除不合格品。若物理性能有一项指标不符合技术要求，应另取双倍样进行该项复试，复试结果若仍不合格，则该批产品为不合格品。

每一独立包装应有合格证，并注明产品名称、产品标记、商标、生产许可证编号、制造厂名厂址、生产日期、产品标准编号。片材卷曲为圆柱形，外用适宜材料包装。

片材在运输与贮存时，应注意勿使包装损坏，放置于通风、干燥处，贮存垛高不应超过平放 5 个片材卷高度。堆放时，应放置于干燥的水平地面上，避免阳光直射，禁止与酸、碱、油类及有机溶剂等接触，且隔离热源。贮存期自生产日期起在不超过一年的保存期内产品性能符合上述规定。

4. 合成高分子卷材的分类

合成高分子卷材的分类见表 2-27。

表 2-27　合成高分子卷材的分类

分类		代号	主要原材料
均质片	硫化橡胶类	JL1	三元乙丙橡胶
		JL2	橡塑共混
		JL3	氯丁橡胶、氯磺化聚乙烯、氯化聚乙烯等
	非硫化橡胶类	JF1	三元乙丙橡胶
		JF2	橡塑共混
		JF3	氯化聚乙烯
	树脂类	JS1	聚氯乙烯等
		JS2	乙烯醋酸乙烯共聚物、聚乙烯等
		JS3	乙烯醋酸乙烯共聚物与改性沥青共混等
复合片	硫化橡胶类	FL	三元乙丙、丁基、氯丁橡胶、氯磺化聚乙烯等/织物
	非硫化橡胶类	FF	氯化聚乙烯、三元乙丙、丁基、氯丁橡胶、氯磺化聚乙烯等/织物
	树脂类	FS1	聚氯乙烯/织物
		FS2	聚乙烯、乙烯醋酸乙烯共聚物等/织物
自粘片	硫化橡胶类	ZJL1	三元乙丙/自粘料
		ZJL2	橡塑共混/自粘料
		ZJL3	氯丁橡胶、氯磺化聚乙烯、氯化聚乙烯等/自粘料
		ZFL	三元乙丙、丁基、氯丁橡胶、氯磺化聚乙烯等/织物/自粘料
	非硫化橡胶类	ZJF1	三元乙丙/自粘料
		ZJF2	橡塑共混/自粘料
		ZJF3	氯化聚乙烯/自粘料
		ZFF	氯化聚乙烯、三元乙丙、丁基、氯丁橡胶、氯磺化聚乙烯等/织物/自粘料
	树脂类	ZJS1	聚氯乙烯/自粘料
		ZJS2	乙烯醋酸乙烯共聚物、聚乙烯等/自粘料
		ZJS3	乙烯醋酸乙烯共聚物与改性沥青共混等/自粘料
		ZFS1	聚氯乙烯/织物/自粘料
		ZFS2	聚乙烯、乙烯醋酸乙烯共聚物等/织物/自粘料
异形片	树脂类(防排水保护板)	YS	高密度聚乙烯、改性聚丙烯、高抗冲聚苯乙烯等
点(条)粘片	树脂类	DS1/TS1	聚氯乙烯/织物
		DS2/TS2	乙烯醋酸乙烯共聚物、聚乙烯等/织物
		DS3/TS3	乙烯醋酸乙烯共聚物与改性沥青共混物等/织物

合成高分子卷材的标记顺序是类型代号、材质(简称或代号)、规格(长×宽×厚)、异形片材加入壳体高度，并可根据需要增加标记内容。如长度为 20.0 m，宽度为 1.0 m，厚度为 1.2 mm 的均质硫化型三元乙丙橡胶(EPDM)片材标记为：JL 1-EPDM-20.0 m×1.0 m×1.2 mm；长度为 20 m，宽度为 2.0 m，厚度为 0.8 mm，壳体高度为 8 mm 的异形高密度聚乙烯防排水片材标记

为：YS-HDPE-20.0 m×2.0 m×0.8 mm×8 mm。

5. 合成高分子卷材的用途

三元乙丙橡胶适用于耐久性、耐腐蚀性和适应变形要求高，防水等级为一级和二级的屋面和地下防水工程，适用于受震动、易变形的建筑工程防水；可以用在刚性保护层和倒置式屋面。

聚氯乙烯防水卷材适用于工业与民用建筑的各种屋面、地下防水工程，适用于种植屋面。

氯化聚乙烯防水卷材适用于工业与民用建筑的各种屋面、地下防水工程。

2.2.4 认识卷材胶粘剂、胶粘带

1. 认识卷材胶粘剂

卷材胶粘剂是以合成弹性体为基料，用于高分子防水卷材冷粘接的专用胶粘剂。高分子防水卷材胶粘剂按组份分为单组份（Ⅰ）和双组份（Ⅱ）两个类型。高分子防水卷材胶粘剂按用途可分为基底胶（J）和搭接胶（D）两个品种。基底胶（J）是指用于卷材与防水基层粘结的胶粘剂；搭接胶（D）是指用于卷材与卷材接缝搭接的胶粘剂。

高分子卷材胶粘剂产品按下列顺序标记：产品名称、标准编号、类型、品种。名称中应包含配套卷材的名称。如符合 JC/T 863—2011 标准的聚氯乙烯防水卷材用单组份的基底胶粘剂标记为：聚氯乙烯防水卷材胶粘剂 JC/T 863—2011-I-J。

高分子卷材胶粘剂经搅拌应为均匀液体，无分散颗粒或凝胶。产品的生产和使用不应对人体、生物与环境造成有害的影响，所涉及与使用安全有关的安全和环保要求，应符合现行国家有关标准规范的规定。

高分子防水卷材胶粘剂的物理力学性能应符合表 2-28 的规定。

表 2-28 高分子防水卷材胶粘剂的物理力学性能

序号	项目			技术指标	
				基底胶 J	搭接胶 D
1	粘度/(Pa·s)			规定值[a]±20%	
2	不挥发物含量/%			规定值[a]±2	
3	适用期[b]/min ≥			180	
4	剪切状态下的粘合性	卷材—卷材	标准试验条件/(N·mm⁻¹) ≥	—	3.0 或卷材破坏
			热处理后保持率/%, 80 ℃, 168 h ≥	—	70
			碱处理后保持率/%, 10%Ca(OH)₂, 168 h ≥	—	70
		卷材—基底	标准试验条件/(N·mm⁻¹) ≥	2.5	—
			热处理后保持率/%, 80 ℃, 168 h ≥	70	—
			碱处理后保持率/%, 10%Ca(OH)₂, 168 h ≥	70	—
5	剥离强度	卷材—卷材	标准试验条件/(N·mm⁻¹) ≥	—	1.5
			浸水后保持率/%, 168 h ≥	—	70
[a] 规定值是指企业标准、产品说明书或供需双方商定的指标量值。					
[b] 适用期仅适用于双组份产品，指标也可由供需双方协商确定。					

标准试验条件：温度为(23±2) ℃，相对湿度为(50±5)%。

同一类型、同一品种的产品 5 t 为一批，不足 5 t 也按一批计。每批产品按表 2-29 随机抽样，抽取 2 kg 样品，充分混匀。将样品均分为两份，一份用于检验，另一份备用。

表 2-29　高分子防水卷材胶粘剂的抽样数量

大小(容器个数)	抽取个数(最小值)
2～8	2
9～27	3
28～64	4
65～125	5
126～216	6
217～343	7
344～512	8
513～729	9
730～1 000	10

检验结果全部符合要求时，则判该批产品合格。有两项或两项以上指标不符合规定时，则该批产品不合格。若结果中有一项不符合标准要求时，允许用备用样对该项目进行复检，若该项仍不符合要求，则判该批产品不合格。

选择胶粘剂时对胶粘剂的基本要求应该包括：与卷材的相容性；良好的粘结性能(卷材—卷材、卷材—基层)；良好的耐水性能、耐候性能(当卷材处于长期浸泡或暴露使用时，不致引起卷材接缝处渗漏)。

胶粘剂产品运输前应检查包装容器的严密性。运输时应轻拿轻放，防止撞击、重压和倒置。胶粘剂应在阴凉、干燥、通风的室内储存，分类分批堆放，严禁暴晒。自生产之日起，贮存期应不少于一年。超过保质期的产品经检验合格后方可使用。

2. 认识丁基橡胶胶粘带

丁基橡胶胶粘带是以饱和聚异丁烯橡胶、丁基橡胶、卤化丁基橡胶等为主要原料制成的，具有粘结密封功能的弹塑性单面或双面卷状胶粘带，如图 2-7 所示。

图 2-7　丁基胶带

被胶粘带粘贴的材料称为基材。胶粘带的保护用材料称为隔离纸。单面胶粘带表面的覆盖材料称为覆面材料。使用前，隔离纸很容易从胶粘带上揭去。

丁基橡胶胶粘带具有粘结强度、抗拉强度高，弹性、延伸性能好，对于界面形变和开裂适应性强的特点。具有稳定的化学性能：具有优良的耐化学性，耐候性和耐腐蚀性，其粘结性、防水性、密封性、耐低温性和追随性好，尺寸的稳定性好，施工操作工艺简单。

3. 丁基橡胶胶粘带的构造与分类

丁基橡胶胶粘带按粘结面分为单面胶粘带（1）和双面胶粘带（2）两类。单面胶粘带产品可按适用基材分为水泥砂浆板（Ⅱ）和金属板（Ⅲ）；按覆面材料分为无纺布覆面材料（代号 W）、铝箔（L）、橡胶片材（R）、塑料片材（P）及其他材料（Q）；按使用部位分为通用型（C）和细部节点处理型（D）。双面胶粘带产品按适用基材分为高分子防水卷材（Ⅰ）和金属板（Ⅲ）；按有无胎基分为无胎基（N）和有胎基（T）两类。双面胶粘带不宜外露使用。

丁基橡胶胶粘带产品规格通常为：厚度：0.5mm（仅适用于 D 型单面胶粘带）、1.0 mm、1.2 mm、1.5 mm、2.0 mm、＞2.0 mm；宽度：15 mm、20 mm、25 mm、30 mm、40 mm、50 mm、60 mm、80 mm、100 mm～300 mm；长度：10 m、15 m、20 m 或供需双方商定的其他长度值。

丁基橡胶胶粘带产品按下列顺序标记：名称、标准编号、类型、规格（厚度－宽度－长度）。如：厚度 1.0 mm、宽度 30 mm、长度 20 m 金属板屋面基材、覆面材料为塑料片材的通用型单面丁基橡胶胶粘带标记为：丁基橡胶防水密封胶粘带 JC/T 942—2022 1 Ⅲ P C 1.0-30-20。

4. 丁基橡胶胶粘带的外观及规格

丁基橡胶胶粘带应卷紧卷齐，在 5～35 ℃环境温度下易于展开，开卷时无破损、粘连或脱落现象。板状产品各层之间在 5 ℃～35℃环境温度下应易于揭开，揭开时无粘连现象。产品表面应平整，无外伤及色差。单面胶粘带产品覆面材料应平整，无开裂。产品的颜色与供需双方商定的样品颜色相比，不应有明显差异。

丁基胶粘带的尺寸偏差应符合表 2-30 的规定。

表 2-30　尺寸偏差

序号	项目	规格尺寸	允许偏差
1	厚度	0.5 mm（仅适用于 D 型单面胶粘带）	0～＋0.1 mm
		1.0～2.0 mm	±0.1 mm
		＞2.0 mm	±5%
2	宽度	＜100 mm	±1 mm
		100 mm～300 mm	±1%
3	长度	10 m、15 m、20 m，其他	不准许有负偏差

丁基胶粘带的理化性能应符合表 2-31 的规定。彩色涂层钢板以下简称彩钢板。

表 2-31　理化性能

双面胶粘带			
序号	项目	技术指标	
		高分子卷材	金属板
1	初始粘接力（23 ℃）/N	≥60 且无粘接破坏	
2	耐热性（100 ℃，2 h）	无滑移、流淌、变形	
3	低温弯折性（－40 ℃）	无裂纹	

双面胶粘带			
4	剪切状态下的粘和性/(N/mm)	≥3.0	≥8.0
5	剥离强度/(N·mm⁻¹) 标准条件		≥0.6
	热处理(80 ℃，168 h)		≥0.5
	碱处理(饱和氢氧化钠溶液，168 h)		≥0.5
	浸水处理(168 h)		≥0.5
6	弹性恢复率/%(仅适用于无胎基产品)		≥60
7	热老化(120 ℃，168 h)		无龟裂、硬化、失粘

单面胶粘带			
序号	项目	技术指标	
		水泥砂浆板	金属板
1	池粘性ᵃ/min	—	≥20
2	低温初粘性(5 ℃，32 号球)ᵇ	通过	
3	耐热性(100 ℃，2 h)	无滑移、流淌、变形	
4	低温弯折性(−40 ℃)	无裂纹	
5	剥离强度/(N·mm⁻¹) 标准条件	≥0.8	
	热处理(80 ℃，168 h)	≥0.6	
	碱处理(饱和氢氧化钠溶液，168 h)	≥0.6	
	浸水处理(168 h)	≥0.6	
	人工气候老化处理(1 000 h)ᶜ	≥0.6 且覆面材料无开裂	

ᵃ 对于施工温度不高于 5 ℃的产品，允许采用各方商定的其他指标，但不应小于 5 min。

ᵇ 仅适用于施工温度不高于 5 ℃的产品。

ᶜ 仅适用于户外且直接暴露在阳光下的产品。

细部节点处理型单面胶粘带产品的剥离强度(标准条件、热处理、碱处理、浸水处理)指标不应小于 0.5 N/mm，其他性能(持粘性、低温初粘性、耐热性、低温弯折性)应符合表 2-31 的技术要求。

5. 胶粘剂和胶粘带的用途

胶粘剂和胶粘带主要用于新建工程的屋面防水、地下防水、结构施工缝的防水处理及高分子防水卷材搭接密封；也可用于市政工程中的地铁隧道结构施工缝的密封防水处理。

丁基橡胶胶粘带可以用于彩色压型板接缝处的气密、防水、减振，阳光板工程中接缝处的气密、防水、减振，钢结构施工中接缝处的防水密封处理。复合铝箔的丁基胶带适用于各种土木屋面、彩钢、钢构、防水卷材、PC 板等在阳光照射下的结构和材料的防水密封。

6. 使用与贮存注意事项

防水卷材的胶粘剂和胶粘带应采用厂家配套的产品，或在卷材生产厂家指导下选用。

丁基胶粘带外包装应有下列标志：产品名称、产品标记、生产日期、批号及保质期、数量、色别、生产商名称和地址、商标、使用说明及注意事项。

产品采用纸箱包装，胶粘带上、下层之间应垫放隔离材料。包装箱除应有标志外，还应有防雨、防日晒、防撞击标志，出厂包装箱应附有产品合格证。

产品在运输过程中应防止日晒雨淋、撞击、挤压包装，按非危险品运输。产品应在不高于

35 ℃的干燥场所贮存,避免接触挥发性溶剂。包装箱堆码层数不多于4层。产品自生产之日起,保质期不少于12个月。胶粘带应成卷放置,不折叠,存放时间过久时应每季翻动一次。

装卸输送带时最好用吊车,并用有横梁的索具平稳吊起,避免损坏带边,切勿蛮横装卸,引起松卷甩套。

不得将不同品种,不同规格型号、强度、布层数的胶粘带连接(配组)在一起使用。

《建筑与市政工程防水通用规范》(GB 55030—2022)规定,反应型高分子类防水涂料、聚合物乳液类防水涂料和水性聚合物沥青类防水涂料等涂料防水层最小厚度不应小于1.5 mm,热熔施工橡胶沥青类防水涂料防水层最小厚度不应小于2.0 mm。

2.3 认识防水涂料

防水涂料是一种流态或半流态的物质,以一定的厚度涂刷在混凝土或砂浆的基层表面,经过常温下溶剂或水分挥发,固化后形成的一种具有弹性和防水作用的结膜,也称为防水涂膜。

防水涂料适用于形状复杂、节点较多的作业面;形成的防水层整体性好,可形成无接缝的连续防水层;可以冷施工,操作方便;易于对渗流点作出判断维修;但受施工方法影响膜层厚度不一致,涂膜成型受环境温度制约,膜层的力学性质受成型环境的温度和湿度影响。

防水涂料可分为溶剂型、水乳型、反应型3种。溶剂型防水涂料通过溶剂的挥发,高分子材料的分子链接触、搭接等过程而结膜。涂层干燥快,结膜较薄而致密。易燃、易爆、有毒,生产、运输和使用时应注意安全,注意防火。溶剂苯有毒,对环境有污染,人体易受侵害。施工时,应注意通风,保证人身安全。水乳型防水涂料通过水分蒸发,高分子材料固体微粒靠近、接触、变形等过程而结膜。涂层干燥较慢,一次成膜的致密性差。无毒、不燃,生产使用比较安全。施工比较安全,操作简便,不污染环境,可在较为潮湿的找平层上施工,而不宜在5 ℃以下的气温下施工。反应型防水涂料通过高分子预聚物与固化剂等辅料发生化学反应而结膜。可一次结成致密的较厚的涂膜,几乎无收缩。有异味,生产、运输、使用时应注意防火。施工时需在现场按规定配方进行配料,搅拌应均匀,以保证施工质量,但价格较贵。

防水涂料包装容器必须密封,容器表面应有明显标志,标明涂料名称、生产厂名、生产日期和产品有效期;防水涂料和胎体增强材料应按不同规格、不同品种分别贮存于阴凉、通风和干燥的库房内,防止雨淋和日光直接暴晒;防水涂料必须单独存放,严禁与其他易燃、易爆物品一起贮存,并应杜绝火源,远离热源。涂料的贮存温度一般在5~25 ℃,因而应采取冬季防冻、夏季降温的措施。涂料库房严禁烟火,严禁他人随便出入,电器开关和照明设备,应有防爆罩,以免电器使用或发生故障时引燃涂料。库房区应按规定配足消防设备;不允许在涂料库内调配涂料,以免易燃、易爆、有毒气体挥发逸散到仓库的空间内,造成安全事故;涂料在运输中,应防止雨淋和阳光直接暴晒。在铁路运输中,应按照我国铁路《化学危险品运输暂行条例》的有关规定,办理托运手续。

《建筑与市政工程防水通用规范》(GB 55030—2022)规定,反应型高分子类防水涂料、聚合物乳液类防水涂料和水性聚合物沥青类防水涂料等涂料防水层最小厚度不应小于1.5 mm,热熔施工橡胶沥青类防水涂料防水层最小厚度不应小于2.0 mm。

2.3.1 认识沥青类防水涂料

沥青类防水涂料是以沥青为基料配制而成的水乳型或溶剂型防水涂料。主要有石灰乳化沥青防水涂料、石棉乳化沥青防水涂料和膨润土沥青乳液。

1. 石灰乳化沥青防水涂料

石灰乳化沥青防水涂料(又名JG-O,C液)是以石油沥青(主要用60号)为基料,以石灰膏

（氢氧化钙）为分散剂，以石棉绒为填充料加工而成的一种沥青浆膏（冷沥青悬浮液），是在热状态下用机械强力搅拌而制成的一种灰褐色膏体厚质防水涂料。其优点：原材料来源充分，生产工艺简单，成本较低；生产及施工操作安全；容易做成厚涂层，涂层有较好的耐候性；缺点：涂层基本呈刚性，延伸率较低，容易因基层变动而开裂，使防水失效；由于材料中沥青未经改性，在低温下易变脆；对施工环境温度要求较苛刻；为达到防水效果，单位面积涂料耗用量较大，对板缝等部位必须用嵌缝材料等预先进行处理。

石灰乳化沥青防水涂料的主要物理性能见表 2-32。

表 2-32 石灰乳化沥青防水涂料的主要物理性能

序号	项目		性能指标
1	外观		黑褐色膏体
2	稠度（圆锥体）/cm		4.5～6.0
3	耐热度/℃		>80
4	粘结强度/MPa	涂刷乳化沥青冷底子	0.31
		涂刷汽油沥青冷底子	0.49
5	抗拉强度/MPa		1.92
6	韧性（厚 4 mm，绕 ϕ25 mm 棒）		不裂
7	密度/(kg·m^{-3})		1 100
8	抗裂性	（5±2）℃，基层开裂>0.1 mm	涂层不裂
9		（18±2）℃，基层开裂>0.2 mm	涂层不裂
10	不透水性（15 cm 水柱）		昼夜不透

石灰乳化沥青防水涂料结合聚氯乙烯胶泥等接缝材料，可用于保温或非保温无砂浆找平层屋面等工程的防水；可作为膨胀珍珠岩等保温材料的胶粘剂，做成沥青膨胀珍珠岩等保温材料。

2. 石棉乳化沥青防水涂料

石棉乳化沥青防水涂料是以沥青为基料，石棉为增强填充料，在乳化剂水溶液的作用下，经过强烈搅拌而成的一种水溶型厚质冷粘结防水涂料。

石棉乳化沥青防水涂料无毒、无味、无污染；可在潮湿的基层上涂布，并能采用冷施工；可形成较厚的涂膜；贮存稳定性、耐水性、耐候性及抗裂性较一般乳化沥青要好。

石棉乳化沥青防水涂料对环境温度的要求较高，一般只能在 15 ℃以上的条件下施工。当气温低于 10 ℃时，涂料的成膜性不好，不宜施工。

石棉沥青防水涂料的主要物理性能，见表 2-33。

表 2-33 石棉沥青防水涂料的主要物理性能

项目	性能指标
外观	黑色或黑灰色均质膏体
含固量（质量分数%）	≥50
延伸率/%	无处理时，≥5.5；热处理（后碱处理，或紫外线处理）后，≥4.0
柔韧性	（5±1）℃时，无网纹、裂纹、断裂
耐热性	（80±2）℃时，无流淌、起泡和滑动
粘结性/MPa	≥0.2
不透水性	水压 0.1 MPa 时，不渗漏
抗冻性	（−20～20）℃±10 ℃循环 20 次，无起泡、开裂、剥离

石棉沥青防水涂料适用于民用建筑及工业厂房的钢筋混凝土屋面防水；可用于地下室、楼层卫生间、厨房防水层等处。

3. 膨润土沥青乳液防水涂料

膨润土沥青乳液防水涂料是以优质石油沥青为基料，膨润土为分散剂，经机械搅拌而成的水乳型厚质防水涂料。本产品采用冷施工，可在潮湿但无积水的基层上涂布，能形成厚质防水涂膜，耐久性好。本品粘结力强，耐热度高，防水性能好，易于操作，不污染环境。

膨润土沥青乳液防水涂料的主要物理性能，见表 2-34。

表 2-34 膨润土沥青乳液防水涂料的主要物理性能

项目	性能指标
固体含量	不小于 50%
耐热度[(80±2)℃，5 h]	无流淌、起泡和滑动
柔性[(10±1)℃，绕 ϕ20 mm 圆棒]	无裂纹
粘结性[(20±2)℃]	不小于 0.15 MPa
不透水性[(20±2)℃，动水压 0.1 MPa，30 min]	不渗水
延伸性	无处理时，不小于 4 mm；处理后，不小于 3 mm
抗冻性	－20～20 ℃，20 次循环，无开裂

膨润土沥青乳液防水涂料适用于民用和工业厂房等建筑复杂屋面、清灰屋面和平整的保温面层上，以及地下工程、厕浴间等工程防水、防潮。可涂于屋顶钢筋、板面和油毡表面做保护涂料，延长使用年限。

2.3.2 认识高聚物改性沥青防水涂料

高聚物改性沥青防水涂料是以沥青为基料，用合成橡胶、再生橡胶、SBS 对沥青进行改性制成的防水涂料，包括氯丁橡胶沥青防水涂料(水乳型和溶剂型两类)、再生橡胶沥青防水涂料(水乳型和溶剂型两类)、SBS 改性沥青防水涂料(粘剂型和水乳型)等种类。

1. 氯丁橡胶沥青防水涂料

氯丁橡胶防水涂料是以氯丁橡胶和沥青为基料，经加工而成的防水涂料。氯丁橡胶沥青防水涂料可分为溶剂型和水乳型两种。

(1)溶剂型氯丁橡胶沥青防水涂料。溶剂型氯丁橡胶沥青防水涂料是指以氯丁橡胶和沥青为基料，加入填料、溶剂等，经过充分搅拌而制成的冷施工防水涂料。溶剂型氯丁橡胶沥青防水涂料耐候性、耐腐蚀性强，延伸性好，适应基层变形能力强；形成涂膜的速度快且致密完整；可在低温下冷施工，施工简单方便。

溶剂型氯丁橡胶沥青防水涂料的主要物理性能见表 2-35。

表 2-35 溶剂型氯丁橡胶沥青防水涂料的主要物理性能

项目	性能指标
耐热性	(80±2)℃，无变化
低温柔性	10 ℃绕 ϕ10 mm 圆棒弯曲，无裂纹
粘结强度	(20±2)℃，≥0.2 MPa
不透水性	(20±2)℃，水压 0.1 MPa，30 min，不透水
含固率	≥48%
耐碱性	饱和 $Ca(OH)_2$ 中浸 15 d，无变化
抗裂性	(20±2)℃，基层裂缝不超过 0.4 mm，涂膜不开裂

溶剂型氯丁橡胶沥青防水涂料适用于混凝土屋面防水，地下室、卫生间等防水防潮工程；也可用于旧建筑防水维修及管道防腐。

（2）水乳型氯丁橡胶沥青防水涂料。水乳型氯丁橡胶沥青防水涂料又名氯丁胶乳沥青防水涂料，是以阳离子型氯丁胶乳与阳离子型沥青乳液混合构成，氯丁橡胶及石油沥青的微粒，借助于阳离子型表面活性剂的作用，稳定分散在水中而形成的一种乳状液。

溶剂型氯丁橡胶沥青防水涂料具有良好的相容性，克服了沥青热淌冷脆的缺陷；具有一定的柔韧性、耐高低温、耐老化性能；可冷施工，无毒、无污染，施工操作方便；原料来源广泛、价格低。溶剂型氯丁橡胶沥青防水涂料的性能见表2-36。

表 2-36　溶剂型氯丁橡胶沥青防水涂料的性能

项目		性能指标	
		AE－2 类	
		一等品	合格品
外观		搅拌后为黑色或蓝褐色均质液体，搅拌棒上不粘附任何颗粒	搅拌后为黑色或蓝褐色液体，搅拌棒上不粘附明显颗粒
固体含量（质量分数，%）　≥		43	
延伸性/mm　≥	无处理	6.0	4.5
	处理后	4.5	3.5
柔韧性		（−15±1）℃	（10±1）℃
		无裂纹、断裂	
耐热性		（80±2）℃，5 h，无流淌、起泡和滑动	
粘结性/MPa　≥		0.20	
不透水性		0.1 MPa，30 min，不渗水	
抗冻性		20 次不开裂	

水乳型沥青防水涂料适用于屋面、厕浴间、天沟防水层和屋面隔汽层；适用于地下室防水、防潮隔离层；斜沟、天沟、建筑物之间连接缝等非平面防水层。

2. 再生橡胶沥青防水涂料

再生橡胶沥青防水涂料是一种以沥青为基础材料，橡胶为改性材料，水或汽油为主要原料，经过乳化或汽油稀释后而制成的一种新型的防水涂料。

由于橡胶、沥青具有良好的相溶性，涂料干燥成膜后，沥青吸取了橡胶的高弹性和耐温性的特点，克服了沥青自身热淌冷脆的缺陷，同时，橡胶也吸取了沥青的粘结性和憎水性，形成了具有良好的耐热、耐寒、粘结、弹塑、不透水及耐老化等性能防水涂料。

再生橡胶沥青防水涂料可分为溶剂型再生橡胶沥青防水涂料和水乳型再生橡胶沥青防水涂料两大类型。

（1）溶剂型再生橡胶沥青防水涂料。溶剂型再生橡胶沥青防水涂料（又名再生橡胶—沥青防水涂料、JG－1 橡胶沥青防水涂料），是以再生橡胶为改性剂，以汽油为溶剂，添加各种填料而制成的防水涂料。

溶剂型再生橡胶沥青防水涂料能在各种复杂基面形成无接缝的涂膜防水层，具有一定的柔韧性和耐久性，但本品应进行数次涂刷，才能形成较厚的涂膜；本品以汽油为溶剂，故涂料干燥固化迅速，但在生产、贮存、运输、使用过程中有燃爆危险，应严禁烟火，并配备消防设备；本品可在常温和低温下进行冷施工，施工时，应保持通风良好，及时扩散挥发掉汽油分子，故对环境有一定的污染；生产所用原材料来源广泛，生产成本较低；延伸等性能比溶剂型氯丁橡胶沥青防水涂料略低。

溶剂型再生橡胶沥青防水涂料的主要物理性能，见表2-37。

表 2-37　溶剂型再生橡胶沥青防水涂料的主要物理性能

项目	性能指标
外观	褐色粘稠胶液
时热性[(80±2)℃，垂直放置5 h]	无变化
粘结力[在(80±2)℃下，十字交叉法测抗拉强度]	0.2~0.4 MPa
低温柔韧性[(−10~28)℃，绕φ1 mm及φ10 mm圆棒弯曲]	无网纹、裂纹、剥落
不透水性(动水压0.2 MPa，2 h)	不透水
耐裂性[在(20±2)℃下，涂膜厚0.3~0.4 mm，基层裂缝0.2~0.4 mm]	涂膜不裂
耐碱性[20℃在饱和Ca(OH)$_2$溶液中浸20 d]	无剥落、起泡、分层、起皱
耐酸性(在1%H$_2$SO$_4$溶液中浸15 d)	无剥落、起泡、斑点、分层、起皱

溶剂型再生橡胶沥青防水涂料适用于工业及民用建筑混凝土屋面的防水层；楼层厕浴间、厨房间的防水；旧油毡屋面维修和翻修；地下室、水池、冷库、地坪等的抗渗、防潮；一般工程的防潮层、隔汽层。

(2)水乳型再生橡胶沥青防水涂料。水乳型再生橡胶沥青防水涂料是以石油沥青为基料，以再生橡胶为改性材料复合而成的水性防水材料。

水乳型再生橡胶沥青防水涂料能在复杂基面形成无接缝防水膜，但需多遍涂刷才能形成较厚的涂膜；该涂膜具有一定的柔韧性和耐久性；以水作为分散介质，具有无毒、无味、不燃的优点，安全可靠，冷施工，不污染环境，操作简单，维修方便，产品质量易受生产条件影响，涂料成膜及贮存中其稳定性易出现波动；可在稍潮湿但无积水的基面上施工；原料来源广泛，价格较低。

水乳型再生橡胶沥青防水涂料的主要物理性能，见表2-38。

表 2-38　水乳型再生橡胶沥青防水涂料的主要物理性能

项目	性能指标
外观	粘稠黑色乳状液
含固量	≥45%
耐热性(80℃恒温放置5 h)	涂层不起泡、不皱皮
粘结力	≥0.2 MPa
低温柔韧性(−10℃，2 h，绕φ10 mm圆棒弯曲)	无裂纹
不透水性(动水压0.1 MPa，0.5 h)	不透水
耐裂性(基层裂缝2 mm)	涂膜不裂
耐碱性[在饱和Ca(OH)$_2$溶液中浸15 d]	表面无变化
耐酸性(在1%H$_2$SO$_4$溶液中浸15 d)	涂膜不开裂

水乳型再生橡胶沥青防水涂料适用于各类工业与民用建筑混凝土基层屋面；适用于楼层厕浴间、厨房防水；适用于以沥青珍珠岩为保温层的保温层屋面防水；适用于地下混凝土建筑防

潮；适用于旧油毡屋面翻修和刚性自防水屋面的维修。

3. SBS 弹性沥青防水冷胶料

SBS 弹性沥青防水冷胶料是以沥青、橡胶、合成树脂、SBS 等为基料，以多种配合剂为辅料，经过专用设备加工而成的一种弹性防水涂料。

SBS 弹性沥青防水冷胶料具有韧性强、弹性好、耐疲劳、抗老化、防水性能优异的特点；高温不流淌，低温不脆裂，而且是冷施工，环境适应性广。

SBS 弹性沥青防水冷胶料可分为溶剂型和水乳型两大类型。

SBS 弹性沥青防水冷胶料的主要物理性能，见表 2-39。

表 2-39　SBS 弹性沥青防水冷胶料的主要物理性能

项目	性能指标
粘结力（与水泥砂浆）	>0.3 MPa
抗裂性	涂膜厚 0.3～0.4 mm，基层裂缝 1 mm，涂膜不裂
不透水性	动水压 0.1 MPa，恒压 30 min，不透水
低温柔韧性	−20 ℃绕 $\phi3$ mm 圆棒弯曲，涂膜无裂纹
耐热性	80 ℃试件垂直放置不流淌
耐碱性	20 ℃在饱和 $Ca(OH)_2$ 溶液中浸 15 d 无变化
耐酸性	20 ℃在 10% H_2SO_4 溶液中浸 15 d 无变化

SBS 弹性沥青防水冷胶料适用于各种建筑结构的屋面、墙体、厕浴间、地下室、冷库、桥梁、铁路路基、水池、地下管道等的防水、防渗、防潮、隔汽等工程。

2.3.3　认识合成高分子防水涂料

合成高分子防水涂料是以合成橡胶或合成树脂为主要成膜物质，加入其他辅助材料而配制成的单组分或多组分的防水涂膜材料。其主要有聚氨酯防水涂料、硅橡胶防水涂料、丙烯酸酯类防水涂料及聚氯乙烯弹性防水涂料。

1. 聚氨酯防水涂料

聚氨酯防水涂料又名聚氨酯涂膜防水材料，是由异氰酸酯基（—NCO）的聚氨聚体（甲组分）和含有多羟基（—OH）或氨基（NH_2）固化剂及其助剂的混合物（乙组分）按一定比例混合所形成的一种反应型涂膜防水材料。聚氨酯防水涂料的标准是《聚氨酯防水涂料》(GB/T 19250—2013)。

聚氨酯防水涂料固化前为无定形粘稠状液态物质，在任何复杂的基层表面均易于施工，对端部收头容易处理，防水工程质量易于保证；借化学反应成膜，几乎不含溶剂，体积收缩小，易做成较厚的涂膜，涂膜防水层无接缝，整体性好；冷施工作业，操作安全；涂膜具有橡胶属性，延伸性好，拉伸强度和撕裂强度均较高；对在一定范围内的基层裂缝有较强的适应性。

聚氨酯防水涂料按组分，分为单组分(S)和多组分(M)两种；产品按基本性能，分为Ⅰ型、Ⅱ型和Ⅲ型；产品按是否暴露使用，分为外露(E)和非外露(N)；产品按有害物质限量，分为 A 类和 B 类。

聚氨酯产品按产品名称、基本性能、是否暴露、有害物质限量和标准号的顺序标记。A 类Ⅲ型外露单组分聚氨酯防水涂料标记为：PU 防水涂料 S Ⅲ E A GB/T 19250—2013。

聚氨酯防水涂料施工过程中难以使涂膜厚度做到像高分子防水卷材那样均匀一致。为使涂膜的厚度比较均一，必须要求防水基层有较好的平滑度，并要加强施工技术管理，严格按照执行施工操作规程；有一定的可燃性和毒性；双组分反应型聚氨酯涂料，需在施工现场准确称量配合，搅拌均匀，不如单组分涂料使用方便；必须分层施工，上下覆盖，才能避免产生直透针眼气孔。

聚氨酯产品为均匀粘稠体，无凝胶，无结块。聚氨酯防水涂料的基本性能，见表2-40。

表2-40 聚氨酯防水涂料的基本性能

序号	项目		技术指标		
			I	II	III
1	固体含量/% ≥	单组分	85.0		
		双组分	92.0		
2	表干时间/h ≤		12		
3	实干时间/h ≤		24		
4	流平性[a]		20 min时，无明显齿痕		
5	拉伸强度/MPa ≥		2.00	6.00	12.0
6	断裂伸长率/% ≥		500	450	250
7	撕裂强度/(N·mm⁻¹) ≥		15	30	40
8	低温弯折性		−35 ℃，无裂纹		
9	不透水性		0.3 MPa，120 min，不透水		
10	加热伸缩率/%		−4.0~+1.0		
11	粘结强度/MPa ≥		1.0		
12	吸水率/% ≥		5.0		
13	定伸时老化	加热老化	无裂纹及变形		
		人工气候老化[b]	无裂纹及变形		
14	热处理(80 ℃，168 h)	拉伸强度保持率/%	80~150		
		断裂伸长率/% ≥	450	400	200
		低温弯折性	−30 ℃，无裂纹		
15	碱处理[0.1%NaOH+饱和Ca(OH)₂溶液，168 h]	拉伸强度保持率/%	80~150		
		断裂伸长率/% ≥	450	400	200
		低温弯折性	−30 ℃，无裂纹		
16	酸处理(2%H₂SO₄溶液，168 h)	拉伸强度保持率/%	80~150		
		断裂伸长率/% ≥	450	400	200
		低温弯折性	−30 ℃，无裂纹		
17	人工气候老化[b](1 000 h)	拉伸强度保持率/%	80~150		
		断裂伸长率/% ≥	400	400	200
		低温弯折性	−30 ℃，无裂纹		
18	燃烧性能[b]		B₂-E(点火15 s，燃烧20 s，Fs≤150 mm，无燃烧滴落物引燃滤纸)		

[a] 该项性能不适应于单组分和喷涂施工产品，流平性时间也可根据工程要求和施工环境由供需双方商定并在订货合同与产品包装上明示。

[b] 仅外露产品需要测定。

Ⅰ型产品可用于工业与民用建筑工程；Ⅱ型产品可以用于桥梁等非直接通行部位；Ⅲ型产品可以用于桥梁、停车场、上人屋面等外露通行部位。聚氨酯防水涂料适用于各种屋面防水工程(需覆盖保护层)；地下建筑防水工程，厨房、浴室、卫生间防水工程，水池、游泳池防漏；适用于地下管道防水、防腐蚀等。

2. 硅橡胶防水涂料

硅橡胶防水涂料是以硅橡胶乳液及其他乳液的复合物为主要基料，掺入无机填料及交联剂、催化剂、增韧剂、消泡剂等多种化学助剂配制而成的乳液型防水涂料。

硅橡胶防水涂料在任何复杂的表面均易于施工，形成抗渗性较高的连续防水层；以水作为分散介质，具有无毒、无味、不燃的优点，安全、可靠。可在常温下冷施工作业，不污染环境，操作简单，维修方便；具有一定的渗透性，形成的涂膜延伸率较高，可配成各种颜色，具有一定的装饰效果；可在稍潮湿而无积水的表面施工，成膜速度快；耐候性较好。

硅橡胶防水涂料原材料为较昂贵的化工材料，故成本较高，售价较贵；施工过程中难以使涂膜厚度做到像高分子防水卷材那样均匀一致，故必须要求基层有较好的平整度，并要加强施工技术管理，严格执行施工操作规程，方能达到高质量目标；属水乳型涂料，固体含量比反应型涂料低，故要达到相同厚度时，单位面积涂料使用量较大；必须分层多次涂刷，上下覆盖，才能避免产生直通针眼、气孔，气温低于5℃时不宜施工。

硅橡胶防水涂料的主要物理性能，见表2-41。

表2-41　硅橡胶防水涂料的主要物理性能

项目	性能指标
pH值	8
固体含量	1号41.8%；2号66.0%
表干时间	<45 min
抗渗性	迎水面1.1～1.5 MPa恒压一周无变化；背水面0.3～0.5 MPa恒压一周无变化
抗裂性	4.5～6 mm(涂膜厚0.4～0.5 mm)
伸长率	640%～1 000%
低温柔韧性	−30℃冰冻10 d后绕ϕ3 mm圆棒不裂
扯断强度	2.2 MPa
直角撕裂强度	81 N/cm^2
粘结强度	0.57 MPa
耐热	(100±1)℃，6 h，不起鼓，不脱落
耐碱	饱和$Ca(OH)_2$溶液和0.1%NaOH混合液室温15℃浸泡15 d，不起鼓，不脱落

硅橡胶防水涂料可用于各种屋面防水工程；以及地下工程、输水和贮水构筑物、卫生间等的防水、防潮。

3. 丙烯酸酯类防水涂料

丙烯酸酯类防水涂料是以纯丙烯酸共聚物、改性丙烯酸或纯丙烯酸酯乳液为主要成分，加入适量填料、助剂及颜料等配制而成，属合成树脂类单组分防水材料。

丙烯酸酯类防水涂料特点：能在复杂的基层表面施工；以水作为分散介质，无毒、无味、不燃，安全可靠。可在常温下冷施工作业，不污染环境，操作简单，维修方便；可配成多种颜色，兼具防水、装饰作用；可在稍潮湿而无积水的表面施工。

以高分子化合物为主要原材料，故成本较高；施工过程中难以使涂膜厚度做到像高分子卷材那样均匀，故必须要求基层有较好的平整度；属水乳型涂料，固体含量比反应型涂料低，故要达到相同厚度，单位面积涂料使用量较大；必须分层多次涂刷，上下覆盖，才能避免产生直通针眼、气孔，气温低于 5 ℃时不宜施工。

丙烯酸酯类防水涂料的主要物理性能，见表 2-42。

表 2-42　丙烯酸酯类防水涂料的主要物理性能

项目		性能指标	
		Ⅰ型	Ⅱ型
拉伸强度/MPa ≥		1.0	1.5
撕裂伸长率/% ≥		300	300
低温柔韧性(绕 ϕ100 mm 圆棒)		−10 ℃，无裂纹	−20 ℃，无裂纹
不透水性(0.3 MPa，0.5 h)		不透水	
固体含量/% ≥		65	
老化处理后的拉伸强度保持率/%	加热处理 ≥	80	
	紫外线处理 ≥	80	
	碱处理 ≥	60	
	酸处理 ≥	40	
老化处理后的撕裂伸长率/%	加热处理 ≥	200	
	紫外线处理 ≥	200	
	碱处理 ≥	200	
	酸处理 ≥	200	

丙烯酸酯类防水涂料适用于建筑屋面、墙面防水、防潮；地下混凝土建筑、厨、厕间防水、防潮；防水维修工程。

2.3.4　认识聚合物水泥防水涂料

聚合物水泥防水涂料是以丙烯酸酯、乙烯-醋酸乙烯酯等聚合物乳液和水泥为主要原料，加入填料和其他助剂配制而成，经水分挥发和水泥水化反应固化成膜的双组分水性防水涂料。产品分为Ⅰ型、Ⅱ型和Ⅲ型。Ⅰ型是以聚合物为主的防水涂料；Ⅱ型是以水泥为主的防水涂料。

Ⅰ型产品适用于活动量较大的基层；Ⅱ型和Ⅲ型适用于活动量较小的基层。

产品按下列顺序标记：产品名称、类型、标准号。如Ⅰ型聚合物水泥防水涂料标记如图 2-8 所示。

图 2-8　涂料标记

产品的两组分经分别搅拌后，其液体组分应为无杂质、无凝胶的均匀乳液；固体组分应为无杂质、无结块的粉末。

产品物理力学性能应符合表 2-43 的要求。

表 2-43 物理力学性能

序号	试验项目		技术指标		
			Ⅰ型	Ⅱ型	Ⅲ型
1	固体含量/%		70	70	70
2	拉伸强度	无处理/MPa ≥	1.2	1.8	1.8
		加热处理后保持率/% ≥	80	80	80
		碱处理后保持率/% ≥	60	70	70
		浸水处理后保持率/% ≥	60	70	70
		紫外线处理后保持率/% ≥	80	—	—
3	断裂伸长率	无处理/% ≥	200	80	30
		加热处理/% ≥	150	65	20
		碱处理/% ≥	150	65	20
		浸水处理/% ≥	150	65	20
		紫外线处理/% ≥	150	—	—
4	低温柔性(ϕ10 mm棒)		−10 ℃无裂纹	—	
5	粘结强度	无处理/MPa ≥	0.5	0.7	1.0
		潮湿基层/MPa ≥	0.5	0.7	1.0
		碱处理/MPa ≥	0.5	0.7	1.0
		浸水处理/MPa ≥	0.5	0.7	1.0
6	不透水性(0.3 MPa, 30 min)		不透水	不透水	不透水
7	抗渗性(砂浆背水面)/MPa ≥		—	0.6	0.8

2.3.5 认识胎体增强材料

胎体增强材料是用于涂膜防水层中的化纤无纺布、玻璃纤维网布等作为增强层的材料。
胎体增强材料的质量应符合表 2-44 的要求。

表 2-44 胎体增强材料的质量要求

项目		质量要求		
		聚酯无纺布	化纤无纺布	玻纤网布
外观		均匀，无团状，平整，无折皱		
拉力/(N·50 mm^{-1})	纵向	≥150	≥45	≥90
	横向	≥100	≥35	≥50
延伸率/%	纵向	≥10	≥20	≥3
	横向	≥20	≥25	≥3

2.4　认识刚性防水材料

刚性防水材料是指以水泥、砂、石为原料，掺加少量外加剂、高分子聚合物等材料，或通过合理调整水泥砂浆、混凝土的配合比，减少或抑制孔隙率，改善空隙结构特征，增加各材料界面之间的密实性等方法配制而成的具有一定抗渗能力的水泥砂浆、混凝土类的防水材料。

刚性防水层的主要材料有胶凝材料、骨料、外加剂、金属材料、块体材料和粉状憎水材料等。

胶凝材料一般是水泥或膨胀水泥，其作用是在空气和水中硬化，将砂、石子等材料牢固地胶结在一起，使混凝土(或砂浆)的强度不断增长。膨胀水泥使混凝土在硬化过程中产生适度膨胀。

骨料(砂、石子)起骨架作用，使混凝土具有较好的体积稳定性和耐久性。节省水泥，降低成本。

外加剂(减水剂、防水剂、膨胀剂等)在拌制混凝土时掺入，用以改善混凝土的性能。

金属材料(钢筋、钢丝、钢纤维等)的主要作用是增加混凝土上防水层的刚度和整体性，提高防水层混凝土的强度，抑制细微裂缝的开展提高抗裂性能。

块体材料(烧法普通砖、保温、防水块体等)与防水砂浆形成防水薄壳面层。

粉状憎水材料(防水粉等)做防水层，可起到防水、隔热、保温的作用。

2.4.1　防水混凝土

《建筑与市政工程防水通用规范》(GB 55030—2022)规定，防水混凝土的施工配合比应通过试验确定，其强度等级不应低于C25，适配混凝土的抗渗等级应比设计要求混凝土提高0.2 MPa。防水混凝土应采取减少开裂的技术措施。防水混凝土除应满足抗压、抗渗和抗裂要求外，还应满足工程所处环境和工作条件的耐久性要求。

明挖法地下工程防水混凝土的最低抗震等级应符合表2-45的规定。

表 2-45　明挖法地下工程的防水混凝土最低抗震等级

防水等级	市政工程现浇混凝土结构	建筑工程现浇混凝土结构	装配式衬砌
一级	P8	P8	P10
二级	P6	P8	P10
三级	P6	P6	P8

防水混凝土是以调整混凝土的配合比，掺外加剂或使用新品种水泥等方法提高自身的密实性、憎水性和抗渗性，使其满足抗渗压力大于0.6 MPa的不透水性混凝土。

防水混凝土兼有防水和承重两种功能，能节约材料，加快施工速度。防水混凝土材料来源广泛，成本低；在结构物造型复杂的情况下，施工简便、防水性能可靠；渗漏水时易于检查，便于修补；耐久性好；可改善劳动条件。

防水混凝土可分为普通防水混凝土、外加剂防水混凝土和膨胀剂防水混凝土三大类。

防水混凝土的技术要求和适用范围，见表2-46。

表 2-46　防水混凝土的技术要求和适用范围

品种		最大抗渗压力/MPa	技术要求	特点	适用范围
普通防水混凝土		>3.0	水胶比 0.5~0.6 坍落度 30~50 mm(掺外加剂或采用泵送时不受此限) 水泥用量≥320 kg/m³ 灰砂比 1:2~1:2.5 含砂率≥35% 粗骨料粒径≤40 mm 细骨料为中砂或细砂	配制、施工简便,材料来源广泛;强度高,抗渗性好	适用于一般工业与民用建筑的地下防水工程,水池、水塔以及大型设备基础等的防水建筑。不适用于遭受剧烈振动或冲击的结构、混凝土表面温度超过 100 ℃ 的环境
外加剂防水混凝土	引气剂防水混凝土	>2.2	含气量 3%~6% 水泥用量 250~300 kg/m³ 水胶比 0.5~0.6 砂率 28%~35% 砂石级配、坍落度与普通混凝土相同	抗冻性好	适用于北方高寒地区对抗冻性要求较高的地下防水工程及一般地下防水工程,不适用于抗压强度大于 20 MPa 或耐磨性较高的防水工程
	减水剂水防混凝土	>2.2	选用加气型减水剂。根据施工需要,分别选用缓凝型、促凝型、普通型的减水剂	减水剂对水泥具有强烈的分散作用,它借助极性吸附作用,可大大降低水泥颗粒之间的吸引力,有效地阻碍和破坏颗粒间出现的凝絮作用,并释放凝絮体中的水,提高混凝土的和易性。在满足施工和易性的条件下,就可大大降低拌合用水量,使硬化后孔结构的分布情况得以改变,孔径及总孔隙率均显著减少,毛细孔更加细小、分散和均匀,从而提高混凝土的密实性和抗渗性	适用于钢筋密集或捣固困难的薄壁型防水构筑物,也适用于对混凝土凝结时间(促凝或缓凝)和流动性有特殊要求的防水混凝土工程(如泵送混凝土工程)
	三乙醇胺防水混凝土	>3.8	可单独掺用(1 号),也可与氯化钠复合掺用(2 号),也能与氯化钠、亚硝酸钠三种材料复合使用(3 号),对重要的地下防水工程以 1 号和 3 号配方为宜	早期强度高、抗渗等级高	工期紧迫、要求早强及抗渗性较高的地下防水工程
	明矾石膨胀剂防水混凝土	>3.8	掺入 32.5 级以上的普通矿渣、火山灰质和粉煤灰水泥中共同使用,不得单独代替水泥。一般外掺量占水泥用量的 20%	密实性好、抗裂性好	地下工程及其后浇缝

2.4.2 认识防水砂浆

防水砂浆是通过严格的操作技术或掺入适量的防水剂、高分子聚合物等材料，提高砂浆的密实性，以达到防渗、防水目的的一种刚性防水材料。

防水砂浆典型品种特点及其适用范围，见表2-47。

表 2-47 防水砂浆典型品种特点及其适用范围

品种	定义	特点	适用范围
普通防水砂浆	用水泥浆、素灰和水泥砂浆交替抹压密实构成的防水层	材料易得、工艺略复杂、对工人技术要求高	适用于混凝土和砌体结构地下工程
无机铝盐防水砂浆	以无机铝为主体，掺入多种无机金属盐类，混合组成黄色液体，再将其加入砂浆中配制成具有防渗、防潮功能的防水砂浆	产品为淡黄色或褐色的油状液体，无毒、无味、无污染、不燃烧，具有抗漏、抗渗、早强、速凝、耐压、抗冻、抗热、抗老化等优良性能	适用于混凝土及砌体结构防水工程，如：地下室、人防工程、厕浴间、蓄水池、涵洞、隧道、水塔、井下设施等
氯化铁防水砂浆	由氧化铁皮、铁粉和工业盐酸按适当比例在常温下进行化学反应后，生成的一种强酸性、深棕色液体防水剂	有增强和早强作用，氯化铁防水剂与水泥水化时析出的氢氧化钙作用生成氯化钙，对砂浆起密实作用，而且能持续地提高砂浆的抗压强度	用于修补大面积渗漏的地下室、水池等工程
有机硅防水砂浆	以甲基硅醇钠或高沸硅醇钠为基材，在水和二氧化碳作用下生成甲基硅氧烷，并进一步缩聚成网状甲基硅树脂防水膜，是一种憎水性能强的防水剂	防水膜可以包围和掺入基层内，堵塞水泥砂浆内的毛细孔，透气并有强力排水作用，增强密实性，提高抗渗性；无毒、无味、不挥发、不易燃，有良好的耐腐蚀性和耐候性	用于屋面、墙体、地下室抗渗防水
氯丁胶乳聚合物砂浆	采用一定比例的水泥、砂，并掺入适量的氯丁胶乳、稳定剂、消泡剂和水，经搅拌混合均匀配制而成的一种具有防水性能的聚合物水泥砂浆	可以改善砂浆的抗折性能，增加韧性；有效阻止潮湿介质的渗入，并使钢筋处于密闭状态下而不会发生锈蚀	地下建筑物和水塔、水池等贮水输水构筑物的防水层，也可用于墙面防水防潮层、建筑物裂缝修补等
丙烯酸共聚乳液防水砂浆	由一定比例的水泥、砂，丙烯酸酯共聚乳液及适量的稳定剂、消泡剂经混拌均匀而成	砂浆拌合物的和易性好，能提高砂浆的抗裂性能和粘结强度	用于混凝土屋面板、砂浆和混凝土块砌岸壁、游泳池和化粪池等防水及渗漏水工程的修补材料，也用于建筑外墙外保温中的粘结砂浆

普通防水砂浆的性能应符合表 2-48 的规定。

表 2-48　普通防水砂浆的性能

项目		指标
凝结时间	初凝/min	≥45
	终凝/h	≤24
抗渗压力/MPa	7 d	≥0.6
粘结强度/MPa	7 d	≥0.5
收缩率/%	28 d	≤0.50

聚合物水泥防水砂浆性能应符合表 2-49 的规定。

表 2-49　聚合物水泥防水砂浆性能

项目		指标
凝结时间	初凝/min	≥45
	终凝/h	≤24
抗渗压力/MPa	7 d	≥1.0
粘结强度/MPa	7 d	≥1.0
收缩率/%	28 d	≤0.15

2.4.3　认识瓦类防水材料

1. 烧结瓦

烧结瓦是由粘土(已禁用)或其他无机非金属原料，经成型、烧结等工艺处理，用于建筑物屋面覆盖及装饰用的板状或块状烧结制品，如图 2-9 所示。通常根据形状、表面状态及吸水率不同来进行分类和具体产品命名。根据吸水率不同，可分为Ⅰ类瓦(≥6%)、Ⅱ类瓦(6%～10%)、Ⅲ类瓦(10%～18%)、青瓦(≤21%)。

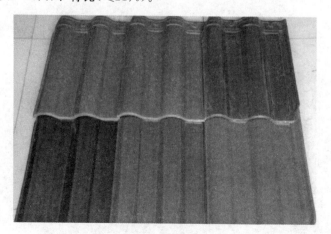

图 2-9　烧结瓦

烧结瓦的产品规格：平瓦尺寸为 400 mm×240 mm～360 mm×220 mm，厚度为 10～20 mm；脊瓦总长≥300 mm，宽度≥180 mm，厚度为 10～20 mm；三曲瓦、双筒瓦、鱼鳞瓦、牛舌瓦；

300 mm×200 mm～150 mm×150 mm，厚度为8～12 mm；板瓦、筒瓦、滴水瓦、沟头瓦：430 mm×350 mm～110 mm×50 mm，厚度为8～16 mm；J形瓦、S形瓦：320 mm×320 mm～250 mm×250 mm，厚度为12～20 mm。

烧结瓦检验项目有抗冻性能、耐急冷急热性、吸水率、抗渗性能。

烧结瓦主要物理性能应符合表2-50的要求。

表 2-50　烧结瓦的主要物理性能

项目	性能要求
抗冻性能	经15次冻融循环，不出现剥落、掉角、掉棱及裂纹增加现象
耐急冷急热性	经10次急冷急热循环，不出现炸裂、剥落及裂纹延长现象
吸水率	Ⅰ类瓦不大于6.0%，Ⅱ类瓦大于6.0%、不大于10.0%，Ⅲ类瓦大于10.0%、不大于18.0%，青瓦类不大于21.0%
抗渗性能	经3 h抗渗性能试验，瓦背面无水滴产生

2. 混凝土瓦

混凝土瓦是以水泥、细骨料和水为主要原料，经拌和、挤压或其他成型方法制成的。按瓦的铺设部位，可分为混凝土屋面瓦和混凝土配件瓦（配件瓦的品种与烧结瓦相同）。按瓦的搭接方式，可分为有筋槽屋面瓦——瓦的正面和背面搭接的侧边带有嵌合边筋和凹槽；无筋槽屋面瓦——一般瓦的表面是平的，横向或纵向成拱形的屋面瓦，带有规则或不规则的前沿。按色彩，可分为素瓦和彩瓦，彩瓦又有表面着色和通体着色之分，如图2-10所示。

图 2-10　混凝土瓦

混凝土瓦的检验项目：质量标准差、承载力、抗渗性能、抗冻性能。

混凝土瓦的主要物理性能应符合表2-51的要求。

表 2-51 混凝土瓦的主要物理性能

项目	性能要求
质量标准差/g ≤	180
承载力	不得小于承载力标准值
抗渗性能	经抗渗性能试验后，瓦的背面不得出现水滴现象
抗冻性能	经抗冻性能检验后，承载力仍不小于承载力标准值

3. 玻纤胎沥青瓦

玻纤胎沥青瓦是以玻纤毡为胎体，经浸涂优质石油沥青后，一面覆盖彩色矿物粒料，另一面撒以隔离材料所制成的瓦状屋面防水片材，它具有良好的防水、装饰功能和色彩丰富、形式多样、质轻面细、施工简便等特点，如图 2-11 所示。

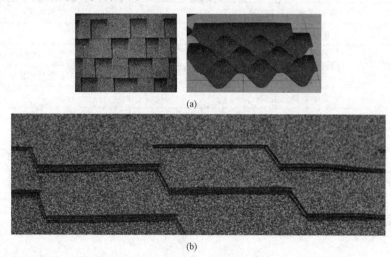

图 2-11 沥青瓦

(a)平瓦；(b)叠瓦

玻纤胎沥青瓦可分为平面沥青瓦和叠合沥青瓦。平面沥青瓦以玻纤毡为胎基，用沥青材料浸渍涂盖后，表面覆以保护隔离材料，并且外表面平整的沥青瓦，也称平瓦（标记为 P）；叠合沥青瓦是在沥青瓦实际使用的外露面的部分区域，用沥青粘合了一层或多层沥青瓦材料形成叠合状，也称叠瓦（标记为 L）。

玻纤胎沥青瓦长度一般为 1 000 mm，宽度一般为 333 mm。

玻纤胎沥青瓦按标准号产品名称、产品形式顺序标记。如平瓦玻纤胎沥青瓦标记为：GB/T 20474—2015 沥青瓦 P。

玻纤胎沥青瓦能适合坡度为 0°～90°的屋面和任何形状的屋面。

玻纤胎沥青瓦的质量要求：切口深度不大于(沥青瓦宽度－43)/2，单位为 mm；沥青瓦单位面积质量不小于 3.6 kg，厚度不小于 2.6 mm。长度尺寸偏差为±3 mm，宽度尺寸偏差为＋5 mm、－3 mm。沥青瓦表面应有沥青自粘胶和保护带。

玻纤胎沥青瓦的检验项目有可溶物含量、拉力、耐热度、柔度、不透水性。

玻纤胎沥青瓦的主要物理性能应符合表 2-52 的要求。

表 2-52　玻纤胎沥青瓦的主要物理性能

序号	项目		指标	
			P	L
1	可溶物含量/$(g \cdot m^{-2})$ ≥		800	1 500
2	胎基		胎基燃烧后完整	
3	拉力/$(N \cdot 50\ mm^{-1})$	纵向 ≥	600	
		横向 ≥	400	
4	耐热度(90 ℃)		无流淌、滑动、滴落、气泡	
5	柔度[a](-10 ℃)		无裂纹	
6	撕裂强度/N ≥		9	
7	不透水性 2 m 水柱，24 h		不透水	
8	耐钉子拔出性能/N ≥		75	
9	矿物料粘附性/g ≤		1.0	
10	自粘胶耐热度	50 ℃	发粘	
		75 ℃	滑动≤2 mm	
11	叠层剥离强度/N ≥		—	20
12	人工气候加速老化	外观	无气泡、渗油、裂纹	
		色差，ΔE ≤	3	
		柔度(12 ℃)	无裂纹	
13	燃烧性能		B_2-E 通过	
14	抗风揭性能(97 km/h)		通过	

[a] 根据使用环境和用户要求，生产企业可以生产比标准规定柔度温度更低的产品，并应在产品订购合同中注明。

沥青瓦必须采用玻纤毡作为胎体，图 2-12 是没有玻纤毡的沥青瓦，在大风之后被吹掉的现场。

玻纤毡的状态如图 2-13 所示。

图 2-12　没有玻纤毡的沥青瓦

图 2-13　玻纤毡的状态

2.4.4　刚性防水材料的运输与贮存

水泥、粉状憎水材料应用牛皮纸袋、化纤编织袋或塑料袋等包装，贮存时应防止受潮，库房要求干燥，地面应比室外地面高出 300 mm 以上，库房四周应有排水沟。屋顶和外墙不得漏水。一般水泥存放期不得超过 3 个月，膨胀水泥存放期不得超过 2 个月。散装水泥宜采用散装水泥罐车运输，并应存储于密封的能上进下出的罐体中。

水泥应按品种、批号、出厂日期分别运输和堆放。堆放时四周距离墙 300 mm 以上，堆放高度不宜超过 10 袋，堆宽以 5～10 袋为限，每堆不宜超过 1 000 袋，堆垛之间留有 1 m 以上的走道。

砂石堆场应平整、清洁，无积水，按品种、粒径分别运输和堆放，钢筋堆放场地应平坦、坚实，四周应有一定的排水坡度或挖排水明沟，防止场地积水。钢筋堆放时，下面应垫以垫木，距离地面不宜小于 200 mm，也可用钢筋堆放架来堆放钢筋，不要和酸、盐、油等物品混合存放，也不能堆放在能产生有害气体的车间附近，以防有害气体腐蚀钢筋。

外加剂应分类保管，存放于阴凉、通风、干燥的仓库或固定场所，不得混杂，并设有醒目标志，以易于识别，便于检查。运输过程中应轻拿轻放，防止损坏包装袋或容器，并避免雨淋、日晒和受潮。

2.5 认识防水密封材料

2.5.1 认识不定型密封材料

不定型防水密封材料包括合成高分子密封材料和改性沥青密封材料。

1. 合成高分子密封材料

合成高分子密封材料是以合成高分子为主体，加入适量的化学助剂、填充材料和着色剂，经过特定的生产工艺加工制成的膏体状密封材料。

合成高分子密封材料主要品种有聚氨酯建筑密封胶、聚硫建筑密封胶、有机硅建筑密封膏、丙烯酸酯建筑密封胶、氯磺化聚乙烯建筑密封膏、丁基密封膏、丁苯密封膏等品种。

合成高分子密封材料特点及适用范围，见表 2-53。

表 2-53 合成高分子密封材料特点及适用范围

材料名称	特点	适用范围	施工工艺
水乳型丙烯酸建筑密封膏	具有良好的粘结性、延伸性、施工性、耐热性及抗大气老化性及优异的低温柔性，无毒，无溶剂污染，不燃，操作方便，并可与基层配色，调制成各种颜色	用于刚性防水层屋面混凝土或金属板缝的密封	冷施工，以水为稀释剂，且可在潮湿基层上施工
氯磺化聚乙烯建筑密封胶	具有良好的弹性，较高的内聚力，粘结性和难燃性，耐臭氧、耐紫外线、耐湿热、耐候、耐老化性能突出，使用寿命长，20～100 ℃下保持柔韧性，可配制成各种颜色	能适应一般基层伸缩变形的需要，并可用作相容卷材的搭接缝及收头密封	冷施工，基层必须干净、干燥
聚氨酯建筑密封胶	具有模量低、延伸率大、弹性高、粘结性好、耐低温、耐水、耐油、耐酸碱、耐疲劳及使用年限长等优点，价格适中	可用于中、高档要求的屋面搭缝密封防水	双组分，应按配合比拌合，避免在高温环境及潮湿基层上施工

材料名称	特点	适用范围	施工工艺
聚硫建筑密封胶	具有良好的耐候、耐油、耐湿热、耐水和耐低温性能，使用范围为40%～90%，抗撕裂性强，粘结性好，不用溶剂，施工性好	适合屋面接缝活动量大的部位	双组分型，按规定配合比混合均匀使用，要避免直接接触皮肤

合成高分子密封材料的主要物理性能，见表2-54。

表2-54　合成高分子密封材料的主要物理性能

项目		性能指标	
		Ⅰ型	Ⅱ型
粘结性	粘结强度	≥0.1 MPa	≥0.02 MPa
	延伸率	≥200%	≥250%
柔性		−30 ℃无裂纹	−20 ℃无裂纹
拉伸-压缩循环性能	拉伸-压缩率	≥20%	≥10%
	2 000 次后破坏面积	≤25%	≤25%

注：Ⅰ型指弹性体密封材料，Ⅱ型指弹塑性体密封材料。

硅酮建筑密封胶的性能应符合表2-55的规定。

表2-55　硅酮建筑密封胶的性能

序号	项目		技术指标				
			25LM	25HM	20LM	20HM	20LM−R
1	密度/(g·cm^{-3})		规定值±0.1				
2	下垂度/mm		≤3				
3	表干时间/h		≤24				
4	挤出性[a]/(mL·min^{-1})		≥150				
5	适用期[b]/min		≥30				
6	弹性恢复率/%		≥70	≥70	≥60	≥60	—
7	定伸永久变形/%		—	—	—	—	>50
8	拉伸模量/MPa	23 ℃	≤0.4 和≤0.6	>0.4 和>0.6	≤0.4 和≤0.6	>0.4 和>0.6	≤0.4 和≤0.6
		−20 ℃					
9	定伸粘结性		无破坏				
10	浸水后定伸粘结性		无破坏				
11	冷拉-热压后粘结性		无破坏				
12	质量损失率/%		≤5				

[a] 仅适用于单组分产品。

[b] 仅适用于多组分产品；允许采用供需双方商定的其他指标值。

聚氨酯建筑密封胶的主要性能应符合表2-56的规定，试验检验应按《聚氨酯建筑密封胶》(JC/T 482—2022)执行。

表 2-56　聚氨酯建筑密封胶的主要性能

表 2-56　聚氨酯建筑密封胶的主要性能

项目		指标			
		25HM	20HM	25LM	20LM
流动性	下垂度(N 型)/mm	≤3			
	流平性(L 型)	光滑、平整			
表干时间/h		≤24			
挤出性[a](mL·min⁻¹)		≥80			
适用期[b]/h		≥1			
拉伸模量/MPa	23 ℃	>0.4 或>0.6		≤0.4 和≤0.6	
	−20 ℃				
定伸粘结性		无破坏			

[a] 此项仅适用于单组分产品。
[b] 此项仅适用于多组分产品,允许采用供需双方商定的其他指标值。

聚硫建筑密封胶的性能应符合表 2-57 的规定。

表 2-57　聚硫建筑密封胶的性能

项目		指标		
		20HM	25LM	20LM
流动性	下垂度(N 型)/mm	≤3		
	流平性(L 型)	光滑平整		
表干时间/h		≤24		
拉伸模量/MPa	23 ℃	>0.4 或>0.6	≤0.4 和≤0.6	
	−20 ℃			
适用期/h		≥2		
弹性恢复率/%		≥70		
定伸粘结性		无破坏		

注:适用期允许采用供需双方商定的其他指标值。

丙烯酸酯建筑密封胶的性能应符合表 2-58 的规定。

表 2-58　丙烯酸酯建筑密封胶的性能

项目	技术指标		
	12.5E	12.5P	7.5P
下垂度/mm	≤3		
表干时间/h	≤1		
挤出性/(mL·min⁻¹)	≥100		
弹性恢复率/%	≥40	—	
定伸粘结性	无破坏	—	
断裂伸长率/%	—	≥100	
低温柔性/℃	−20	−5	

2. 改性沥青密封材料

改性沥青密封材料是以石油沥青为基料，用适量的合成高分子聚合物进行改性，加入填充料和其他化学助剂配制而成的膏状密封材料。

改性沥青密封材料主要品种有 SBS 沥青弹性密封膏、沥青橡胶防水嵌缝膏、沥青桐油废橡胶嵌缝油膏、聚氯乙烯建筑密封材料等。

各种改性沥青密封材料的特点及适用范围，见表 2-59。

表 2-59　改性沥青密封材料的特点及适用范围

密封材料名称	特点	适用范围	施工工艺
建筑防水沥青嵌缝油膏	以塑料为主，延伸性好，回弹性差，有较好的耐久性、粘结性和防水性，70 ℃不流淌，−10 ℃不脆裂，施工简便，价格低廉	一般要求的屋面接缝密封防水、防水层收头处理	冷施工
聚氯乙烯建筑防水接缝油膏	具有良好的粘结性、防水性和弹性，回弹率80%以上，适应振动、沉降、拉伸引起的变形要求。−20 ℃不脆裂，并有较好的耐腐蚀性和耐老化性	适合各地区气候条件和各种坡度的屋面	聚氯乙烯胶泥（热塑性）热嵌施工，塑料油膏（热熔型）热熔浇灌
改性苯乙烯焦油密封膏	粘结力强，防水性能好，耐热性高，耐寒性好	一般要求的屋面接缝密封防水	冷施工

改性沥青密封材料的主要物理性能，见表 2-60。

表 2-60　改性沥青密封材料的主要物理性能

项目		性能指标	
		Ⅰ型	Ⅱ型
粘结延伸率	不浸水	—	≥250%
	浸水 24 h	—	≥200%
粘结性[(25±1) ℃，拉伸]		≥15 mm	
耐热度(80 ℃，5 h)		下垂值≤4 mm	
柔性		−10 ℃无裂纹	−20 ℃无裂纹
回弹率			≥80%

3. SBS 改性沥青弹性密封膏

SBS 改性沥青弹性密封膏以热塑性弹性体 SBS 改性沥青，加入软化剂、防老剂等助剂，采用二阶共混工艺均匀混合而成。

SBS 改性沥青弹性密封膏高弹性，低模量，延伸大，温感小，耐紫外线老化，价格较低，施工方便，不粘手，不污染环境。

SBS 改性沥青弹性密封膏的主要物理性能，见表 2-61。

表 2-61　SBS 改性沥青弹性密封膏的主要物理性能

项目		性能指标
针入度/$\frac{1}{10}$mm	25 ℃，100 g	>6
软化点/℃	环球法	>95
延伸度/mm	25 ℃	>150
回弹率/%	25 ℃	>80
粘结性/mm	∞字模	>15
低温柔性	−20 ℃，2 h，弯曲	合格
耐热度/mm	80 ℃，5 h，下垂值	<4
挥发性/%	—	<2

SBS 改性沥青弹性密封膏适用于建筑物屋面、墙板接缝、地下建筑接缝防水，建筑物裂缝修补。

2.5.2　认识定型密封材料

定型密封材料是指将密封材料按照基层接缝的规格特支撑一定的形状（条状、环状等），以便填嵌构件接缝、穿墙管接缝、变形缝等处的缝隙，达到密封防水的目的。

定型密封材料的分类同密封机理，可分为遇水非膨胀定型密封材料和遇水膨胀定型密封材料两类。

止水带是地下工程沉降缝必用的防水配件，它的功能为：其一，可以阻止大部分地下水沿沉降缝进入室内；其二，当缝两侧建筑沉降不一致时，止水带可以变形，继续起到阻水作用；其三，一旦发生沉降缝中渗水，止水带可以成为衬托，便于堵漏修补。

制作止水带的材料有橡胶、塑料、铜板、钢板等。

止水带形状有多种，如图 2-14 所示。

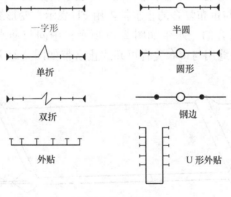

一字形　　　半圆

单折　　　圆形

双折　　　钢边

外贴　　　U 形外贴

图 2-14　止水带

1. 橡胶止水带

止水带按用途可分为三类：变形缝用止水带，用 B 表示，如图 2-15 所示；施工缝用止水带，用 S 表示，如图 2-16 所示；沉管隧道接头缝用止水带，用 J 表示。其中，可卸式止水带用 JX 表示，压缩式止水带用 JY 表示。

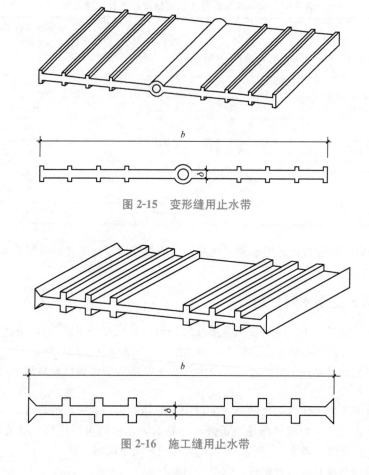

图 2-15　变形缝用止水带

图 2-16　施工缝用止水带

止水带按结构形式，可分为普通止水带和复合止水带两类。其中，普通止水带用 P 表示；复合止水带用 F 表示；与钢边复合的止水带，用 FG 表示，如图 2-17 所示；与遇水膨胀橡胶复合的止水带，用 FP 表示；与帘布复合的止水带，用 FL 表示。变形缝外贴式止水带如图 2-18 所示；两端与遇水膨胀橡胶复合的止水带如图 2-19 所示；中间与遇水膨胀橡胶复合的止水带如图 2-20 所示；沉管隧道接头缝用与帘布复合可卸式止水带如图 2-21 所示；沉管隧道接头缝用压缩式止水带如图 2-22 所示。

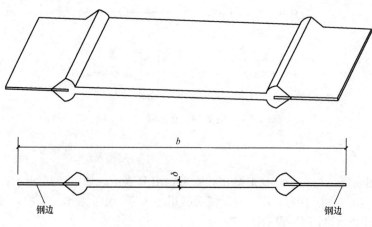

图 2-17　与钢边复合的止水带

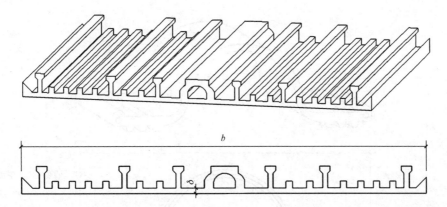

图 2-18　变形缝外贴式止水带

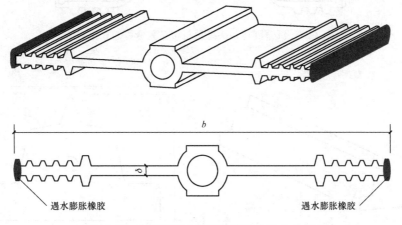

遇水膨胀橡胶　　　　　　　　　　　　　　　　遇水膨胀橡胶

图 2-19　两端与遇水膨胀橡胶复合的止水带

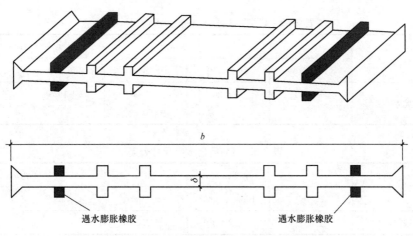

遇水膨胀橡胶　　　　　　　　　　　　遇水膨胀橡胶

图 2-20　中间与遇水膨胀橡胶复合的止水带

止水带按用途、结构、宽度×厚度顺序标记。

如宽度为 300 mm，厚度为 8 mm 施工缝用与钢边复合的止水带标记为：S—FG—300×8。

止水带的尺寸公差见表 2-62 及表 2-63。

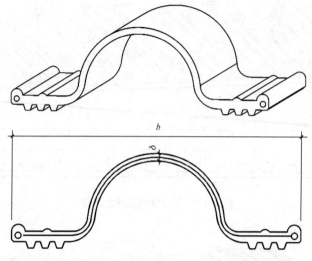

图 2-21　沉管隧道接头缝用与帘布复合可卸式止水带

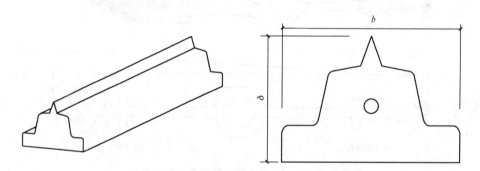

图 2-22　沉管隧道接头缝用压缩式止水带

表 2-62　B 类、S 类、JX 类止水带尺寸公差

项目	厚度 δ/mm				宽度 b/%
	4≤δ≤6	6<δ≤10	10<δ≤20	δ>20	
极限偏差	+1.00 0	+1.30 0	+2.00 0	+10% 0	±3

表 2-63　JY 类止水带尺寸公差

项目	厚度 δ/mm			宽度 b/%	
	δ≤160	160<δ≤300	δ>300	<300	≥300
极限偏差	±1.50	±2.00	±2.50	±2	±2.5

止水带橡胶材料的物理性能应符合表 2-64 的要求。

表 2-64　橡胶止水带的物理性能

序号	项目		指标		
			B、S	J	
				JX	JY
1	硬度(邵尔 A)[a]/度		60±5	60±5	40～70[a]
2	拉伸强度/MPa ≥		10	16	16
3	拉断伸长率/% ≥		380	400	400
4	压缩永久变形/%	70 ℃×24 h，25% ≤	35	30	30
		23 ℃×168 h，25% ≤	20	20	15
5	撕裂强度/(kN·m⁻¹) ≥		30	30	20
6	脆性温度/℃		−45	−40	−50
7	热空气老化 70 ℃×168 h	硬度变化(邵尔 A)[a]/度 ≤	+8	+6	+10
		拉伸强度/MPa ≥	9	13	13
		拉断伸长率/% ≥	300	320	300
8	臭氧老化 50×10⁻⁸：20%，(40±2) ℃×48 h		无裂纹		
9	橡胶与金属粘合[b]		橡胶间破坏	—	—
10	橡胶与帘布粘合强度[c]/(N·mm⁻¹) ≥		—	5	—

遇水膨胀橡胶复合止水带中的遇水膨胀橡胶部分按《高分子防水材料 第 3 部分：遇水膨胀橡胶》(GB/T 18173.3—2014)的规定执行。

注：若有其他特殊需要时，可由供需双方协议适当增加检验项目。

[a] 该橡胶硬度范围为推荐值，供不同沉管隧道工程 JY 类止水带设计参考使用。

[b] 橡胶与金属粘合强度项仅适用于与钢边复合的止水带。

[c] 橡胶与帘布粘合强度项仅适用于与帘布复合的 JX 类止水带。

2. 塑料止水带

塑料止水带系由聚氯乙烯树脂、增塑剂、稳定剂等原料，经塑炼、造粒、挤出、加工成形等工序制造而成。

成本低廉(为橡胶制品的 40%～50%)；耐久性好；物理力学性能能满足使用要求。

塑料止水带外观要求及物理性能，见表 2-65。

表 2-65　塑料止水带外观要求及物理性能

外观要求	物理性能	
	项目	性能指标
①颜色为灰色或黑色	抗拉强度/MPa ≥	12
②塑化均匀，不得有焦烧料及生料	定伸强度/MPa ≥	4.5
③不得有气孔	相对伸长率/% ≥	300

塑料止水带适用于工业与民用建筑的地下防水工程，隧道、涵洞、坝体、溢洪道、沟渠等的变形缝防水。

3. 自粘性橡胶密封条(属于遇水非膨胀定型密封材料)

自粘性橡胶密封条是以特种合成橡胶为基料，加入各种助剂加工而成的弹塑性腻子状聚合物。其能与不同材质的清洁、干燥界面粘结；有良好的柔顺性，在一定的压力下能填充到各种裂缝及空洞中去；具有良好的耐化学性和极其优良的耐老化性能；由于有良好的延伸性能，故能适应较大范围的沉降错位；能根据用户需要制成不同规格的带材；使用方便，适应性强，能用于各种不同规则的缝隙孔槽；能与一般橡胶制成橡胶—自粘性橡胶复合体。

自粘性橡胶密封条的主要物理性能，见表2-66。

表2-66　自粘性橡胶密封条的主要物理性能

项目	性能指标	
	TN—A	TN—B
拉伸强度/MPa　>	0.1	0.25
伸长率/%　>	400	800
剪切强度/MPa	0.08	0.1
抗渗试验(动态回弹2 mm，耐水压)/MPa	0.2	0.4

自粘性橡胶密封条可用于工农业的排水工程、给水工程，如贮水池、处理槽、沉淀池、给水管道、排水管道、检修孔、涵洞、明渠、暗渠、排污隧道等；可用于铁路、公路工程，如山岭隧道、地下铁道、地下公路、涵洞等；可用于水利工程，如大坝、防洪堤、防洪墙；各种地下建筑工程中的结构接缝、地铁隧道、地下车库、泵站、管道接头等。

4. 遇水自膨胀橡胶

遇水自膨胀橡胶是由水溶性聚醚预聚体加氯丁橡胶混炼而成的，是既具有一般橡胶制品的性能，又具有遇水膨胀性能的新型密封材料。

遇水自膨胀橡胶具有与一般橡胶同样优良的弹性、延伸性、抗老化性、耐腐蚀性；材料的膨胀性能不受外界水质的影响；适用的温度范围大。在遇水膨胀状态和−30 ℃的低温下仍具有良好的弹性和防水性能；遇水膨胀，干燥时释放出吸附的水分，材料尺寸恢复，这种循环过程不会影响材料的防水性能；可与普通橡胶制成复合型遇水膨胀橡胶制品，降低材料成本；材料结构简单、安装方便、安全，不污染环境。

遇水膨胀橡胶的一个性能指标是体积膨胀倍率。体积膨胀倍率是浸泡后的试样体积与浸泡前的试样体积的比率。

遇水膨胀橡胶产品按工艺，可以分为制品型(用PZ表示)和腻子型(用PN表示)两种类型。按遇水膨胀橡胶在静态蒸馏水中的体积膨胀倍率(%)分类，制品型有≥150%、≥250%、≥400%、≥600%等几类；腻子型有≥150%、≥250%、≥300%等几类。产品按截面形状，可分为圆形(用Y表示)、矩形(用J表示)、椭圆形(用T表示)三类。

遇水膨胀橡胶产品的标记顺序是：类型-体积膨胀倍率、截面形状-规格、标准号。如宽度为30 mm、厚度为20 mm的矩形制品型遇水膨胀橡胶，体积膨胀倍率≥400%，标记为PZ-400 J-30 mm×20 mm GB/T 18173.3—2014。

制品型遇水膨胀橡胶的断面结构如图2-23所示。

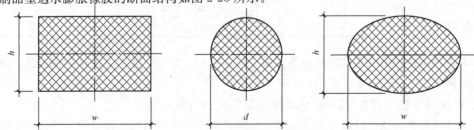

图2-23　制品型遇水膨胀橡胶的断面形状

制品型遇水膨胀橡胶的尺寸公差见表2-67。其他规格制品尺寸公差由供需双方协商确定。

表2-67 制品型遇水膨胀橡胶的尺寸公差   mm

规格尺寸	≤5	>5~10	>10~30	>30~60	>30~150	>150
极限偏差	±0.5	±1.0	+1.5 −1.0	+3.0 −2.0	+4.0 −3.0	+4% −3%

制品型遇水自膨胀橡胶的主要物理性能，见表2-68。

表2-68 制品型遇水自膨胀橡胶的主要物理性能

项目		指标			
		PZ-150	PZ-250	PZ-400	PZ-600
硬度(邵尔)/度		42±10		45±10	48±10
拉伸强度/MPa ≥		3.5		3	
拉断伸长率/% ≥		450		350	
体积膨胀倍率/% ≥		150	250	400	600
反复浸水试验	拉伸强度/MPa ≥	3		2	
	拉断伸长率/% ≥	350		250	
	体积膨胀倍率/% ≥	150	250	300	500
低温弯折(−20 ℃×2 h)		无裂纹			

注：成品切片测试拉伸强度、拉断伸长率应达到表格内的80%，接头部位的拉伸强度、拉断伸长率应达到表格内的50%。

腻子型遇水自膨胀橡胶的主要物理性能，见表2-69。

表2-69 腻子型遇水自膨胀橡胶的主要物理性能

项目	指标		
	PN-150	PN-220	PN-300
体积膨胀倍率[a]/% ≥	150	220	300
高温流淌性(80 ℃×5 h)	无流淌	无流淌	无流淌
低温试验(−20 ℃×2 h)	无脆裂	无脆裂	无脆裂

[a] 检验结果应注明试验方法。

制品型遇水自膨胀橡胶每米允许有深度不大于2 mm、面积不大于16 mm² 的凹痕、气泡、杂质、明疤等缺陷不超过4处。

制品型遇水自膨胀橡胶产品适用于盾构施工法装配式衬砌接缝防水；适用于建筑物变形缝、施工缝防水；金属、混凝土等各类预制构件接缝防水。

腻子型遇水自膨胀橡胶产品具有一定的弹性和极大的可塑性，遇水膨胀后塑性进一步加大，堵塞混凝土孔隙和出现的裂缝，最适用于现场浇筑的混凝土施工缝。

遇水膨胀橡胶应用塑料袋密封包装，再用编织袋或者纸箱包装。每一包装应有产品合格证，并注明产品名称、产品标记、商标、制造厂名、厂址、生产日期等。遇水膨胀橡胶在运输与贮存时，应注意勿使包装损坏；放置于通风、干燥处，温度在−15~30 ℃的室内，避免阳光直射，禁止与水、酸、碱、油类及有机溶剂等接触，且远离热源，并不得重压。自生产之日起半年内，产品性能应符合规定。逾期产品应复试合格，方可使用。

2.5.3 防水密封材料的运输与贮存

密封材料应贮存在环境温度低于 50 ℃、阴凉通风的仓库内；运输和贮存过程中，应远离火源，避免暴晒和雨淋；禁止与水、酸、碱、油类及有机溶剂等接触，且远离热源；应保持包装完好，避免碰撞、挤压；水乳型密封材料的贮存温度应不低于 0 ℃。

2.6 认识保温隔热材料

我国目前屋面保温隔热材料按形式，可分为松散材料保温材料、纤维保温材料、板状保温材料和整体现浇保温材料 4 种。按材料性质，可分为有机保温材料和无机保温材料；按吸水率，可分为高吸水率保温材料和低吸水率保温材料。常见的保温隔热材料分类及品种见表 2-70。

表 2-70 保温隔热材料分类及品种举例

分类方法	类型	品种举例
按形状划分	松散材料	炉渣，膨胀珍珠岩，膨胀蛭石，岩棉
	纤维保温材料	玻璃棉，岩棉，矿渣棉
	板状材料	加气混凝土，泡沫混凝土，微孔硅酸钙，憎水珍珠岩，聚苯乙烯泡沫板，泡沫玻璃
	整体现浇材料	泡沫混凝土，水泥蛭石，水泥珍珠岩，硬泡聚氯酯
按材性划分	有机材料	聚苯乙烯泡沫板，硬泡聚氨酯
	无机材料	泡沫玻璃，加气混凝土，泡沫混凝土，蛭石，珍珠岩
按吸水率划分	高吸水率（>20%）	泡沫混凝土，加气混凝土，珍珠岩，憎水珍珠岩，微孔硅酸钙
	低吸水率（<6%）	泡沫玻璃，聚苯乙烯泡沫板，硬泡聚氨酯

保温材料主要由表观密度、导热系数和含水率三项指标控制。此三项指标相互影响，表观密度大，导热系数值就大，保温性能就差；含水率大，导热系数值也大，保温性能也差。

保温隔热材料宜选用吸水率低，密度和导热系数小，并具有一定强度的材料。保温层的厚度应符合设计要求；保温层的含水率，应相当于该材料在当地自然风干状态下的平衡含水率；屋面为停车场等高荷载情况时，应根据计算确定保温材料的强度；纤维材料做保温层时，应采取防止压缩的措施；屋面坡度较大时，保温层应采取防滑措施；封闭式保温层或保温层干燥有困难的卷材屋面，宜采取排汽构造措施。

常见的保温隔热材料性能，见表 2-71。

表 2-71 常见的保温隔热材料性能

序号	材料名称	表观密度 /(kg·m⁻³)	导热系数 /[W·(m·K)⁻¹]	强度 /MPa	吸水率 /%	使用温度 /℃
1	松散膨胀珍珠岩	40~250	0.05~0.07	—	250	−200~800
2	水泥珍珠岩 1:8	510	0.16	05	120~220	—
3	水泥珍珠岩 1:10	390	0.16	0.4	120~220	—
4	水泥珍珠岩制品 1:8	500	0.08~0.12	0.3~0.8	120~220	650
5	水泥珍珠岩制品 1:10	300	0.063	0.3~0.8	120~220	650

序号	材料名称	表观密度/(kg·m⁻³)	导热系数/[W·(m·K)⁻¹]	强度/MPa	吸水率/%	使用温度/℃
6	憎水珍珠岩制品	200～250	0.056～0.08	0.5～0.7	憎水	−20～650
7	沥青珍珠岩	500	0.1～0.2	0.6～0.8	—	—
8	松散膨胀蛭石	80～200	0.04～0.07	—	200	−200～1 000
9	水泥蛭石	400～600	0.08～0.14	0.3～0.6	120～220	650
10	微孔硅酸钙	250	0.06～0.07	0.5	87	650
11	矿棉保温板	130	0.035～0.047	—	—	600
12	加气混凝土	400～800	0.14～0.18	3	35～40	200
13	水泥聚苯板	240～350	0.09～0.1	0.3	30	—
14	水泥泡沫混凝土	350～400	0.1～0.19	—	—	—
15	模压聚苯乙烯泡沫板	15～30	0.041	10%压缩后 0.06～0.15	2～6	−80～75
16	挤压聚苯乙烯泡沫板	≥32	0.03	10%压缩后 0.15	≤15	−80～75
17	硬质聚氯酯泡沫塑料	≥30	0.027	10%压缩后 0.15	≤3	−200～130
18	泡沫玻璃	≥150	0.068	≥0.4	≤0.5	−200～500

2.6.1 认识松散保温材料和纤维保温材料

松散保温材料主要有膨胀蛭石和膨胀珍珠岩，其质量应符合表 2-72 的要求。

表 2-72 松散保温材料质量要求

项目	膨胀蛭石	膨胀珍珠岩
粒径	3～15 mm	≥0.15 mm，<0.15 mm 的含量不大于 8%
堆积密度	≤300 kg/m³	≤120 kg/m³
导热系数	≤0.14 W/(m·K)	≤0.07 W/(m·K)

纤维保温材料的主要性能指标，见表 2-73。

表 2-73 纤维保温材料主要性能指标

项目	指标			
	岩棉、矿渣棉板	岩棉、矿渣棉毡	玻璃棉板	玻璃棉毡
表观密度/(kg·m⁻³)	≥40	≥40	≥24	≥10
导热系数/[W·(m·K)⁻¹]	≤0.040	≤0.040	≤0.043	≤0.050
燃烧性能	A 级			

2.6.2 认识板状保温材料

板状保温材料有聚苯乙烯泡沫塑料、硬质聚氨酯泡沫塑料、泡沫玻璃、加气混凝土类、膨胀珍珠岩类等。板状保温材料的质量应符合表 2-74 的要求。

表 2-74 板状保温材料质量要求

项目	聚苯乙烯泡沫塑料类		硬质聚氨酯泡沫塑料	泡沫玻璃	憎水型膨胀珍珠岩	加气混凝土	泡沫混凝土
	挤压	模压					
表观密度/(kg·m^{-3})	—	≥20	≥30	≤200	≤350	≤425	≤530
压缩强度/kPa	≥150	≥100	≥120	—	—	—	—
抗压强度/MPa	—	—	—	≥0.4	≥0.3	≥1.0	≥0.5
导热系数/[W·(m·K)$^{-1}$]	≤0.030	≤0.041	≤0.024	≤0.070	≤0.087	≤0.120	0.120
尺寸稳定性(70℃,48 h,%)	≤2.0	≤3.0	≤2.0	—	—	—	—
水蒸气渗透系数/[ng·(Pa·m·s)$^{-1}$]	≤3.5	≤4.5	≤6.5	—	—	—	—
吸水率(V/V,%)	≤1.5	≤4.0	≤4.0	≤0.5			
燃烧性能	不低于 B$_2$ 级			A 级			
备注	燃烧性能的级别与名称:A—不燃材料;B$_1$—难燃材料;B$_2$—可燃材料;B$_3$—易燃材料						

金属面绝热夹芯板主要性能指标,见表 2-75。

表 2-75 金属面绝热夹芯板主要性能指标

项目	指标				
	模塑聚苯乙烯夹芯板	挤塑聚苯乙烯夹芯板	硬质聚氨酯夹芯板	岩棉、矿渣面夹芯板	玻璃棉夹芯板
传热系数/[W·(m·K)$^{-1}$]	≤0.68	≤0.63	≤0.45	≤0.85	≤0.90
粘结强度/MPa	≥0.10	≥0.10	≥0.10	≥0.06	≥0.03
金属面材厚度	彩色涂层钢板基板≥0.5 mm,压型钢板≥0.5 mm				
芯材密度/(kg·m^{-3})	≥18		≥38	≥100	≥64
剥离性能	粘结在金属面材上的芯材应均匀分布,并且每个剥离面的粘接面积不应小于85%				
抗弯承载力	夹芯板挠度为支座间距的1/200时,均布荷载不应小于0.5 kN/m^2				
防火性能	芯材燃烧性能按《建筑材料及制品燃烧性能分级》(GB 8624—2012)的有关规定分级。岩棉、矿渣棉夹心板,当夹心板厚度小于或等于80 mm时,耐火极限应大于或等于30 min;当夹心板厚度大于80 mm时,耐火极限应大于或等于60 min				

2.6.3 认识整体现浇保温材料

整体现浇保温材料主要包括喷涂硬泡聚氨酯和现浇泡沫混凝土。喷涂硬泡聚氨酯的主要性能指标,见表 2-76。

表 2-76　喷涂硬泡聚氨酯的主要性能指标

项目	指标
表观密度/(kg·m^{-3})	≥35
导热系数/[W·(m·K)$^{-1}$]	≤0.024
压缩强度/kPa	≥150
尺寸稳定性(70 ℃，48 h,%)	≤1
闭孔率/%	≥92
水蒸气渗透系数/[ng·(Pa·m·s)$^{-1}$]	≤5
吸水率(V/V,%)	≤3
燃烧性能	不低于 B$_2$ 级

现浇泡沫混凝土主要性能指标，见表 2-77。

表 2-77　现浇泡沫混凝土主要性能指标

项目	指标
密度/(kg·m^{-3})	≤600
导热系数/[W·(m·K)$^{-1}$]	≤0.14
抗压强度/MPa	≥0.5
吸水率/%	≤20%
燃烧性能	A 级

2.7　认识堵漏材料

堵漏材料是发生渗漏后用来堵塞渗漏点的材料，主要包括抹面防水堵漏材料和灌浆堵漏材料两大类。

抹面防水堵漏材料以水玻璃为主要材料的促凝剂掺入水泥中，促使水泥快硬，将渗漏水暂时堵住，为其上面采用防水层创造条件。

灌浆堵漏材料将一定的材料配制成浆液，用压送设备将其灌入缝隙内或孔洞中，使其扩散、胶凝或固化，以达到防渗、堵漏的效果。

2.7.1　认识抹面防水堵漏材料

抹面防水堵漏材料有促凝灰浆、膨胀水泥、高效无机防水粉和无机硅复合速凝剂。

1. 促凝灰浆

促凝灰浆是将促凝剂掺入到水泥砂浆或混凝土中配制而成的渗漏堵漏材料。工地上常用的促凝剂有两类：一类以水玻璃为主要成分，加入各种矾剂配制而成(即通常所称的二矾、三矾、四矾、五矾促凝剂)，有成品供应；另一类是快燥精促凝剂，是以水玻璃为主体材料，掺入适量的硫酸钠、荧光粉和水配制而成。

促凝灰浆的配制见表 2-78。

表 2-78 促凝灰浆的配制

灰浆类别	配合比及配制	注意事项
促凝水泥浆	在水胶比为 0.55~0.60 的水泥浆中，掺入水泥质量1%的促凝剂，拌和均匀即成促凝水泥浆	该胶浆凝固较快，从开始拌和到使用完毕以 1~2 min 为宜。在水中也可凝固
快凝水泥胶浆（胶泥）	用水泥和促凝剂按下列质量比搅拌而成： (1)配合比(质量比)： 水泥：促凝剂=1：(0.5~0.6) (2)配合比(质量比)： 水泥：促凝剂=1：(0.8~0.9)	干拌好的水泥和砂子不得隔夜使用
快凝水泥砂浆	是以干拌砂子灰[水泥：砂子=1：1(质量比)]，用促凝剂：水=1：1 的混合液调制而成，水胶比为 0.45~0.50	—
快燥精拌制的水泥胶浆、水泥浆	水泥：快燥精：水：砂(质量比)： 1：0.5：0：0(1 min 内凝固) 1：0.3：0.2：0(5 min 内凝固) 1：0.35：0.35：0(30 min 内凝固) 1：0.14：0.56：2(60 min 内凝固)	—

　　促凝灰浆适用于一般地下结构，如地下室、水池、基础坑、沟道等的孔洞修补，较宽裂缝漏水及大面积渗漏水的修补。

2. 膨胀水泥

　　膨胀水泥有双快(快凝快硬)、微膨胀、高强等多种；适用于紧急堵漏的膨胀水泥主要是快凝膨胀水泥或石膏矾土膨胀水泥；适用于大面积修补的膨胀水泥主要是明矾石膨胀水泥或硅酸盐膨胀水泥；适用于大面积抗渗、防潮及带水堵漏，适用于混凝土、砖石及砂浆面上的一切抗渗漏，既可堵漏水眼，又可作大面积防水层；用于混凝土管、陶管、铁管接头、打口；也可用于维修。

3. 高效无机防水粉

　　高效无机防水粉产品有确保时、防水宝、堵漏灵、FK 堵漏剂、水不漏等。这类产品具有无毒、无味、不污染环境的特点和速凝、快硬、高强、早强、抗渗等多种功能，施工简便，迎水面、背水面施工均可以取得较好的防水效果。

4. 无机硅复合速凝剂

　　无机硅复合速凝剂是以无机硅为基料制成的，是一种专供抢修堵漏等特殊用途的建筑防水材料。

2.7.2　认识灌浆堵漏材料

　　灌浆就是将一定的材料配制成浆液，用压送设备将其灌入缝隙或孔洞中，使其扩散、胶凝或固化，以达到防渗堵漏，确保防水工程防水功能的一种施工技术。

　　灌浆堵漏材料的分类如图 2-24 所示。

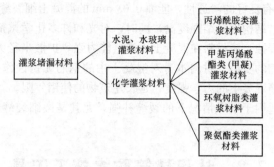

图 2-24　灌浆材料的分类

1. 水泥、水玻璃类灌浆材料

水泥、水玻璃类灌浆材料,即将水玻璃溶液与水泥浆液混合、再加入适量外加剂配制而成。除具水泥浆液的优点外,还有凝固快、可在数秒和数十分钟的范围内调整,以及强度高、凝固后结石率可达 100%等优点。可以根据孔隙、裂缝的大小,制成水泥水玻璃浆液或超细水泥水玻璃浆液。

浆液的配制:采用强度等级不低于 42.5 MPa 的普通硅酸盐水泥;水玻璃溶液使用模数为 2.4~2.8,浓度在 35~45 Be(波美度)范围内。

浆液配合比的选择应以胶凝时间及结石体强度为依据。其中,水胶比影响较大,水胶比越小,胶凝时间越短、结石体强度越高,特别是早期影响更为显著;水胶比如增大,则强度急剧下降。而水玻璃溶液浓度的大小,仅在一定范围内起作用。配制水泥水玻璃泵液通常是在水胶比为 0.55~0.6 的水泥浆液中,掺入相当于水泥质量 1%的水玻璃拌和而成。配制超细水泥水玻璃浆液,可选用磨细水泥或湿磨细水泥。

2. 丙烯酰胺类化学灌浆材料

丙烯酰胺类化学灌浆材料是一种快速堵漏止水材料,以丙烯酰胺为主剂,添加交联剂、还原剂、氧化剂,按一定的配合比加水配制而成。

丙烯酰胺类化学灌浆材料浆液粘度低,渗透性好,能注入 0.1 mm 以下的细裂缝中,可在水压大和十分潮湿的环境下凝聚;凝结时间可随配合比准确控制在数秒至几小时内,可在水速大、水量多的情况下迅速凝结;抗渗性好,丙凝胶的抗渗系数为 2×10^{-10} cm/s,几乎是不透水的,凝胶形成后,在水中还稍有膨胀,干缩后遇水还可以膨胀,能长期确保良好的堵水性能;丙凝胶不溶于水和煤油、汽油等有机溶剂,能耐酸、碱、细菌的侵蚀,也不受湿气条件的影响;具有一定的强度和较好的弹性及可变性;适用于泵房、水坝、水池、隧道、岩基等工程堵水、补漏、防渗等。

3. 环氧树脂类化学灌浆材料

环氧树脂类化学灌浆材料由 6101 环氧树脂、稀释剂、固化剂、粉料等在冷状态下配制而成,在地下工程应用的目的主要是加固补强。

环氧树脂类化学灌浆材料不受结构形状限制,粘结强度高;质量可靠,施工工艺简单。

环氧树脂类化学灌浆材料可用于各种结构(包括有振动、高温、腐蚀性介质作用的结构)修补 0.1 mm 以上的裂缝,还可用于混凝土结构补强加固和粘结断裂构件。

4. 甲凝化学灌浆材料

甲凝化学灌浆材料是以甲基丙烯酸甲酯为主剂,加入一些添加剂配制成的一种高度聚合物。甲凝化学灌浆材料粘度低,可灌性好。其粘度为 0.097 MPa·s,比水略低,表面张力为

2.3 Pa，等于水的 1/3，有良好的渗透性，能灌 0.03 mm 的混凝土细裂缝；凝结时间可任意控制在几分钟至数小时内；与结构件粘结强度高；同时，对光和许多化学试剂的稳定性好、耐老化、能抗水、抗稀酸和碱的侵蚀；该材料在混凝土中渗透能力强，扩散半径大，由于它的延伸率大，故能承受混凝土热胀冷缩的变形。材料本身对混凝土中的钢筋无锈蚀作用，并且能与混凝土及钢筋牢固粘结，增进钢筋混凝土的力学强度，延长建筑物的使用年限。

甲凝化学灌浆材料适用于干燥情况下的裂缝补强，尤其是微细裂缝的补强，也适用于岩石地基注浆等工程。

2.8　认识建筑防水施工工具

2.8.1　认识手工工具

防水施工常用的手工工具见表 2-79。

表 2-79　防水施工常用的手工工具

名称	规格	用途	图示
油灰刀、腻子刀	宽度：30、40、50、60、70、80、90、100（mm），刃口厚度 0.3～0.8 mm	清理、调制防水及密封材料	
钢丝刷	钢丝高 20 mm	清理	
皮老虎	宽度 200～400 mm	清除灰尘	
笤帚	日常用	清理基层	
拖布	日常用	清理基层	

名称	规格	用途	图示
锤子、錾子	锤子：1 kg 以下	清理、钉固	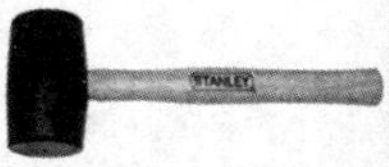 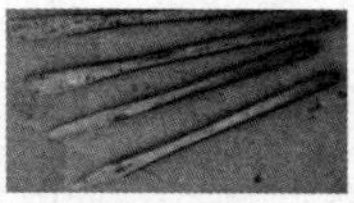
剪刀	长度 200～300 mm	裁剪卷材	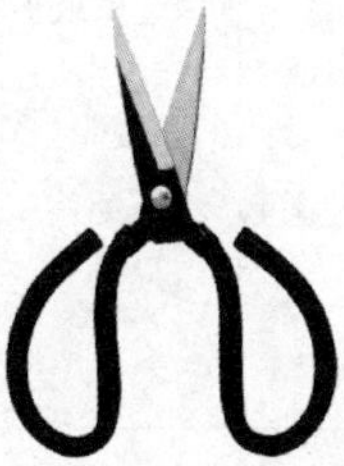
钢卷尺	长度 2～50 m	量长度	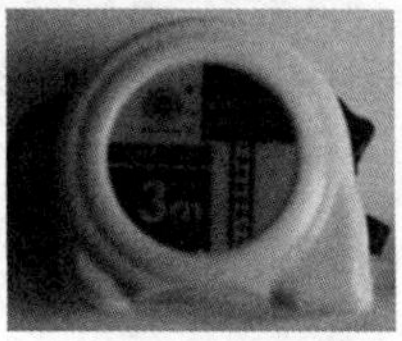 
桶	金属或塑料	盛放涂料、胶粘剂等	
油漆刷	宽度 13～152 mm	涂刷涂料及胶粘剂	
长柄刷	棕刷或帆布刷长 200～400 mm，柄长 1.5～2 m	涂刷涂料、胶粘剂	

名称	规格	用途	图示
刮板	金属或塑料	刮涂涂料	
滚筒刷	直径 60 mm，长度 150～300 mm	滚刷涂料	
压辊	直径 40 mm，长 100 mm	卷材封边	
手辊	普通	滚压立面卷材	
胶枪	普通	嵌填密封材料	

名称	规格	用途	图示
台秤	10~50 kg	材料计量	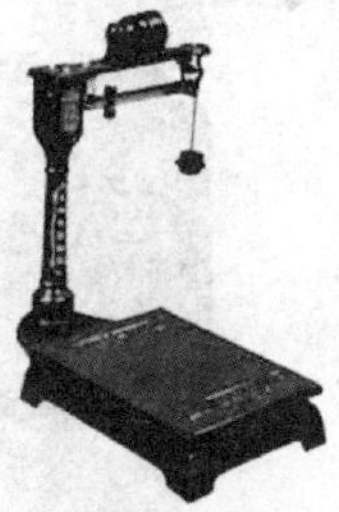

2.8.2 认识电动工具

防水施工常用的电动工具见表 2-80。

表 2-80 防水施工常用的电动工具

名称	规格	用途	图示
电动搅拌器	普通	搅拌涂料、胶粘剂等	
射钉枪	普通	固定压板、压条	
冲击钻	普通	钻孔	
空压机	普通	清理、灌浆	

2.8.3 认识专用工具

防水施工的专用工具包括喷灯(图 2-25)、火焰喷枪(图 2-26)和热风焊机(图 2-27)。

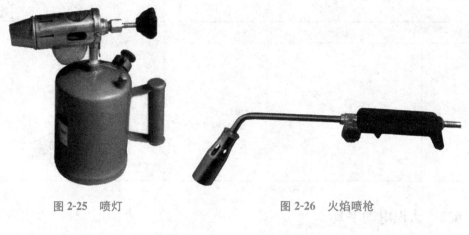

图 2-25 喷灯   图 2-26 火焰喷枪

图 2-27 热风焊机

本单元的主要任务是学习建筑防水材料及施工工具。在这一单元学习了沥青及沥青制品、防水卷材、防水涂料、合成高分子防水材料；同时也了解了刚性防水材料、防水密封材料、保温隔热材料，以及堵漏材料和防水的施工工具。这些知识将奠定我们做好防水工程施工的基础。

习　题

1. 沥青有哪些种类？建筑上用的沥青是什么品种？
2. 冷底子油的施工有哪些要求？
3. 常见的用于沥青改性的高聚物有哪些？
4. SBS Ⅰ PY M PE 3 10 GB 18242—2008 表示什么样的卷材？
5. SBS 改性沥青卷材的贮存要求有哪些？
6. APP Ⅰ PY M PE 3 10 GB 18242—2008 表示什么样的卷材？
7. APP 改性沥青防水卷材检验时如何组批？
8. T PEE 3 GB 18967—2009 表示什么样的卷材？
9. 自粘卷材 N PE 2.0 20 GB 23441—2009 表示什么样的卷材？

10. 合成高分子卷材有哪些种类？

11. 合成高分子卷材按构造如何分类？

12. 合成高分子卷材如何组批和抽样？

13. 合成高分子卷材按施工部位分为哪些品种？

14. 丁基橡胶胶粘带按产品用途如何分类？

15. 防水涂料如何分类？

16. 高聚物改性沥青防水涂料有哪些？

17. 合成高分子防水涂料有哪些？

18. 聚合物水泥防水涂料有哪些种类？它们各自的特点是什么？

19. 防水混凝土有哪些种类？

20. 防水砂浆有哪些种类？

21. 防水密封材料分为哪几大类？

22. 定型防水密封材料有哪些？

23. 保温隔热材料如何分类？

24. 防水堵漏材料有哪些种类？

25. 防水施工的手工工具有哪些？电动工具有哪些？专用工具有哪些？

单元 3 地下防水工程施工

知识目标：

1. 掌握地下工程的施工方法、工程构造；

2. 掌握防水混凝土结构施工及外防水的找平质量要求；

3. 掌握改性沥青防水卷材、合成高分子防水卷材、水泥基渗透结晶型防水涂料和聚氨酯防水涂料的施工工艺；掌握地下防水保护层施工要求；

4. 了解地下防水工程施工方案的内容、技术交底的内容；

5. 了解地下防水工程施工记录和质量验收记录的内容。

能力目标：

1. 能够拟定地下防水工程施工方案，会编写地下防水工程技术交底；

2. 能够填写地下防水工程施工记录和质量验收记录。

素养目标：

1. 具有社会责任感和良好的防水工程职业操守，诚实守信，爱岗敬业；

2. 遵守相关法律法规、标准和管理规定。

任务描述

某工程地下 3 层，地上 26 层，建筑高度为 99 m。该工程勘查深度范围内未见地下水，根据地下室使用功能，防水等级为一级，采用钢筋混凝土自防水和外防水相结合的防水设计，具体详见地下室防水大样。临空且具有厚覆土层的地下室顶板，防水做法参照种植屋面，排水坡度为 0.5%。防水混凝土的施工缝、穿墙管道预留洞、转角、坑槽、后浇带等部位和变形缝等地下工程薄弱环节按《地下防水工程质量验收规范》(GB 50208—2011)处理，如图 3-1 所示。

任务要求

编写"任务描述"中的地下室的防水施工方案及技术交底。

任务实施

3.1 地下防水工程施工概述

3.1.1 地下防水工程

地下防水工程是指对房屋建筑、防护工程、市政隧道、地下铁道等地下工程进行防水设计、防水施工和维护管理等各项技术工作的工程实体。

在进行地下工程防水图纸会审时，应同时考虑正常水位和水位上涨时防水系统的保护效果

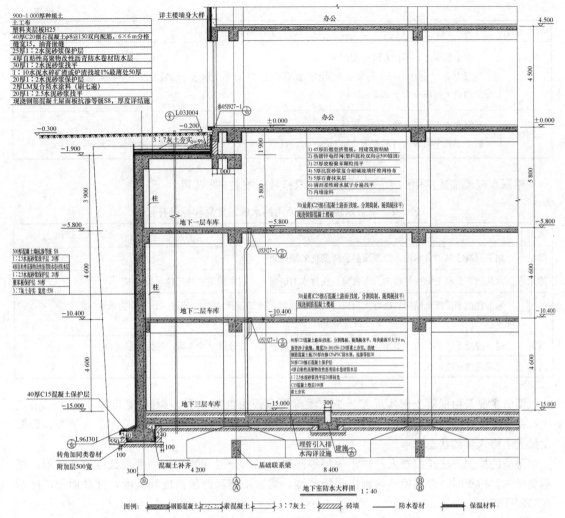

图 3-1 某地下室防水设计

是否满足。降雨和毛细作用均可升高地下水水位。因此，防水层的设置高度要保证地下水水位突然升高也可以有效防水。由于地下防水完成之后，很难进行维修，所以，在图纸会审时务必核对地下室的每个防水节点，确保防水设计的完善。

根据地下工程对防水的要求，确定结构主体允许渗漏水量的等级标准。地下工程的防水标准应符合表 3-1 的规定。

表 3-1　地下工程的防水等级标准

防水等级	防水标准
一级	不允许渗水，结构表面无湿渍
二级	不允许漏水，结构表面可有少量湿渍； 房屋建筑地下工程：总湿渍面积不应大于总防水面积（包括顶板、墙面、地面）的 1/1 000；任意 100 m² 防水面积上的湿渍不超过 2 处，单个湿渍的最大面积不大于 0.1 m²； 其他地下工程：总湿渍面积不应大于总防水面积的 2/1 000；任意 100 m² 防水面积上的湿渍不超过 3 处，单个湿渍的最大面积不大于 0.2 m²；其中，隧道工程平均渗水量不大于 0.05 L/(m²·d)，任意 100 m² 防水面积上的渗水量不大于 0.15 L/(m²·d)

防水等级	防水标准
三级	有少量漏水点，不得有线流和漏泥砂； 任意100 m² 防水面积上的漏水或湿渍点数不超过 7 处，单个漏水点的最大漏水量不大于 2.5 L/d，单个湿渍的最大面积不大于 0.3 m²
四级	有漏水点，不得有线流和漏泥砂； 整个工程平均漏水量不大于 2 L/(m²·d)；任意 100 m² 防水面积上的平均漏水量不大于 4 L/(m²·d)

渗漏水现象描述使用的术语、定义和标识符号可按表 3-2 选用。

表 3-2　渗漏水现象描述使用的术语、定义和标识符号

术语	定义	标识符号
湿渍	地下混凝土结构背水面，呈现明显色泽变化的潮湿斑	♯
渗水	水从地下混凝土结构衬砌内表面渗出，在背水的墙壁上可观察到明显的流挂水膜范围	○
水珠	悬垂在地下混凝土结构衬砌背水顶板(拱顶)的水珠，其滴落间隔时间超过 1 min 称为水珠现象	◇
滴漏	地下混凝土结构衬砌背水顶板(拱顶)渗漏水的滴落速度，每分钟至少 1 滴，称为滴漏现象	▽
线漏	渗漏成线或喷水状态	↓

湿渍主要是由混凝土密实度差异造成毛细现象或由混凝土容许裂缝(宽度小于 0.2 mm)产生，在混凝土表面肉眼可见的"明显色泽变化的潮湿斑"。一般在人工通风条件下可消失，即蒸发量大于渗入量的状态。

湿渍的检测方法是检查人员用干手触摸湿斑，无水分浸润感觉。用吸墨纸或报纸贴附，纸不变颜色。检查时，要用粉笔勾画出湿渍范围，然后用钢尺测量高度和宽度，计算面积，标示在"展开图"上。

渗水是由于混凝土密实度差异或混凝土有害裂缝(宽度大于 0.2 mm)而产生的地下水连续渗入混凝土结构，在背水的混凝土墙壁表面肉眼可观察到明显的流挂水膜范围，在加强人工通风的条件下也不会消失，即渗入量大于蒸发量的状态。

渗水的检测方法是检查人员用干手触摸可感觉到水分浸润，手上会沾有水分。用吸墨纸或报纸贴附，纸会浸润变颜色。检查时，要用粉笔勾画出渗水范围，然后用钢尺测量高度和宽度，计算面积，标示在"展开图"上。

对房屋建筑地下室检测出来的"渗水点"，一般情况下应准予修补堵漏，然后重新验收。

当被验收的地下工程有结露现象时，不宜进行渗漏水检测。

3.1.2　地下工程施工方法

地下工程施工可分为明挖法和暗挖法两种。明挖法是敞口开挖基坑，再在基坑中修建地下工程结构，最后用土石回填恢复地面的施工方法；暗挖法是不挖开地面，采用从施工通道在地下开挖、支护、衬砌的方式修建隧道等地下工程结构的施工方法。工业与民用建筑一般都采用明挖法施工。明挖法和暗挖法地下工程的防水设防要求，应按表 3-3 和表 3-4 选用。

表 3-3　明挖法地下工程防水设防要求

工程部位		主体结构							施工缝							后浇带					变形缝、诱导缝				
防水措施		防水混凝土	防水卷材	防水涂料	塑料防水板	膨润土防水材料	防水砂浆	金属板	遇水膨胀止水条或止水胶	外贴式止水带	中埋式止水带	外抹防水砂浆	外涂防水涂料	水泥基渗透结晶型防水涂料	预埋注浆管	补偿收缩混凝土	外贴式止水带	预埋注浆管	遇水膨胀止水条或止水胶	中埋式止水带	外贴式止水带	可卸式止水带	防水密封材料	外贴防水卷材	外涂防水涂料
防水等级	一级	应选	应选一种至两种						应选两种							应选	应选两种				应选	应选两种			
	二级	应选	应选一种						应选一种至两种							应选	应选一种至两种				应选	应选一种至两种			
	三级	应选	宜选一种						宜选一种至两种							应选	宜选一种至两种				应选	宜选一种至两种			
	四级	宜选	—						宜选一种							应选	宜选一种				应选	宜选一种			

表 3-4　暗挖法地下工程防水设防要求

工程部位		初砌结构							内衬砌施工缝						内衬砌变形缝、诱导缝			
防水措施		防水混凝土	防水卷材	防水涂料	塑料防水板	膨润土防水材料	防水砂浆	金属板	遇水膨胀止水条或止水胶	外贴式止水带	中埋式止水带	防水密封材料	水泥基渗透结晶型防水涂料	预埋注浆管	中埋式止水带	外贴式止水带	可卸式止水带	防水密封材料
防水等级	一级	必选	应选一种至两种						应选一种至两种						应选	应选一种至两种		
	二级	应选	应选一种						应选一种						应选	应选一种		
	三级	宜选	宜选一种						宜选一种						应选	宜选一种		
	四级	宜选	宜选一种						宜选一种						应选	宜选一种		

《建筑与市政工程防水通用规范》(GB 55030—2022)规定，明挖法地下工程现浇混凝土结构防水做法应符合下列规定：

(1)主体结构防水做法应符合表 3-5 的规定。

表 3-5 主体结构防水做法

防水等级	防水做法	防水混凝土	外设防水层		
			防水卷材	防水涂料	水泥基防水材料(防水砂浆、外涂型水泥基渗透结晶型防水材料)
一级	不应少于 3 道	为 1 道,应选	不少于 2 道;防水卷材或防水涂料不应少于 1 道		
二级	不应少于 2 道	为 1 道,应选	不少于 1 道;任选		
三级	不应少于 1 道	为 1 道,应选	—		

(2)叠合式结构的侧墙等工程部位,外设防水层应采用水泥基防水材料。

3.1.3 地下防水工程施工注意事项

(1)地下防水工程必须由相应资质的专业防水队伍进行施工;主要施工人员应持有住房城乡建设主管部门或指定单位颁发的执业资格证书。

(2)地下防水工程施工前,应通过图纸会审,掌握结构主体及细部构造的防水要求,施工单位应编制防水工程专项施工方案或技术措施,经监理或建设单位审查批准后执行。

(3)地下防水工程采用的新技术、新材料、新工艺,应按照有关规定进行评审、鉴定及备案。施工前应对新的或首次采用的施工工艺进行评价,并制定专门的施工技术方案。

(4)地下防水工程所使用的防水材料,应有产品的合格证书和性能检测报告,材料的品种、规格、性能等应符合现行国家产品标准和设计要求。严禁使用国家明令禁止使用及淘汰的材料。

(5)防水材料的进场验收应符合下列规定:

1)对材料的品种、规格、包装、外观和尺寸等进行检查验收,并应经监理工程师(建设单位代表)确认,形成相应验收记录。

2)对材料的质量证明文件进行检查,并应经监理工程师(建设单位代表)确认,纳入工程技术档案。

3)对材料应按有关规定抽样检验,检验应执行见证取样检测制度,并提出检验报告。

4)材料的物理性能检验项目中全部指标达到标准规定时,即为合格;若有一项指标不符合标准规定,应在受检产品中加倍取样复检,复检结果符合标准规定,则判定该产品合格。

(6)地下防水工程使用的材料及配套材料,应符合现行行业标准《建筑防水涂料中有害物质限量》(JC 1066—2008)的规定,不得对周围环境造成污染。地下防水工程所用材料的材性应彼此相容,并不得相互腐蚀。防水材料应进行黏结质量实体检验。

(7)地下防水工程的施工应建立各道工序的自检、交接检和专职人员检查的制度,并有完整的检查记录。工程隐蔽前,应由施工单位通知有关单位进行验收,并形成隐蔽工程验收记录;未经监理单位或建设单位对上一道工序的检查确认,不得进行下一道工序的施工。

(8)地下防水工程施工期间,明挖法的基坑及暗挖法的竖井、洞口,必须保持地下水水位稳定在基底 500 mm 以下,必要时应采取降水措施。

(9)地下防水工程的防水层,严禁在雨天、雪天和五级风及其以上时施工;防水层施工环境气温条件宜符合表 3-6 的规定。

表 3-6　防水材料施工环境气温条件

防水层材料	施工环境气温
高聚物改性沥青防水卷材	冷粘法、自粘法不低于 5 ℃，热熔法不低于−10 ℃
合成高分子防水卷材	冷粘法、自粘法不低于 5 ℃，焊接法不低于−10 ℃
有机防水涂料	溶剂型−5～35 ℃，反应型、水乳型 5～35 ℃
无机防水涂料	5～35 ℃
防水混凝土、防水砂浆	5～35 ℃
膨润土防水材料	不低于−20 ℃

【特别说明】　地下防水必须采用迎水面防水。地下室防水一般是防止水渗入室内，所以，防水应在外墙外表面设置。把底板的防水层和垫层牢固粘贴在一起是非常错误的，防水层和垫层空铺即可，应该把防水层和地下室底板牢固粘贴在一起，但是除预铺反粘材料外，还做不到这一点。地下室外墙的防水材料建议采用合成高分子涂膜，无数的工程实践证明，卷材防水层（特别是各类改性沥青卷材）在立面的混凝土墙体上的有效粘接时间不会超过 15 天，卷材脱离基层后，一旦有漏水点，这层卷材防水形同虚设。地下室防水的最终效果完全取决于底板和侧墙的混凝土浇筑质量，蜂窝麻面的混凝土是造成渗漏的根本原因，并且是附加防水层所无法弥补的。

3.1.4　地下防水工程分项工程的划分

地下防水工程是一个子分部工程，其分项工程的划分应符合表 3-7 的规定。

表 3-7　地下防水工程分项工程的划分

子分部工程		分项工程
地下防水工程	主体结构防水	防水混凝土、水泥砂浆防水层、卷材防水层、涂料防水层、塑料防水板防水层、金属板防水层、膨润土防水材料防水层
	细部构造防水	施工缝、变形缝、后浇带、穿墙管、埋设件、预留通道接头、桩头、孔口、坑、池
	特殊施工法结构防水	锚喷支护、地下连续墙、盾构隧道、沉井、逆筑结构
	排水结构	渗排水、盲沟排水、隧道排水、坑道排水、塑料排水板排水
	注浆	预注浆、后注浆、结构裂缝注浆

分项工程的检验批划分应符合下列规定：地下建筑防水工程应按建筑层、变形缝等施工段为一个检验批；特殊施工法防水工程应按隧道区间、变形缝等施工段为一个检验批；排水工程和注浆工程应各为一个检验批。

3.2　地下防水工程构造与设计

《建筑与市政工程防水通用规范》（GB 55030—2022）规定，地下工程迎水面主体结构应采用防水混凝土，并应符合下列规定：防水混凝土应满足抗渗等级要求；防水混凝土结构厚度不应小于 250 mm；防水混凝土的裂缝宽度不应大于结构允许限值，并不应贯通；寒冷地区抗震设防段防水混凝土抗渗等级不应低于 P10。

受中等以上腐蚀性介质作用的地下工程应符合下列规定：防水混凝土强度等级不应低于 C35；防水混凝土设计抗震等级不应低于 P8；迎水面主体结构应采用耐侵蚀性防水混凝土，外设防水层应满足耐腐蚀要求。

本单元案例的地下室防水做法主要有外防水层和结构自防水。具体防水工程施工部位及做法见表3-8。

表3-8　防水工程施工部位及做法

序号	部位	防水做法
1	地下3层底板	(1)100厚C15混凝土垫层 (2)20厚1:2.5水泥砂浆找平层 (3)4厚SBS改性沥青防水卷材 (4)50厚C20细石混凝土保护层 (5)底板混凝土自防水，防水等级S8
2	地下1~3层外墙	(1)混凝土自防水外墙S8 (2)20厚1:2.5水泥砂浆找平层 (3)4厚SBS改性沥青防水卷材 (4)20厚1:2.5水泥砂浆保护层 (5)50厚聚苯板保护层 (6)3:7灰土夯实
3	地下室顶板	(1)现浇钢筋混凝土屋面板抗渗等级S8 (2)20厚1:2.5水泥砂浆找平层 (3)2厚LM复合防水涂料(刷七遍) (4)20厚1:2水泥砂浆保护层 (5)1:10水泥水碎矿渣或炉渣找坡1%，最薄处50厚 (6)30厚1:2.5水泥砂浆找平层 (7)4厚SBS改性沥青防水卷材 (8)25厚1:2.5水泥砂浆保护层 (9)40厚C20细石混凝土 Φ8@150双向配筋，6 m×6 m分隔，缝宽15，油膏嵌缝 (10)塑料夹层板H15 (11)土工布 (12)900~1 000厚种植覆土

由于本单元案例的地下工程比较复杂，各种施工节点比较多。根据施工经验，地下防水是地下工程的薄弱环节。

3.2.1　地下结构自防水细部构造

1. 后浇带防水

根据设计要求，后浇带防水做法如图3-2所示。图中后浇带内有止水带和传力钢支撑。其三维模型如图3-3所示。

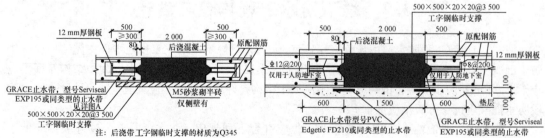

图3-2　底板后浇带防水节点构造图

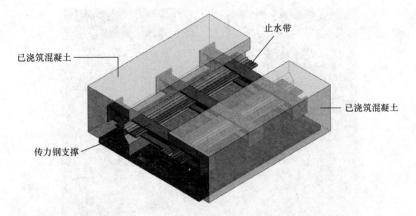

图 3-3　止水带和传力钢支撑三维模型

2. 施工缝防水

本单元案例工程地下室底板和外墙在后浇带基础上划分若干个流水段；同时，在外墙混凝土结构施工中，根据施工楼层，将外墙划分成三道水平施工缝。

所有这些竖向和水平施工缝，为了保证墙体不渗漏要求，在施工缝混凝土结构中加设 3 mm 厚止水钢板。基础底板结构外侧用 20 mm 厚竹胶板支模高为 2 100 mm，在模板底部引出卷材甩头，上边用黄泥（或低强度白灰砂浆）砌筑临时保护墙（该处卷材虚铺），避免卷材在同一部位反复弯折而造成断裂；待外墙立面卷材施工时，将这临时保护墙拆掉，底板根部抹灰抹成圆弧，半径为 50 mm。具体做法详见图 3-4 和图 3-5。施工缝的实体模型照片如图 3-6 所示。

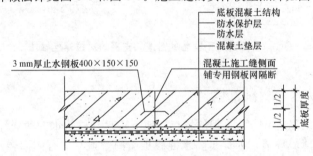

图 3-4　施工缝做法（一）

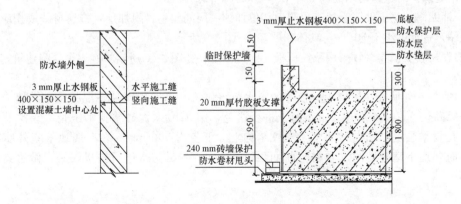

图 3-5　施工缝做法（二）

图 3-6　底板和外墙防水的做法

3. 穿过地下室墙的管道和支模的对拉螺栓做法

穿过地下室墙的管道和支模的对拉螺栓做法，如图 3-7 所示。

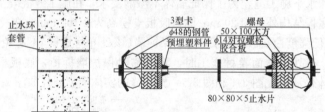

图 3-7　穿过地下室墙的管道和支模的对拉螺栓做法

3.2.2　地下防水卷材细部构造

根据本单元案例工程地下防水工程的特点，地下防水卷材防水的薄弱环节，一是所有防水卷材工程通常存在的薄弱环节，如穿越防水混凝土墙的管道、所有阴阳转角处易破损的部位、防水收头部位等；二是本工程存在的特有防水薄弱环节，如地下室外墙在每层楼板部位换撑处节点防水处理。对这些防水的薄弱环节，采取针对性措施如下。

（1）铺贴附加层：外墙管根、阴阳角部位加铺一层同质卷材附加层，将卷材裁成相应的形状进行满贴，宽度不小于 50 cm，具体如图 3-8、图 3-9 所示。

（2）卷材收头：卷材收头用垫铁压板，射钉固定，如图 3-10 所示，并用聚氨酯建筑密封胶填实封严。

（3）地下室外墙在每层楼板处换撑的防水节点做法：基坑周围地下混凝土连续墙上，在每层楼板标高位置，将基坑连续墙混凝土进行凿毛，用 M10 水泥砂浆找平压光，待找平层干燥之后，在找平层上粘贴卷材防水，支撑结构上、下各为 500 mm；在后期地下室外墙防水卷材施工时，地下室外墙防水卷材与前期预留 500 mm 卷材防水进行搭接收头，做法具体详见图 3-11。

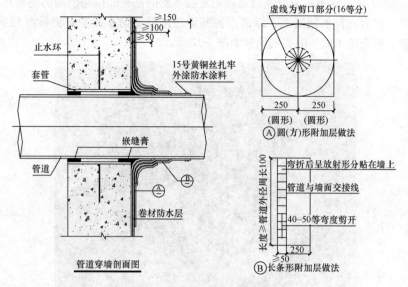

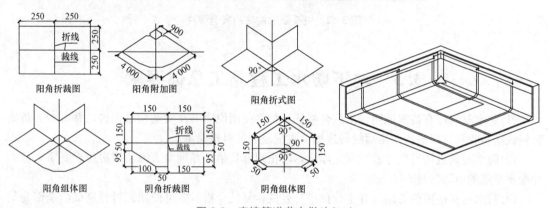

图 3-8　穿墙管道节点做法(一)

图 3-9　穿墙管道节点做法(二)

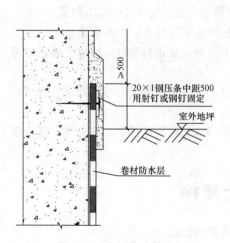

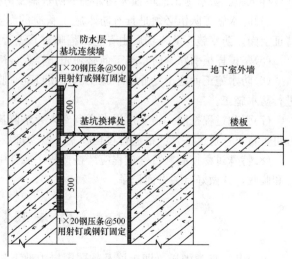

图 3-10　卷材收头做法

图 3-11　地下室外墙在每层
楼板处换撑的防水节点做法

(4)桩头防水做法：在桩筏复合基础或桩箱复合基础的桩头部位是渗漏的薄弱环节。需要对桩头进行破除，之后进行桩顶凿毛，涂刷水泥基渗透结晶型防水涂料，做砂浆保护层等措施，确保防水有效。桩头防水做法的实例照片如图3-12所示。

图 3-12 桩头防水做法的实例照片

3.3 地下防水工程施工总体要求

(1)防水材料应有备案证明、出厂合格证、材料使用说明书及质量检验报告，并有专人负责材料进场验收和材料报验，填写材料进场验收记录和材料报验单。

(2)防水材料进场后应存放在规定库房，防止雨淋日晒，并远离火源。库房应设立防火标志并配备足够的消防器材。

(3)防水材料使用前必须按规定分批进行复试，复试合格后方可使用。材料复试应全部为见证取样试验。防水施工前单独编制详细的防水施工方案，报业主、监理审批。

(4)防水施工队伍必须是具有防水施工资质的专业施工队伍。防水工人必须经过专业培训，持证上岗。防水施工队入场后由专业工程师对其进行施工技术交底、安全文明施工教育。

(5)坚持样板引路。防水施工前必须先作样板，待样板验收通过后方可大面积施工。

(6)防水施工前应由专业防水施工队、项目部、监理单位对基层进行验收，验收合格后方可进行防水施工。

(7)强化过程控制。施工过程中应有专人旁站监督检查，每道工序完成后必须经检查合格后方可进行下一道工序，严格进行过程控制，做到每步必检。

(8)特殊过程控制。特殊过程应严格按程序文件中关于特殊过程质量控制的有关规定进行施工和验收，并做好有关书面记录。

3.4 防水混凝土结构

Ⅰ、Ⅱ、Ⅲ类围岩，即土层及软弱围岩中地下防水的防水混凝土的抗渗等级应符合表3-9的要求。

表 3-9　防水混凝土设计抗渗等级

工程埋置深度 H/m	设计抗渗等级
$H<10$	P6
$10\leqslant H<20$	P8
$20\leqslant H<30$	P10
$H\geqslant30$	P12

防水混凝土的环境温度不得高于 80 ℃；处于侵蚀性介质中防水混凝土的耐侵蚀性要求应根据介质的性质按有关标准执行。

在明挖法地下整体式混凝土主体结构设防中，防水混凝土是一道重要防线，也是做好地下工程的基础。因此，在抗渗等级不小于 P6 的地下混凝土结构中，防水混凝土是应选的防水措施。

在常温下具有较高抗渗性的防水混凝土，其抗渗性随着环境温度的提高而降低。当温度为 100 ℃时，混凝土抗渗性约降低 40％，温度为 200 ℃时，混凝土抗渗性约降低 60％以上；当温度超过 250 ℃时，混凝土几乎失去抗渗能力，而抗拉强度也随之下降为原强度的 66％。为确保防水混凝土的防水能力，防水混凝土的最高使用温度不得超过 80 ℃。

3.4.1　防水混凝土结构施工

1. 施工准备

(1)熟悉施工图纸，进行图纸会审，充分了解和掌握防水设计要求，编制先进、合理的施工方案，落实技术岗位责任制，做好技术交底以及执行"三检"(自检、交接检、专职检)等准备工作。

(2)确立相应资质的专业防水施工队伍，核查主要施工人员的有效执业资格证书。

(3)核查工程所选防水材料的出厂合格证书和性能检测报告，是否符合设计要求及国家规定的相应标准。对进场防水材料应进行抽样复验、提出试验报告，不合格的防水材料严禁用于工程。

(4)合格的进场材料应按品种、规格妥善放置、由专人保管。

(5)工程施工所用工具、机械、设备应配备齐全，并经过检修试验后备用。

(6)做好防水混凝土的配合比试配工作，各项技术参数应符合现行规范要求，并应按设计抗渗等级提高 0.2 MPa 选定施工配合比。

(7)采取措施防止地面水流入基坑。做好基坑的降排水工作，要稳定保持地下水水位在基底最低标高 0.5 m 以下，直至施工完毕。

(8)做好施工现场消防、环保、文明工地等准备工作。

2. 模板

(1)模板应平整，且拼缝严密不漏浆，并应有足够的刚度、强度，吸水性要小。以钢模、木模、木(竹)胶合板模为宜。因此，本工程的地下室模板全部采用 15 mm 厚覆膜木胶合板。

(2)模板构造应牢固、稳定，可承受混凝土拌合物的侧压力和施工荷载，且应装拆方便。

(3)结构内的钢筋或绑扎钢丝不得接触模板。固定模板用的螺栓必须穿过混凝土结构时，采用工具式螺栓、螺栓加堵头、螺栓上加焊方形止水环等做法。止水环尺寸及环数应符合设计规定。如设计无规定时，则止水环应为 5 cm×5 cm 的方形止水环。

采用对拉螺栓固定模板时，使用工具式螺栓做法。用工具式螺栓将防水螺栓固定并拉紧，以压紧固定模板。拆模时，将工具式螺栓取下，再以嵌缝材料及聚合物水泥砂浆将螺栓凹槽封堵严密，如图 3-13 所示。

预埋套管加焊止水环做法，套管采用钢管，其长度等于墙厚(或其长度加上两端垫木的厚度之和等于墙厚)，兼具撑头作用，以保持模板之间的设计尺寸。止水环在套管上满焊严密。支模时在预埋套管中穿入对拉螺栓拉紧固定模板。拆模后将螺栓抽出，套管内以膨胀水泥砂浆封堵密实。套管两端有垫木的，拆模时连同垫木一并拆除，除密实封堵套管外，还应将两端垫木留下的凹坑用同样方法封实。此法可用于抗渗要求一般的结构(图 3-14)。

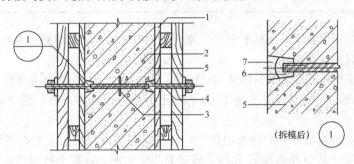

图 3-13 工具式螺栓的防水做法示意图

1—模板；2—结构混凝土；3—止水环；4—工具式螺栓；
5—固定模板用螺栓；6—密封材料；7—聚合物水泥砂浆

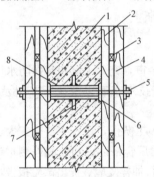

图 3-14 预埋套管支撑示意

1—防水结构；2—模板；3—小龙骨；4—大龙骨；5—螺栓；
6—垫木(与模板一并拆除后，连同套管一起用膨胀水泥砂浆封堵)；7—止水环；8—预埋套管

3. 钢筋

(1)做好钢筋绑扎前的除污、除锈工作。

(2)绑扎钢筋时，应按设计规定留足保护层，且迎水面钢筋保护层厚度不应小于 50 mm。应以相同配合比的细石混凝土或水泥砂浆制成垫块，将钢筋垫起，以保证保护层厚度，严禁以垫铁或钢筋头垫钢筋，或将钢筋用铁钉及钢丝直接固定在模板上。

(3)钢筋应绑扎牢固，避免因碰撞、振动使绑扣松散、钢筋移位，造成露筋。

(4)钢筋及绑扎钢丝均不得接触模板，最好把绑扎丝的多余部分剪掉。采用铁马凳架设钢筋时，在不便取掉铁马凳的情况下，应在铁马凳上加焊止水环。

(5)在钢筋密集的情况下，更应注意绑扎或焊接质量。并用自密实高性能混凝土浇筑。

4. 防水混凝土

(1)原材料要求。

1)水泥品种宜采用普通硅酸盐水泥或硅酸盐水泥，材料进场时应对其品种、强度等级、包

装或散装仓号、出厂日期等进行检查，并应对其强度、安定性、凝结时间、水化热等性能指标及其他必要的性能指标进行复检。

2) 细骨料宜采用中砂，含泥量不应大于 3%，泥块含量不超过 1.0%；不宜采用海砂；粗骨料宜选用的粒径为 5～40 mm，含泥量不应大于 1%，泥块含量不超过 0.5%；应选用非碱活性的粗骨料。

3) 外加剂的品种、掺量应根据混凝土所用胶凝材料经试验确定；对耐久性要求较高或寒冷地区的地下工程，混凝土宜采用引气剂或引气型减水剂。而且混凝土拌合物的含气量宜控制在 3%～5%；应考虑外加剂对硬化混凝土收缩等性能的影响。

(2) 防水混凝土配合比设计。施工试配的防水混凝土，其抗渗等级应比设计要求提高 0.2 MPa；防水混凝土胶凝材料总量不宜小于 320 kg/m³，其中矿物掺合料的总量不宜大于混凝土中胶凝材料总量的 40%；粉煤灰掺量不宜超过胶凝材料总量的 30%，品质应符合现行《用于水泥和混凝土中的粉煤灰》(GB/T 1596—2017) 的规定，级别不应低于二级，烧失量不应大于 5%；矿渣粉的掺量不宜超过胶凝材料总量的 40%；硅粉的掺量宜为胶凝材料总量的 2%～5%；水泥用量不宜低于 260 kg/m³；采用预拌混凝土时，入泵坍落度不宜大于 160 mm；水胶比不宜大于 0.5；当有侵蚀性介质或矿物掺合料掺量较高时不宜大于 0.45；砂率宜为 35%～40%，泵送时可增至 45%。

当进行大体积防水混凝土施工时，混凝土配合比的设计可采用混凝土 60 d 或 90 d 强度作为验收指标的依据；试配后的混凝土拌合物其氯离子含量不应超过胶凝材料总量的 0.1%；防水混凝土各类材料的总碱量 (Na_2O) 当量不得大于 3 kg/m³。

(3) 混凝土拌制和浇筑。

1) 拌制混凝土所用材料的品种、规格和用量，每工作班检查不应少于两次。每盘混凝土各组成材料计量结果的偏差应符合表 3-10 的规定。

表 3-10　防水混凝土配料计量允许偏差

混凝土组成材料	每盘计量	累计计量
水泥、掺合料	±2	±1
粗、细骨料	±3	±2
水、外加剂	±2	±1
注：累计计量仅适用于微机控制计量的搅拌站。		

严格按照经试配选定的施工配合比计算原材料用量。准确称量每种材料用量，按石子→水泥→砂子的顺序投入搅拌机。

防水混凝土必须采用机械搅拌，搅拌时间不应小于 120 s。掺外加剂时，应根据外加剂的技术要求确定搅拌时间。采用集中搅拌或商品混凝土时，也应符合上述规定，确保防水混凝土质量。

2) 混凝土在浇筑地点的坍落度，每工作班至少检查两次。混凝土实测的坍落度与要求坍落度之间的偏差应符合表 3-11 的规定。

表 3-11　混凝土坍落度允许偏差　　　　　　　　　　　　　　mm

规定坍落度	允许偏差
≤40	±10
50～90	±15
≥90	±20

防水混凝土抗渗性能，应采用标准条件下养护混凝土抗渗试件的试验结果评定。试件应在混凝土浇筑地点随机取样后制作，并应符合下列规定：

①连续浇筑混凝土每 500 m³ 应留置一组 6 个抗渗试件，且每项工程不得少于两组。采用预拌混凝土的抗渗试件，留置组数应视结构的规模和要求而定。抗渗性能试验应符合现行国家标准《普通混凝土长期性能和耐久性能试验方法标准》(GB/T 50082—2009)的有关规定。

②大体积防水混凝土的施工应采取材料选择、温度控制、保温保湿等技术措施。

③防水混凝土分项工程检验批的抽样检验数量，应按混凝土外露面积每 100 m² 抽查 1 处，每处 10 m²，且不得少于 3 处。

5. 混凝土运输

(1)运输过程中应采取措施防止混凝土拌合物产生离析，以及坍落度和含气量的损失，同时要防止漏浆。

(2)防水混凝土拌合物在常温下应于半小时以内运至现场；运送距离较远或气温较高时，可掺入缓凝型减水剂，缓凝时间宜为 6～8 h。

(3)防水混凝土拌合物在运输后如出现离析，则必须进行二次搅拌。当坍落度损失后不能满足施工要求时，应加入原水胶比的水泥浆或二次掺加减水剂进行搅拌，严禁直接加水搅拌。

6. 混凝土浇筑

(1)一般要求。浇筑前，应清除模板内的积水、木屑、钢丝、钢钉等杂物，并以水湿润模板。使用钢模应保持其表面清洁、无浮浆。

浇筑混凝土的自落高度不得超过 1.5 m，否则应使用串筒、溜槽或溜管等工具进行浇筑，以防产生石子堆积，影响质量。在结构中若有密集管群，以及预埋件或钢筋稠密之处，不易使混凝土浇捣密实时，应选用免振捣的自密实高性能混凝土进行浇筑。在浇筑大体积结构中，遇有预埋大管径套管或面积较大的金属板时，其下部的倒三角形区域不易浇捣密实而形成空隙，造成漏水，为此，可在管底或金属板上预先留置浇筑振捣孔，以利于浇捣和排气，浇筑后再将孔补焊严密。

混凝土浇筑应分层，每层厚度不宜超过 30～40 cm，相邻两层浇筑时间间隔不应超过 2 h，夏季可适当缩短。

(2)泵送防水混凝土施工要求。

1)配合比除参考普通防水混凝土配合比的技术参数外，还应考虑以下因素：

①确定适宜的砂率。为获得良好的可泵性，要求较大的砂率，但不宜过大，以不超过 45% 为宜，以防混凝土强度和抗渗等级的降低。

②防水混凝土碎石最大粒径与混凝土输送管道内径之比，宜小于或等于 1∶3；卵石则宜小于或等于 1∶2.5，且通过 0.315 mm 筛孔的砂应不少于 15%。这样可以减小摩阻力，延长混凝土输送泵及输送管道的寿命。

③宜掺入适量外加剂及粉细料。掺入减水剂可减小新拌混凝土的泌水率，在不增加拌合用水量的条件下增大混凝土的坍落度，增加流动度，使石子在质量良好的水泥砂浆的包裹中沿输送管道前进，减小了摩阻力，从而获得较好的可泵性。

掺入减水剂和粉细料还可以降低水泥用量。在不影响强度和抗渗性的前提下，降低水泥用量可以减少坍落度损失，有利于泵送施工；而且对泵送大体积混凝土来说，可以降低水泥水化热，减小混凝土内部与外部的温差，减少混凝土裂缝的出现。

2)采取有效措施充分向混凝土泵车供料，保持泵车工作的连续性。泵车受料斗后应有足够场地容纳两台搅拌车，以轮流向泵车供料；搅拌车输送混凝土的能力宜超出泵车排放能力的 20%。

3）水平输送管长度与垂直输送管长度之比不宜大于 1∶3，否则会导致管道的弯曲部分摩擦阻力增大，可泵性降低，形成堵塞。输送管道应接直，转弯宜缓，管道接头应严密，不得漏浆。施工时应防止管内混入空气，形成堵管。

4）输送混凝土之前，应先压水洗管，再压送水泥砂浆，压送第一车混凝土时可增加水泥 100 kg，为顺利泵送创造条件。

5）加强坍落度的控制。入泵坍落度宜控制在 120～160 mm；入泵前坍落度损失值每小时不应大于 20 mm，坍落度总损失值不应大于 40 mm。应在搅拌站及现场设专人管理，测定坍落度，每工作班至少测两次，以解决坍落度过大或过小的问题。

6）夏季高温施工，应注意降低输送管道的温度，可以覆盖湿草袋并及时浇水，或包裹隔热材料，以防坍落度损失过大，影响泵送。

7）加强对泵车及输送管道的巡回检查，发现隐患，及时排除；缩短拆装管道的时间；设置备用泵车。

8）泵送间歇时间可能超过 45 min，或混凝土产生离析时，应立即以压力水或其他方法将管道内残存的混凝土清除干净。

9）应注意泵车、管道等机械设备的清洁、保养、维修和存放，以备方便使用。

7. 混凝土振捣

防水混凝土必须采用高频机械振捣，振捣时间宜为 10～30 s，以混凝土泛浆和不冒气泡为准。要依次振捣密实，应避免漏振、欠振和超振。掺加引气剂或引气型减水剂时，应采用高频插入式振捣器振捣密实。

8. 混凝土养护

防水混凝土的养护对其抗渗性能影响极大，特别是早期湿润养护更为重要，一般在混凝土进入终凝（浇筑后 4～6 h）即应覆盖，浇水湿润养护不少于 14 d。因为在湿润条件下，混凝土内部水分蒸发缓慢，不致形成早期失水，有利于水泥水化，特别是浇筑后的前 14 d，水泥硬化速度快，强度增长几乎可达 28 d 标准强度的 80%，由于水泥充分水化，其生成物将毛细孔堵塞，切断毛细通路，并使水泥石结晶致密，混凝土强度和抗渗性均能很快提高；14 d 以后，水泥水化速度逐渐变慢，强度增长也趋缓慢，虽然继续养护依然有益，但对质量的影响不如早期大，所以应注意前 14 d 的养护。

冬期施工的混凝土入模温度不应低于 5 ℃，混凝土养护采用综合蓄热法、蓄热法、暖棚法、掺化学外加剂等方法，不得采用电热法或蒸汽直接加热法，养护过程采取保温保湿措施。

防水混凝土不得用电热法养护。无论是直接电热法还是间接电热法均属"干热养护"，其目的是在混凝土凝结前，通过直接或间接对混凝土加热，促使水泥水化作用加速，内部游离水很快蒸发，使混凝土硬化。这可使混凝土内形成连通毛细管网路，且因易产生干缩裂缝致使混凝土不能致密而降低抗渗性；又因这种方法不易控制混凝土内部温度均匀，更难控制混凝土内部与外部之间的温差，因此很容易使混凝土产生温差裂缝，降低混凝土质量；直接法插入混凝土的金属电极（常为钢筋）容易因混凝土表面碳化而引起锈蚀，随着碳化的深入而破坏了混凝土与钢筋的黏结，在钢筋周围形成缝隙，造成引水通路，也对混凝土抗渗性不利。

9. 结构的保护

（1）明挖法地下结构、防水层及保护层经检查合格后，应及时回填。回填前应将基坑清理干净，无杂物且无积水。

地下工程周围 800 mm 以内宜用灰土、黏土或粉质黏土回填；回填土中不得含有石块、碎砖、灰渣、有机杂物及冻土。回填施工应均匀对称进行。

回填土应分层夯实。人工夯实每层厚度不大于 250 mm；机械夯实每层厚度不大于 300 mm，并应防止损坏防水层。回填土的含水率及干密度指标应符合设计要求及现行规范规定。

(2)回填后地面建筑周围应做不小于 800 mm 宽的散水，其坡度宜为 5%。以防止地面水侵入地下。

(3)完工后的自防水结构，严禁再在其上打洞。若结构表面有蜂窝麻面，应及时修补；修补时，应先用水冲洗干净，涂刷一道水胶比为 0.4 的水泥浆，再用水胶比为 0.5 的 1：2.5 水泥砂浆填实抹平。

3.4.2　特殊部位的构造做法

1. 穿墙管

(1)给水排水管、电缆管和供暖管道穿过地下室外墙，应做好防水处理。

(2)地下室内墙上或地板上，埋置铁件用来固定、安装设备。因埋入混凝土中，常发生沿埋件渗水现象。

(3)穿墙管埋设方式采用加套管方式(图 3-15)。无论采用何种方式，必须与墙外防水层相结合，严密封堵，不能与外墙防水层分离。为了保证防水施工和管道的安装方便，穿墙管位置应离开内墙角或凸出部位 25 cm。如果几根穿墙管并列，管与管之间间距应大于 30 cm。

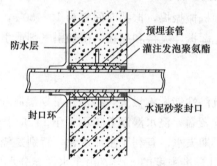

图 3-15　穿墙管加套管的埋设方式

(4)数根穿墙管集中时，应设穿墙盒，其做法如图 3-16 所示。

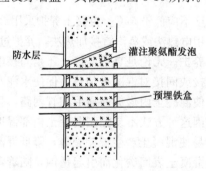

图 3-16　设穿墙盒的埋设方式

(5)穿墙管的墙外部分和墙内部分，容易被触动，防水措施受冲撞导致漏水，所以，墙外回填土时不得冲压或夯撞，应有保护措施，还应考虑建筑下沉时，不要因沉降而使管道受力弯曲。

(6)直埋式穿墙管，施工方便，易做防水，但要考虑墙厚和管径，如果管径小于 5 cm，可以直埋，若大于 5 cm，应做套管。

（7）套管上的止水环或直埋管上的止水环，实际是对管子起固定作用，使之牢固的嵌含在混凝土内，不因外力撞碰穿墙管而扰动。所以，止水环对于止水功能很小，使用环形钢筋或管周边焊接放射胡子筋，其功能与止水环相同。

（8）套管两端的翼环应与套管焊接严密，还需做防腐处理。

（9）使用遇水膨胀橡胶圈，管径宜小于 5 cm，胶圈应用胶粘剂满粘固定在管子上，并涂缓胀剂。

（10）穿管盒的埋设和施工较为复杂，应注意以下几点：

1）预留洞四周边埋角钢框；

2）封口钢板打孔穿管，穿管与封口钢板焊接要严密；

3）封口钢板与边框角钢焊接严密；

4）穿墙盒内填充松散物质，如发泡聚氨酯或沥青玛瑞脂等，也有防水功能。

2. 预埋件

（1）地下室内墙壁或底板上预埋铁件（图 3-17）用吊挂或专用工具固定，预埋件往往与结构钢筋接触，导致水沿铁件渗入室内。为此预留洞、槽均应作防水处理。

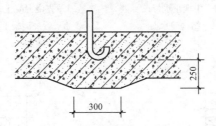

图 3-17　地下室底板上预埋螺栓

（2）预埋件受外力作用较大，为防止扰动周围混凝土，破坏防水层，预埋件端至墙外表面厚度不得小于 25 cm。如达不到 25 cm，应局部加厚。

（3）特殊工程需要做内防水，防水层一定与预埋件紧密结合，封闭严实。

3. 施工缝

大面积浇筑混凝土一次完成有困难，须分两次或三次浇筑完成。两次浇筑相隔几天或数天，前后两次浇筑的混凝土之间形成的缝即为施工缝，此缝完全不是设计所需要的，由于混凝土的收缩，导致产生渗水通道，所以应对施工缝进行防水处理。施工缝是渗水的隐患，应尽量减少。

施工缝可分为水平施工缝和垂直施工缝两种。工程中多用水平施工缝，垂直施工缝尽量利用变形缝。留设施工缝必须征求设计人员的同意，留设在弯矩最小、剪力也最小的位置。

（1）水平施工缝的位置。

1）地下室墙体与底板之间的施工缝，留设在高出底板表面 300 mm 的墙体上。

2）地下室顶板、拱板与墙体的施工缝，留设在拱板、顶板与墙交接处之下 150～300 mm 处，距离孔洞边不小于 300 mm。

（2）水平施工缝的防水构造。

1）施工缝防水构造形式按图 3-18～图 3-21 选用，也可以采用上述做法的组合。

2）水平施工缝浇筑混凝土前，应将其表面浮浆和杂物清除，然后铺设净浆或涂刷混凝土界面处理剂、水泥基渗透结晶型防水涂料等材料，再铺设 30～50 mm 厚的 1∶1 水泥砂浆，并应及时浇筑混凝土。

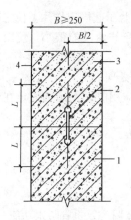

图 3-18　施工缝防水构造(一)

钢板止水带 $L \geqslant 150$；

橡胶止水带 $L \geqslant 200$；

钢边橡胶止水带 $L \geqslant 120$

1—先浇混凝土；2—中埋止水带；

3—后浇混凝土；4—结构迎水面

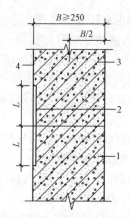

图 3-19　施工缝防水构造(二)

外贴止水带 $L \geqslant 150$；

外涂防水涂料 $L = 200$；

外抹防水砂浆 $L = 200$

1—先浇混凝土；2—外贴止水带；

3—后浇混凝土；4—结构迎水面

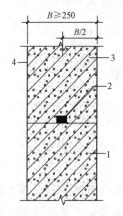

图 3-20　施工缝防水构造(三)

1—先浇混凝土；2—遇水膨胀止水条(胶)；

3—后浇混凝土；4—结构迎水面

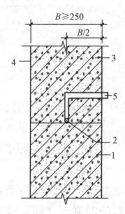

图 3-21　施工缝防水构造(四)

1—先浇混凝土；2—预埋注浆管；3—后浇混凝土；

4—结构迎水面；5—注浆导管

3)垂直施工缝浇筑混凝土前，应将其表面清理干净，再涂刷混凝土界面处理剂或水泥基渗透结晶型防水涂料，并应及时浇筑混凝土。

4)遇水膨胀止水条(胶)应与接缝表面密贴，选用的遇水膨胀止水条(胶)应具有缓膨胀性能，7 d 的净膨胀率不宜大于最终膨胀率的 60%，最终膨胀率宜大于 220%。

5)采用中埋式止水带或预埋式注浆管时，应定位准确、固定牢靠。

4. 变形缝

(1)用于沉降的变形缝最大允许沉降差值不应大于 30 mm，变形缝的宽度宜为 20~30 mm。变形缝的防水措施可以根据工程的开挖方法、防水等级等按表 3-3 及表 3-4 选用。变形缝的复合防水形式如图 3-22~图 3-24 所示。

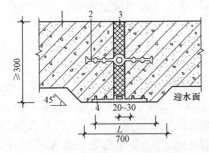

图 3-22　中埋式止水带与外贴防水层复合使用

外贴式止水带 L≥300；外贴防水卷材 L≥400；

外涂防水涂层 L≥400

1—混凝土结构；2—中埋式止水带；

3—填缝材料；4—外贴止水带

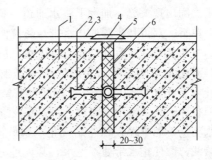

图 3-23　中埋式止水带与嵌缝材料复合使用

1—混凝土结构；2—中埋式止水带；

3—防水层；4—隔离层；

5—密封材料；6—填缝材料

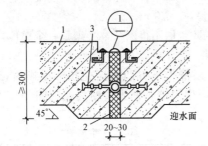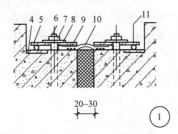

图 3-24　中埋式止水带与可卸式止水带复合使用

1—混凝土结构；2—填缝材料；3—中埋式止水带；4—预埋钢板；

5—紧固件压板；6—预埋螺栓；7—螺母；8—垫圈；

9—紧固件压块；10—Ω 型止水带；11—紧固件圆钢

(2)环境温度高于 50 ℃处的变形缝，中埋式止水带宜用金属制作，如图 3-25 所示。

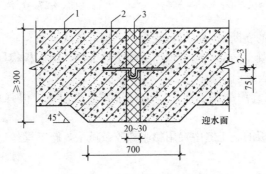

图 3-25　中埋式金属止水带

1—混凝土结构；2—金属止水带；3—填缝材料

(3)变形缝中使用止水带止水，但经常发生的渗漏仍然在变形缝处，这说明止水带防水并不十分可靠，还存在一些问题：

1)混凝土和止水带不能紧密黏结，水可以缓慢地沿结合缝处渗入。

2)变形缝两侧建筑发生沉降，沉降差使止水带受拉，埋入混凝土中的止水带受拉变薄，与混凝土之间出现大缝，加大了渗水通道。特别是一字形止水带和圆形止水带，更易出现上述现象，而单折、双折和半圆的止水带，防拉伸作用较好。

3）一条变形缝常有几处止水带搭接，搭接方式基本是叠搭，不能封闭，即成为渗水隐患。

4）对止水带施工时，变形缝一边先施工，止水带埋入状态较好，再施工另一面混凝土时，止水带下方混凝土不密实，甚至有空隙，止水带没有被紧密地嵌固，使止水作用大减。

5）装卸式止水带用于室内，覆盖在变形缝上，使用螺栓固定。其优点是易安装，拆卸方便。但止水功能不如中埋式和外贴式止水带好。室内止水犹如室内防水，地下水已渗入变形缝中，再行堵截，即使止水带处不见水，其他地方也会出现渗水。因此，装卸式止水带不能替代中埋式和外贴式止水带。

6）使用中埋式止水带，尽量靠近外防水层。外贴式止水带对于变形缝的防水比中埋式止水带好，止水于缝外，可以与外防水层结合共同发挥防水作用。

5. 后浇带

工程地下结构设有多条后浇带。混凝土浇筑 60 d 左右后浇带两侧的混凝土达到了龄期，停止收缩后，再作后浇带。两条后浇带相距一般为 30～60 m。

(1)后浇带处底板钢筋不断开。后浇带处的防水层不得断开，必须是一个整体，并采取设附加层和外贴止水带措施，如图3-26所示。

(2)后浇带两侧底板(建筑)产生沉降差，后浇带下方防水层受拉伸或撕裂，为此，局部加厚垫层，并附加钢筋，沉降差可以使垫层产生斜坡，而不会断裂，如图3-27所示。

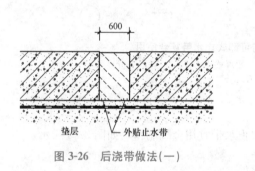

图3-26　后浇带做法(一)　　　　　图3-27　后浇带做法(二)

(3)后浇带两侧底板的立断面，可以做成企口，也可做成平面。

(4)浇捣后浇带的混凝土之前，应清理掉落缝中的杂物，因底板很厚，钢筋又密，清理杂物较困难。应认真做好清理工作。

(5)后浇带的混凝土宜用膨胀混凝土，也可用普通混凝土，但强度等级不能低于两侧混凝土。

(6)后浇带与两侧底板的施工缝中夹用膨胀橡胶条做法，施工操作比较困难，也有采用此种做法的。

3.4.3　防水混凝土结构的质量验收

1. 主控项目

(1)防水混凝土的原材料、配合比及坍落度必须符合设计要求。

检验方法：检查产品合格证、产品性能检测报告、计量措施和材料进场检验报告。

(2)防水混凝土的抗压强度和抗渗压力必须符合设计要求。

检验方法：检查混凝土抗压强度、抗渗性能检验报告。

(3)防水混凝土结构的变形缝、施工缝、后浇带、穿墙管、埋设件等设置和构造必须符合设计要求。

检验方法：观察检查和检查隐蔽工程验收记录。

2. 一般项目

(1)防水混凝土结构表面应坚实、平整，不得有露筋、蜂窝等缺陷；埋设件位置应正确。

检验方法：观察检查。

(2)防水混凝土结构表面的裂缝宽度不应大于 0.2 mm，且不得贯通。

检验方法：用刻度放大镜检查。

(3)防水混凝土结构厚度不应小于 250 mm，其允许偏差应为＋8 mm、－5 mm；主体结构迎水面钢筋保护层厚度不应小于 50 mm，其允许偏差应为±5 mm。

检验方法：尺量检查和检查隐蔽工程验收记录。

3.5 地下防水工程找平层施工

地下防水的找平层一般用于卷材防水的下部。

3.5.1 施工准备

(1)水泥：不低于 42.5 级普通硅酸盐水泥。

(2)砂：宜用中砂，含泥量不得超过 3%，有机杂质含量不大于 0.5%，级配要良好，空隙率要小。

(3)找平层施工前，基层应进行隐蔽工程检查验收，并办理检查手续。

(4)各种穿过找平层的预埋管件根部及伸缩缝等根部应按图纸要求做好处理。

(5)根据设计要求坡度，弹线、找好规矩，并进行彻底清扫。

3.5.2 操作工艺

(1)基层清理：将基层上面的松散杂物清扫干净，凸出基层的硬块要剔平扫净。

(2)如采用预制保温层时，应先将板底垫紧找平，不易填塞的立缝、边角破损处，宜用同类保温板块的碎末填实填平。

(3)洒水湿润：在抹找平层以前，应对基层洒水湿润，但不能将水浇透，宜适当掌握，以达到基层能牢固结合为度。

(4)无保温层的结构面应在混凝土构件表面上均匀撒上水泥，然后浇水，用扫帚把水泥浆素浆涂刷均匀，随刷随做水泥砂浆找平层。

(5)冲筋或贴灰饼：根据坡度要求拉线找坡贴灰饼，顺排水方向冲筋，冲筋的间距为 1.5 m；冲筋后抹找平层。

(6)找平层宜留置分格缝，分格缝的宽度应为 20 mm；分格缝留的位置应在预制结构的拼缝处，其纵缝的最大间距，水泥砂浆找平层不宜大于 6 m；沥青砂浆找平层不宜大于 4 m。

(7)铺灰压头遍：沟边、拐角、根部等处在大面积抹灰前先做有坡度要求的部位，必须满足排水要求。

(8)大面积抹灰在两筋中间铺砂浆(配合比应按设计要求)，用抹子抹平，然后用短木杠根据两边冲筋标高刮平，再用木抹子找平后用木杆检查平整度。

(9)铁抹子压第二遍、第三遍：当水泥砂浆开始凝结，人踩上去有脚印但不下陷时，用铁抹子压第二遍，注意不得漏压，并把死坑、死角、砂眼抹平；当抹子压不出抹纹时，即可找平、压实，宜在砂浆初凝前抹平、压实。砂浆的稠度应控制在 7 cm 左右。

（10）养护：找平层抹平压实后，常温时在 24 h 后浇水养护，养护时间一般不小于 7 d，干燥后即可进行防水层施工。

3.6　高聚物改性沥青防水卷材施工

本工程地下室底板、侧墙和顶板设计有 4 mm 厚 SBS 防水卷材，外侧为 50 mm 厚挤塑聚苯板保护层。

卷材与基层的粘结方法可分为满粘法、条粘法、点粘法和空铺法等形式。通常都采用满粘法，而条粘法、点粘法和空铺法更适合于防水层上有重物覆盖或基层变形较大的场合，是一种克服基层变形拉裂卷材防水层的有效措施，设计中应明确规定，选择适用的工艺方法。

无论采用空铺法、条粘法还是点粘法，施工时都必须注意：距离周边 800 mm 内的防水层应满粘，保证防水层四周与基层粘结牢固；卷材与卷材之间应满粘，保证搭接严密。

卷材与基层的粘贴方法见表 3-12。

表 3-12　卷材与基层的粘贴方法

粘贴方法	定义	技术要求	图示
满粘法	是卷材与基层采用全部粘贴的施工方法	胶粘剂涂刷应均匀，不露底，不堆积；铺贴的卷材下面的空气应排尽，并辊压粘贴牢固	首层卷材 胶结材料
空铺法	是卷材与基层在周边一定宽度内粘贴，其余部分不粘贴的施工方法	铺贴时，应在转角处及凸出的连接处，卷材与基层应满涂胶结材料，其粘贴宽度不得小于 800 mm，卷材与卷材的搭接缝也应满贴	首层卷材 胶结材料
条粘法	是卷材与基层采用条状粘贴的施工方法	每幅卷材与基层的粘贴面积不少于两条，每条宽度不小于 150 mm，卷材与卷材的搭接缝应满粘，而防水层周边一定范围内(不得小于 800 mm)，也应与基层满粘牢固	首层卷材 胶结材料
点粘法	是卷材或打孔卷材与基层采用点状粘贴的施工方法	每 1 m² 粘贴不少于 5 个点，每点面积为 100 mm×100 mm；此时卷材与卷材的搭接缝应满粘，而防水层周边一定范围内(不得小于 800 mm)，也应与基层满粘牢固	首层卷材 胶结材料

3.6.1　施工条件

（1）卷材防水层应铺设在混凝土结构主体的迎水面上。

（2）卷材防水层用于建筑物地下室时，应注意下列要求：

1）施工期间必须采取有效措施，使基坑内地下水水位稳定降低在底板垫层以下不少于

500 mm 处，直至施工完毕。

2）卷材防水层应铺在底板垫层上表面，以便形成结构底板、侧墙以至墙体顶端以上外围的外包封闭防水层。

（3）铺贴卷材的基层应洁净、平整、坚实、牢固，阴阳角呈圆弧形。

（4）卷材防水层严禁在雨天、雪天，以及五级风以上的条件下施工。

（5）卷材防水层正常施工温度范围为 5～35 ℃；冷粘法施工温度不宜低于 5 ℃；热熔法施工温度不宜低于－10 ℃。

（6）卷材防水层所用基层处理剂、胶粘剂、密封材料等配套材料，均应与铺贴的卷材材性相容。

（7）卷材防水层所用原材料必须有出厂合格证，复验其主要物理性能必须符合规范规定。

（8）施工人员必须持有防水专业上岗证书。

3.6.2 设置做法

地下防水工程一般将卷材防水层设置在建筑结构的外侧，称为外防水。它与卷材防水层设在结构内侧的内防水相比较，具有以下优点：外防水的防水层在迎水面，受压力水的作用紧压在结构上，防水效果良好，而内防水的卷材防水层在背水面，受压力水的作用容易局部脱开；外防水造成渗漏机会比内防水少。因此，一般多采用外防水。

外防水有两种设置方法，即"外防外贴法"和"外防内贴法"。由于外防外贴法的防水效果优于外防内贴法，所以在施工场地和条件不受限制时一般均采用外防外贴法。两种设置方法的优点、缺点比较，见表 3-13。

表 3-13　两种设置方法的优点、缺点比较

名称	优点	缺点
外防外贴法	（1）由于绝大部分卷材防水层直接贴在结构外表面，所以防水层较少受结构沉降变形影响。 （2）由于是后贴立面防水层，所以浇捣结构混凝土时不会损坏防水层，只需注意保护底板与留槎部位的防水层即可。 （3）便于检查混凝土结构及卷材防水层的质量，且容易修补	（1）工序多、工期长，需要一定工作面。 （2）土方量大，模板需用量大。 （3）卷材接头不易保护好，施工烦琐，影响防水层质量
外防内贴法	（1）工序简便，工期短。 （2）节省施工占地，土方量较小。 （3）节约外墙外侧模板。 （4）卷材防水层无须临时固定留槎，可连续铺贴，质量容易保证	（1）受结构沉降变形影响，容易断裂、产生漏水。 （2）卷材防水层及混凝土结构的抗渗质量不易检验；如产生渗漏，修补卷材防水层困难

外防外贴法是将立面卷材防水层直接铺设在需防水结构的外墙外表面，施工程序如下。

（1）先浇筑需防水结构的底面混凝土垫层。

（2）在垫层上砌筑永久性保护墙，墙下铺一层干油毡。墙的高度不小于需防水结构底板厚度再加 100 mm。

（3）在永久性保护墙上用石灰砂浆接砌临时保护墙，墙高为 300 mm。

（4）在永久性保护墙上抹 1：3 水泥砂浆找平层，在临时保护墙上抹石灰砂浆找平层，并刷

石灰浆。如用模板代替临时性保护墙，应在其上涂刷隔离剂。

(5)待找平层基本干燥后，即可根据所选卷材的施工要求进行铺贴。

(6)在大面积铺贴卷材之前，应先在转角处粘贴一层卷材附加层，然后进行大面积铺贴，先铺平面、后铺立面。在垫层和永久性保护墙上应将卷材防水层空铺，而在临时保护墙（或模板）上应将卷材防水层临时贴附，并分层临时固定在其顶端。

(7)当不设保护墙时，从底面折向立面的卷材的接槎部位应采取可靠的保护措施。

(8)浇筑需防水结构的混凝土底板和墙体。

(9)在需防水结构外墙外表面抹找平层。

(10)主体结构完成后，铺贴立面卷材时，应先将接槎部位的各层卷材揭开，并将其表面清理干净，如卷材有局部损伤，应及时进行修补。卷材接槎的搭接长度，高聚物改性沥青卷材为150 mm，合成高分子卷材为100 mm。当使用两层卷材时，卷材应错槎接缝，上层卷材应盖过下层卷材。

卷材防水层的甩槎、接槎构造如图 3-28 所示。

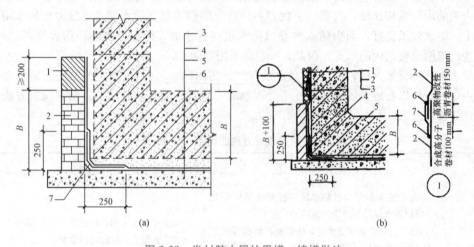

图 3-28　卷材防水层的甩槎、接槎做法

(a)甩槎

1—临时保护墙；2—永久保护墙；3—细石混凝土保护层；

4—卷材防水层；5—水泥砂浆找平层；6—混凝土垫层；7—卷材加强层

(b)接槎

1—结构墙体；2—卷材防水层；3—卷材保护层；

4—卷材加强层；5—结构底板；6—密封材料；7—盖缝条

(11)待卷材防水层施工完毕，并经过检查验收合格后，即应及时做好卷材防水层的保护结构。保护结构的几种做法如下：

1)砌筑永久保护墙，并每隔5～6 m 及在转角处断开，断开的缝中填以卷材条或沥青麻丝；保护墙与卷材防水层之间的空隙应随砌随以砌筑砂浆填实，保护墙完工后方可回填土。注意在砌保护墙的过程中切勿损坏防水层。

2)抹水泥砂浆。在涂抹卷材防水层最后一道沥青胶结材料时，趁热撒上干净的热砂或散麻丝，冷却后随即抹一层 10～20 mm 的 1:3 水泥砂浆，水泥砂浆经养护达到强度后，即可回填土。

3)贴塑料板。在卷材防水层外侧直接用氯丁系胶粘剂花粘固定 50～60 mm 厚的聚乙烯泡沫塑料板，完工后即可回填土。

上述做法也可用聚醋酸乙烯乳液粘贴 50 mm 厚的聚苯泡沫塑料板代替。

外防内贴法是施工完成混凝土垫层后，将防水层外侧的永久保护墙全部砌好并抹好找平层 20 mm 厚 1：3 水泥砂浆，然后将卷材防水层铺贴在混凝土垫层和永久保护墙上，施工工艺如下：

（1）按设计要求施工垫层混凝土，垫层混凝土强度达到 1.5 MPa 以后，在混凝土垫层周边砌筑永久保护墙，保护墙与垫层之间宜设置一层干铺油毡滑动层；在垫层和永久保护墙上用 1：3 水泥砂浆抹找平层。

（2）找平层干燥后，涂刷基层处理剂，基层处理剂干燥后方可铺贴卷材防水层。铺贴时应先铺立面、后铺平面，先铺转角、后铺大面。在全部转角处应铺贴卷材附加层，附加层可为两层与防水层材料一致的防水卷材，并应仔细粘贴紧密。

（3）卷材防水层铺设完成经验收合格后，应尽快施工保护层。立面保护层可抹水泥砂浆、贴塑料板，或用氯丁系胶粘剂粘铺石油沥青纸胎油毡；平面可抹水泥砂浆，或浇筑不小于 50 mm 厚的细石混凝土。

（4）施工防水混凝土结构，将防水层压紧。永久保护墙可当一侧模板，另一侧采用单侧支模。

（5）地下室结构工程完工，验收合格后，进行回填土施工。

3.6.3 提高卷材防水层质量的技术措施

1. 卷材的点粘、条粘及空铺

卷材防水层是粘附在具有足够刚度的结构层或结构层上的找平层上面，当结构层因种种原因产生变形裂缝时，要求卷材有一定的延伸率来适应这种变形，采用点粘、条粘、空铺的措施可以充分发挥卷材的延伸性能，有效地减少卷材被拉裂的可能性。具体做法如下：

（1）点粘法：每平方米卷材下粘五点（100 mm×100 mm），粘贴面积不大于总面积的 6%；

（2）条粘法：每幅卷材两边各与基层粘贴 150 mm 宽；

（3）空铺法：卷材防水层周边与基层粘贴 800 mm 宽。

2. 增铺卷材附加层

对变形较大、易遭破坏或易老化部位，如变形缝、转角、三面角，以及穿墙管道周围、地下出入口通道等处，均应铺设卷材附加层。

附加层可采用同种卷材加铺 1~2 层，也可用其他材料作增强处理。

3. 做密封处理

为使卷材防水层增强适应变形的能力，提高防水层整体质量，在分格缝、穿墙管道周围、卷材搭接缝，以及收头部位应做密封处理。

施工中，要重视对卷材防水层的保护。

3.6.4 热熔法施工 SBS 防水卷材

采用热熔法施工，防水卷材与基体的黏结存在表面隔离材料燃烧、熔化和裂解后的残渣与基层的界面，改性沥青与冷底子油热熔、燃烧和裂解后的残渣的界面等多种不同材料的界面，界面成分十分复杂，施工的可靠性也不宜保证。2021 年 12 月，住房和城乡建设部关于发布《房屋建筑和市政基础设施工程危及生产安全施工工艺、设备和材料淘汰目录（第一批）》的公告中将沥青类防水卷材热熔工艺（明火施工）列为限制类，工艺不得用于地下密闭空间、通风不畅空间、易燃材料附近的防水工程。

热熔法是以专用的加热机具将热熔型卷材底面的热熔胶加热熔化而使卷材与基层或卷材与卷材之间进行粘结的施工方法。

热熔型卷材在工厂生产过程中就在其底面涂有一层软化点较高的改性沥青热熔胶，只需将它熔化即可进行粘铺，无须涂刷胶粘剂和掀剥隔离纸，因此施工也较简便，一般不受温度和湿度的影响，可在较低气温下，以及雾、露、霜天气施工，由于热熔胶是在熔融状态下粘结，所以卷材粘贴也较牢固。

热熔法施工的关键技术是烘烤热熔胶，要把握烘烤温度和烘烤时间，温度不够、时间短，热熔胶不得熔融；温度太高、时间过长，易将卷材烤坏，均会影响卷材防水层的质量，因此熟练掌握烘烤技术，使烘烤恰到好处是十分重要的。

热熔法施工可以满粘、条粘。现以 SBS 改性沥青防水卷材为例，将热熔法施工要点介绍如下。

1. 选用材料

(1)主体材料为热熔型 SBS 改性沥青防水卷材。用于地下工程应选择聚酯胎或玻纤胎的卷材，卷材厚度不小于 4 mm，胎基位于卷材上部的 1/3 处。严禁选用厚度小于 3 mm 的卷材。

(2)卷材附加增强层可选用聚酯胎或麻布胎 SBS 改性沥青防水卷材。

(3)配套材料为氯丁橡胶改性沥青胶粘剂，为黑色液态，用于卷材与基层及卷材与卷材接缝的冷胶粘剂，在热熔法施工工艺中主要用于粘贴由底面折向立面的热熔型卷材无热熔胶的一面。

(4)基层处理剂：将氯丁橡胶改性沥青胶粘剂和工业汽油以 1∶0.5 的质量比混合稀释并搅拌均匀即可。主要是涂刷基层起冷底子油作用。

(5)辅助材料是工业汽油等，主要用于清洗机具，以及汽油喷灯的燃料。

2. 涂刷基层处理剂

在已经处理好的基层上涂刷基层处理剂，用长柄滚刷将基层处理剂涂刷在基层表面，要涂刷均匀，不得漏刷或露底。基层处理剂涂刷完毕，必须经过 8 h 以上达到干燥程度方可施行热熔法施工，以避免失火。

3. 细部附加增强处理

对于阴阳角、管道根部以及变形缝等部位应做增强处理。其方法是先按细部形状将卷材剪好，不要加热，在细部贴一下，视尺寸、形状合适后，再将卷材的底面(有热熔胶的一面)用手持汽油喷灯烘烤，待其底面呈熔融状态，即可立即粘贴在已涂刷一道密封材料的基层上，并压实铺牢。

4. 弹粉线

在已处理好并干燥的基层表面，按照所选卷材的宽度留出搭接缝尺寸，将铺贴卷材的基准线弹好，以便按此基准线进行卷材铺贴施工。

5. 热熔铺贴卷材

大面积满粘以"滚铺法"为佳，先铺粘大面、后粘结搭接缝，这种方法可以保证卷材铺贴质量，用于卷材与基层及卷材搭接缝一次熔铺。

条粘则可采用"展铺法"，即将热熔型卷材展开平铺在基层上，然后沿卷材周边掀起加热熔融进行粘铺。

(1)熔粘端部卷材将整卷卷材(勿打开)置于铺贴起始端，对准基层上已弹好的粉线，滚展卷材约 1 m，由一人站在卷材正面将这 1 m 卷材拉起，另一人站在卷材底面(有热熔胶)手持液化气火焰喷枪，慢旋开关、点燃火焰，调成蓝色，使火焰对准卷材与基面交接处同时加热卷材底面与基层面[图 3-29(a)]，待卷材底面胶呈熔融状即进行粘铺，再由一人以手持压辊对铺贴的卷材进行排气压实，这样铺到卷材端头剩下约 30 cm 时，将卷材端头翻放在隔热板上[图 3-29(b)]，再行熔烤，最后将端部卷材压实铺牢。

(2)滚粘大面卷材起始端卷材粘牢后，持火焰喷枪的人应站在滚铺前方，对着待铺的整卷卷材，点燃喷枪使火焰对准卷材与基层面的夹角(图 3-30)，喷枪距卷材及基层加热处 0.3～0.5 m，施行往复移动烘烤(不得将火焰停留在一处直火烧烤时间过长，否则易产生胎基外露或胎体与改性沥青基料瞬间分离)，至卷材底面胶层呈黑色光泽并伴有微泡(不得出现大量大泡)，即及时推滚卷材进行粘铺，后随一人施行排气压实工序。

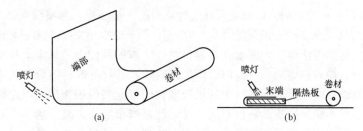

图 3-29　热熔卷材端部铺贴示意图
(a)卷材端部加热；(b)卷材末端加热

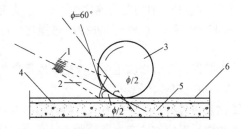

图 3-30　熔焊火焰与卷材和基层表面的相对位置
1—喷嘴；2—火焰；3—改性沥青卷材；4—水泥砂浆找平层；5—混凝土层；6—卷材防水层

(3)粘贴立面卷材采用外防外贴法从底面转到立面铺贴的卷材，恰为有热熔胶的底面背对立墙基面，因此这部分卷材应使用氯丁橡胶改性沥青胶粘剂(SBS 改性沥青卷材配套材料)以冷粘法粘铺在立墙上，与这部分卷材衔接继续向上铺贴的热熔卷材仍用热熔法铺贴，且上层卷材盖过下层卷材应不小于 150 mm。铺贴仍如前述冷粘法、自粘法一样借助梯子或架子进行，操作应精心仔细将卷材粘贴牢固，否则立面卷材(特别是低温情况下)易产生滑坠。

在立面与平面的转角处，卷材的搭接宜留在平面上，且距离立面不应小于 600 mm。

(4)卷材搭接缝施工。卷材搭接缝以及卷材收头的铺粘是影响铺贴质量的关键之一，不随大面一次粘铺，而做专门处理是为保证地下工程热熔型卷材防水层的铺贴质量。

搭接缝及收头的卷材必须 100%烘烤，粘铺时必须有熔融沥青从边端挤出，用刮刀将挤出的热熔胶刮平，沿边端封严。操作方法如下：

1)为搭接缝粘结牢固，先将下层卷材(已铺好)表面的防粘隔离层熔掉，为防止烘烤到搭接缝以外的卷材，应使用烫板沿搭接粉线移动，火焰喷枪随烫板移动，由于烫板的挡火作用，则火焰喷枪只将搭接卷材的隔离层熔掉而不影响其他卷材。

2)粘贴搭接缝：一手用抹子或刮刀将搭接缝卷材掀起，另一手持火焰喷枪(或汽油喷灯)从搭接缝外斜向里喷火烘烤卷材面，随烘烤熔融随粘贴，并须将熔融的沥青挤出，以抹子(或刮刀)刮平。搭接缝或收头粘贴后，可用火焰及抹子沿搭接缝边缘再行均匀加热抹压封严，或以密封材料沿缝封严，宽度不小于 10 mm。

(5)做保护层接缝收头处理后，检查防水层铺设是否合格，应做保护层保护已铺好的卷材防水层。

6. 热熔法施工注意事项

(1)热熔法同材性的关系。高聚物改性沥青防水卷材各品种的改性基料成分有所不同，因之软化点、熔融度及熔化速度也不同。施工人员对所选卷材应进行探索试验，调节火焰距离以及烘烤时间，观察卷材底面热熔胶的熔融状态以及铺贴后卷材的粘贴强度，积累经验后用于大面积施铺。

(2)烘烤温度对卷材的影响。以液化石油气为热源的火焰喷枪，当喷嘴全部开放时，火焰的端部温度约为 1 300 ℃，火焰中心的温度约为 1 100 ℃，调节喷枪开关可将温度降至 800～1 000 ℃。在这样的高温下实施热熔法施工，要求在对卷材材性了解的基础上熟练掌握持枪烘烤技术。这里应特别强调一点，即对热熔型卷材高温烘烤的瞬时性，卷材的改性混合基料中的石油沥青已经过高温处理，其沥青胶质对混合基料中的橡胶或树脂可起到保护作用，因此瞬时高温不会影响卷材性能；高温对不同的胎基影响也不同，对无纺聚酯布胎基，温度达 130 ℃时其伸长变形即可超限而失去增强作用，玻纤胎却不受此限，而对 SBS、APP 改性基料瞬间接触 260 ℃高温也不致破坏材性。因此，可以说在一定条件下，高温不致影响卷材的材性。

(3)常温下，正确施工的热熔型卷材防水层，其粘结强度可大于 0.5 MPa，可满足质量要求。但在低温下施工，热熔胶冷却也快，往往影响粘铺质量，这就需要丰富的经验和熟练的操作技术，必要时可同时使用两把火焰喷枪(或喷灯)进行加热操作，以使热熔胶熔融均匀，保证粘铺质量。

(4)采用热熔施工，在点火时以及在烘烤施工中，火焰喷嘴严禁对着人。特别是立墙卷材热熔施工时，更应注意施工安全，也应佩戴防护用品。

(5)施工现场应清除易燃物及易燃材料，并备有灭火器等消防器材。消防道路要畅通。

(6)施工使用的易燃物及易燃材料应贮放在指定处所，并有防护措施及专人看管。

(7)六级以上大风，停止热熔施工。

(8)汽油喷灯、火焰喷枪及易燃品等，下班后必须放入有人管理的指定仓库。

3.6.5 特殊部位的防水处理

1. 管道埋设件处防水处理

管道埋设件与卷材防水层连接处做法如图 3-31 所示。

为了避免因结构沉降造成管道变形破坏，应在管道穿过结构处埋设套管，套管上附有法兰盘，套管应于浇筑结构时按设计位置预埋准确。卷材防水层应粘贴在套管的法兰盘上，粘贴宽度至少为 100 mm，并用夹板将卷材压紧。粘贴前应将法兰盘及夹板上的尘垢和铁锈清除干净，刷上沥青。夹紧卷材的夹板下面，应用软金属片、石棉纸板、防水卷材等。

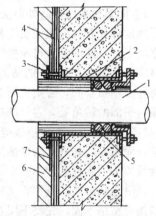

图 3-31 卷材防水层与管道埋设件连接处做法
1—管道；2—套管；3—夹板；4—卷材防水层；
5—填缝材料；6—保护墙；7—附加卷材层衬垫

2. 变形缝防水处理

在变形缝处应增加卷材附加层，附加层可视实际情况采用合成高分子防水卷材、高聚物改性沥青防水卷材等。

在结构厚度的中央埋设止水带，止水带的中心圆环应正对变形缝正中。变形缝内可用浸过沥青的木丝板填塞，缝口用优质密封膏嵌封，如图 3-32 所示。

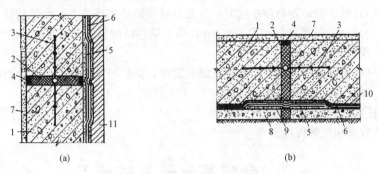

(a)　　　　　　　　　　　　　　(b)

图 3-32　变形缝处防水做法

(a)墙体变形缝；(b)底板变形缝

1—需防水结构；2—浸过沥青的木丝板；3—止水带；4—填缝油膏；5—卷材附加层；6—卷材防水层；
7—水泥砂浆面层；8—混凝土垫层；9—水泥砂浆找平层；10—水泥砂浆保护层；11—保护墙

3. 阴阳角附加层做法

阴阳角附加层做法如图 3-33 所示。

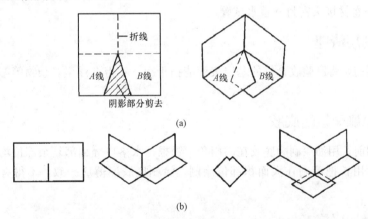

图 3-33　阴阳角附加层做法

(a)阴角附加层；(b)阳角附加层

3.6.6　卷材防水层的质量验收

卷材防水层的施工质量检验数量，应按铺贴面积每 100 m² 抽查 1 处，每处 10 m²，且不得少于 3 处。

1. 主控项目

(1)卷材防水层所用卷材及其配套材料必须符合设计要求。

检验方法：检查产品合格证、产品性能检测报告和材料进场检验报告。

(2)卷材防水层在转角处、变形缝、施工缝穿墙管等部位做法必须符合设计要求。

检验方法：观察检查和检查隐蔽工程验收记录。

2. 一般项目

(1)卷材防水层的搭接缝应粘贴或焊接牢固，密封严密，不得有扭曲、折皱、翘边和起泡等缺陷。

检验方法：观察检查。

(2)采用外防外贴法铺贴卷材防水层时，立面卷材接槎的搭接宽度：高聚物改性沥青类卷材应为150 mm，合成高分子类卷材应为100 mm，且上层卷材应盖过下层卷材。

检验方法：观察和尺量检查。

(3)侧墙卷材防水层的保护层与防水层应结合紧密，保护层厚度应符合设计要求。

检验方法：观察和尺量检查。

(4)卷材搭接宽度的允许偏差为−10 mm。

检验方法：观察和尺量检查。

3.7 合成高分子卷材施工

本节以三元乙丙橡胶防水卷材为例，介绍使用与其配套的专用冷胶粘剂进行冷粘法施工的操作要点。采用其他品种卷材使用与其配套冷胶粘剂进行冷粘法施工，可参照本节做法。

冷粘法施工可以满粘、条粘、点粘、空铺，通常底板垫层、混凝土平面部位的卷材宜采用点粘或空铺，其他部位应采用满粘法。

工艺流程：基层清理→涂刷聚氨酯底胶→附加层施工→卷材与基层表面涂胶卷材铺贴→卷材收头粘结→卷材接头密封→蓄水试验。

3.7.1 基层清理

施工防水层前，将已验收合格的基层表面清扫干净，不得有浮尘、杂物等影响防水层质量的缺陷。

3.7.2 涂刷聚氨酯底胶

大面积涂刷前，用油漆刷蘸底胶在阴阳角、管根、水落口等细部复杂部位均匀涂刷一遍聚氨酯底胶。然后用长把滚刷在大面积部位涂刷。涂刷底胶厚薄应一致，不得有漏刷、花白等现象。

3.7.3 附加层施工

阴阳角、管根、水落口等部位必须先做附加层，可采用自粘性密封胶或聚氨酯涂膜，也可铺贴一层合成高分子防水卷材处理，应根据设计要求确定。

3.7.4 卷材与基层表面涂胶

(1)卷材表面涂胶：将卷材铺展在干净的基层上，用长把滚刷蘸CX—404胶滚涂均匀。应留出搭接部位不涂胶，边头部位空出100 mm。

涂刷胶粘剂厚度要均匀，不得有漏底或凝聚块类物质存在；卷材涂胶后10～20 min静置干燥，当手触不粘手时，用原卷材筒将刷胶面向外卷起来，卷时要端头平整，卷劲一致，直径不得一头大，一头小，并要防止卷入砂粒和杂物，保持洁净。

(2)基层表面涂胶：已涂底胶干燥后，在其表面涂刷 CX-404 胶，用长把滚刷蘸 CX-404 胶，不得在一处反复涂刷，防止粘起底胶或形成凝聚块，细部位置可用毛刷均匀涂刷，静置晾干即可铺贴卷材。

3.7.5 卷材铺贴

卷材铺贴示意图如图 3-34 所示。

图 3-34 卷材铺贴示意图

卷材及基层已涂的胶基本干燥后（手触不粘，一般为 20 min 左右），即可进行铺贴卷材施工。卷材的层数、厚度应符合设计要求。

(1)卷材应平行屋脊从檐口处往上铺贴，双向流水坡度卷材搭接应顺流水方向，长边及端头的搭接宽度，如空铺、点粘、条粘时，均为 100 mm；满粘法均为 80 mm，且端头接槎要错开 250 mm。

(2)卷材应从流水坡度的下坡开始，按卷材规格弹出基准线铺贴，并使卷材的长向与流水坡向垂直。注意卷材配制应减少阴阳角处的接头。

(3)铺贴平面与立面相连接的卷材，应由下向上进行，使卷材紧贴阴阳角，铺展时对卷材不可拉得过紧，且不得有皱褶、空鼓等现象。

(4)排气、压实。

1)排气：每当铺完一卷卷材后，应立即用干净、松软的长把滚刷从卷材的一端开始，朝卷材的横向顺序用力滚压一遍，以排除卷材粘结层间的空气。

2)压实：排除空气后，平面部位可用外包橡胶的长 300 mm、重 30 kg 的铁辊滚压，使卷材与基层粘结牢固，垂直部位用手持压辊滚压。

卷材末端收头及封边嵌固：为了防止卷材末端剥落，造成渗水，卷材末端收头必须用聚氨酯建筑嵌缝胶或其他密封材料封闭。当密封材料固化后，表面再涂刷一层聚氨酯防水涂料，然后压抹 108 胶水泥砂浆压缝封闭。

(5)接缝。三元乙丙橡胶卷材搭接缝用丁基胶粘剂 A、B 两个组分，按 1∶1 的比例配合搅拌均匀，用油漆刷均匀涂刷在翻开的卷材接头的两个粘结面上，静置干燥 20 min，即可从一端开始粘合，操作时用手从里向外一边压合，一边排除空气，并用手持小铁压辊压实，边缘用聚氨酯建筑嵌缝胶封闭，如图 3-35 所示。

图 3-35　接缝示意图

3.7.6　防水层蓄水试验

卷材防水层施工后，经隐蔽工程验收，确认做法符合设计要求，应做蓄水试验，确认不渗漏水，方可施工防水层保护层。

3.7.7　保护层施工

在卷材铺贴完毕，经隐检、蓄水试验，确认无渗漏的情况下根据设计要求做块材等刚性保护层。

3.8　水泥基渗透结晶型防水涂料施工

渗透结晶型防水涂料(水泥基)施工流程如图 3-36 所示。

图 3-36　渗透结晶型防水涂料(水泥基)施工流程

3.8.1　基层清理

施工前应将基层清理干净，用钢刷将结构混凝土表面的脱模剂、浮浆、杂质及松动砂石清理干净，并用鼓风机将浮尘吹净，以保证混凝土表面粗糙干净。在涂刷涂料前用水充分润湿混凝土基面，使涂刷时混凝土基面保持潮湿，但不能有明水。

3.8.2　细部加强处理

(1)墙壁上模板拉杆应割掉并割进 20 mm，用高强度等级水泥砂浆补平压光。

(2)节点附加增强层处理：阴阳角节点细部构造处应先进行处理。

(3)裂缝大于 0.4 mm 时应先开槽，后湿润，在涂刷水泥基渗透结晶型防水涂料浓缩剂浆料 1.5 h 后，用水泥基渗透结晶型防水涂料浓缩剂半干料团夯实，继续用水泥基渗透结晶型防水涂料浓缩剂浆料涂刷，用量不变。

3.8.3　制浆

(1)按Ⅰ型涂料水固比(水与粉料质量比)(0.3~0.33)∶1，Ⅱ型涂料水固比(0.38~0.4)∶1

调制成浆料。

（2）调制浆料时，将计量过的粉料与水倒入容器内，用手提式电动搅拌器充分搅拌 2～3 min。一次配制的浆料不宜过多，以在 30 min 内用完为宜。在此期间如静置 5 min 左右需再搅拌。此过程中不能随意加水。

3.8.4 涂布防水涂料

（1）平面施工时，施工遍数采用两遍即可完成。第一遍和第二遍涂刷放线应垂直施工。

（2）立面施工时，用滚筒或刮板进行滚涂或刮平，要求涂刷均匀，不得有漏涂现象。立面墙体施工分两遍涂刷完成，第一遍涂刷完成后，应间隔 2～4 h（具体时间控制按现场温度、通风条件、基层湿度等因素决定）再涂刷第二遍，直至达到设计要求厚度。

（3）防水涂料总厚度控制在 1 mm，且水泥基渗透结晶型防水涂料用量应控制在 1.5 kg/m²。

3.8.5 节点处理

立面与底板交接处的阴角部分应用砂浆找圆，半径为 50 mm，待立面施工完毕后，对该节点进行处理，完毕后再施工下一道工序。

3.8.6 质量验收

（1）涂层施工完后，需检查涂层是否均匀，用量是否足够，有无漏涂部位，是否有起皮现象。如出现上述现象，需再次进行施工修补。

（2）按规定做好养护，保证养护时间、次数及使用雾水，同时养护期间不得有磕碰。

（3）施工完毕后，必须及时做好成品保护。

3.8.7 养护

（1）涂层表面见发白时就要立即洒水养护，养护时间不少于 7 天。

（2）采用喷雾式洒水养护。避免水流破坏涂层。在养护期间保持涂层表面润湿。

（3）高温或大风季节不超过 1 h 洒水一次。其他季节随水分蒸发速度而定，一般每天洒水也不宜少于 10 次。

（4）在养护期间内，避免涂层表面受雨淋、日晒、风吹等恶劣天气影响。

3.9 聚氨酯防水涂料施工

聚氨酯防水涂料（一布二涂）施工工艺流程如图 3-37 所示。

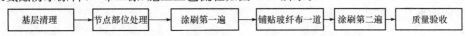

图 3-37 聚氨酯防水涂料施工工艺流程图

3.9.1 基层清理

（1）基面要求平整，密实，清洁，不许有凹凸不平、松动和起砂等现象，用铲刀和扫帚等将基层上的砂浆疙瘩、尘土杂物彻底清扫干净，对油污和铁锈应用钢丝刷、砂皮和有机溶剂清除干净，对阴阳角、管道根部及排水口等部位要认真清理。

（2）基层要求干燥，含水率不得超过 8%，如局部潮湿可用喷灯烘烤。

3.9.2　节点部位处理

（1）检查基层，如有蜂窝现象，应用108胶拌和水泥砂浆进行填补、抹平，阴阳角部位应做成圆弧形。

（2）与找平层相连接的管件、卫生洁具、地漏、排水口等必须安装牢固、收头圆滑，按设计要求用密封膏嵌固。这些设备必须安装完毕，才能进行防水层施工。

3.9.3　涂刷第一遍

（1）涂刷聚氨酯底涂应注意料液不能太稠、太厚，应尽量稀一些，让底涂有利于向基层面渗透，要让底涂能渗透到混凝土墙体中，增加基面的强度和涂层与基层的粘结力。涂刷的方法主要有刷涂法、滚涂法、喷涂法和抹涂法等。

（2）刷涂法就是用刷子蘸涂料刷在防水基层表面。

（3）滚动刷刷涂防水涂料可采用蘸刷法，也可以采用边倒涂料边用滚动刷将涂料摊开的方法。

（4）蘸刷法是滚涂前应用稀料清洗滚动刷，即将滚动刷浸湿后在废纸上滚去多余的稀料后再蘸取涂料使用。蘸取涂料时只需浸入筒径的三分之一即可，然后在涂料盘内的瓦楞斜板或提桶内的铁网上来回滚动几下，使筒套被涂料均匀浸透。如果涂料吸附不够可再蘸一下。滚涂时应在分条范围内，有顺序地朝一个方向由左至右，再由右至左滚涂，如图3-38所示。

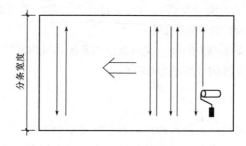

图 3-38　滚涂路线

（5）边倒涂料边滚涂是按分条范围边倒涂料边用滚动刷将涂料推开，使之涂刷均匀、一致。倒料时要注意控制涂料均匀倒洒，不可在一处倒得过多，否则涂料难以刷开，会出现厚薄不均现象。

（6）刮涂是利用胶皮刮板等工具将粘度较大的防水涂料均匀地批刮于防水基层上，形成厚度符合设计要求的防水涂膜的操作方法。

（7）刮涂时，先将涂料倒在基层上，然后用力按刮板，使刮板与被涂面的倾角为50°～60°，来回刮涂1～2次，不能往返多次，以免出现"皮干里不干"的现象，如图3-39所示。上、下两层的刮涂方向应垂直，如图3-40所示。

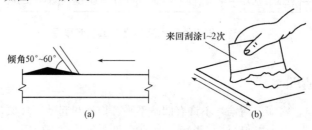

图 3-39　刮涂涂料

(a)刮板倾角；(b)刮涂次数

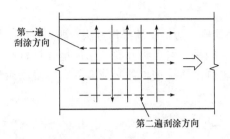

图 3-40　前后两遍刮涂方向

(8)喷涂是将涂料倒入储料罐或供料桶中，利用压力或压缩空气，通过喷枪将涂料均匀喷涂于屋面上。喷枪喷涂不到的地方，应用刷涂法刷涂。

(9)喷涂时涂料稠度要适中，太稠不便喷涂，太稀则遮盖力差，影响涂层厚度，而且容易流淌；根据喷涂时间需要，可在涂料中适当加入缓凝剂或促凝剂，以调节涂料的凝结固化时间。

喷枪与被喷面的距离为 400～600 mm，如图 3-41 所示。

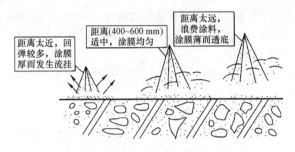

图 3-41　喷枪与被喷面的距离

(10)抹涂是使用一般的抹灰工具(如铁抹子、压子、阴阳角抿子等)抹涂防水涂料的操作方法。

(11)抹涂时，先将涂料倒在基层上，用刮板将涂料刮平，待表面收水尚未结膜时，再用铁抹子进行压实抹光，如图 3-42 所示。

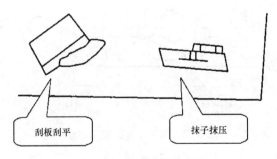

图 3-42　抹涂涂膜防水层

3.9.4　铺贴玻纤布一道

待底涂涂刷后，铺贴玻纤布一道，铺贴要求平整，不出现空鼓现象。胎体增强材料铺设方法可分为湿铺法和干铺法。

1. 湿铺法

(1)湿铺法是边倒料、边涂刷、边铺贴的操作方法。即先在已干燥的涂层上，边倒涂料边用刷子或刮板将涂料仔细刷匀、刷平。然后将成卷的胎体增强材料平放在屋面上，逐渐推滚铺贴于刚刷上涂料的屋面上，用辊刷滚压一遍，务必使全部布眼浸满涂料，使上、下两层涂料能良好结合，如图 3-43 所示。

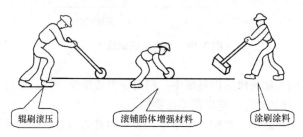

辊刷滚压　　　滚铺胎体增强材料　　　涂刷涂料

图 3-43　胎体增强材料湿铺法

(2)湿铺法铺贴胎体增强材料时，应将布幅两边每隔 1.5～2.0 m 间距各剪一个 15 mm 的小口，以利铺贴平整。铺布时，切忌拉伸过紧，否则胎体增强材料和防水涂料在干燥成膜时，会有较大的收缩，但铺布也不宜太松。

(3)湿铺法胎体增强材料可以是单一品种的，也可采用玻纤布和聚酯毡混合使用。如果混用时，一般下层采用聚酯毡，上层采用玻纤布。

(4)铺贴好的胎体增强材料不得有皱褶、翘边、空鼓等现象，也不得有露白现象。如发现露白，说明涂料用量不足，应再在上面蘸料涂刷，使之均匀、一致。如发现皱褶、翘边和空鼓时，一定要用剪刀剪破，在上面蘸料涂刷局部修补。

2. 干铺法

(1)干铺法是边干铺胎体增强材料，边在已铺平的表面上均匀满刮一道涂料的操作方法。即在上道涂层干燥后，边滚铺胎体增强材料，边在已展平的表面上用胶皮刮板均匀满刮一道涂料。也可将胎体增强材料按要求在已干燥的涂层上展平后，先在边缘部位用涂料点粘固定，然后再在上面满刮一道涂料，使涂料浸入网眼渗透到已固化的涂膜上，如图 3-44 所示。

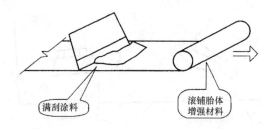

满刮涂料　　　滚铺胎体增强材料

图 3-44　胎体增强材料干铺法

(2)铺贴的胎体增强材料如表面有露白时，即表明涂料用量不足，应立即补刷。

(3)渗透性较差的涂料与比较密实的胎体增强材料配套使用时，不宜采用干铺法施工。

3.9.5　涂刷第二遍

(1)涂膜防水材料的配制：将甲、乙两组分按配合比配合后注入搅拌桶内，用电动搅拌机混合搅拌 5 min 左右方可使用。

(2)涂膜施工：将搅拌好的涂料，用塑料或橡胶刮板涂刷，使涂料成为均匀、一致的涂层，其涂刮方向与第一道底涂涂刮方向垂直。

3.9.6 质量验收

1. 主控项目

(1)涂料防水层所用的材料及配合比必须符合设计要求。

检验方法：检查产品合格证、产品性能检测报告、计量措施和材料进场检验报告。

(2)涂料防水层的平均厚度应符合设计要求，最小厚度不得小于设计厚度的90%。

检验方法：用针测法检查。

(3)涂料防水层在转角处、变形缝、施工缝、穿墙管等部位做法必须符合设计要求。

检验方法：观察检查和检查隐蔽工程验收记录。

2. 一般项目

(1)涂料防水层应与基层粘结牢固，涂刷均匀，不得流淌、鼓泡、露槎。

检验方法：观察检查。

(2)涂层间夹铺胎体增强材料时，应使防水涂料浸透胎体覆盖完全，不得有胎体外露现象。

检验方法：观察检查。

(3)侧墙涂料防水层的保护层与防水层应结合紧密，保护层厚度应符合设计要求。

检验方法：观察检查。

3.10　地下防水工程保护层施工

3.10.1 保护层要求

有机防水涂料施工完成后应及时做保护层，保护层应符合下列规定：

(1)底板、顶板应采用20 mm厚1：2.5水泥砂浆层和40～50 mm厚的细石混凝土保护层，防水层与保护层之间宜设置隔离层；

(2)侧墙背水面保护层应采用20 mm厚1：2.5水泥砂浆；

(3)侧墙迎水面保护层宜选用软质保护材料或20 mm厚1：2.5水泥砂浆；

(4)侧墙卷材防水层宜采用软质保护材料或铺抹20 mm厚1：2.5水泥砂浆层。

采用水泥砂浆或细石混凝土时，水泥应用强度等级32.5及以上的普通硅酸盐水泥，要求同批产品不过期，不受潮结块，石子粒径不超过15 mm，细骨料采用中粗砂，混凝土强度等级为C20，按密实性防水混凝土设计配合比。

3.10.2 基坑(槽)回填

明挖法地下工程的混凝土和防水层的保护层验收合格后，应及时回填，并应符合下列规定：

(1) 基坑内杂物应清理干净、无积水。

(2)工程周围800 mm以内宜采用灰土、黏土或粉质黏土回填，其中不得含有石块、碎砖、灰渣、有机杂物及冻土，如图3-45所示。

(3)回填施工应均匀对称进行，并应分层夯实。人工夯实每层厚度不应大于250 mm，机械夯实每层厚度不应大于300 mm，并应采取保护措施；工程顶部回填土厚度超过500 mm时，可采用机械回填碾压。

(4)填方土料应为含水量符合压实要求的黏性土；土料含水量一般以手握成团，落地开花为宜。当含水量过大，应采取翻松、晾干、风干、换土回填、掺入干土或其他吸水性材料等措施；如土料过干，则应预先洒水润湿。黏性土料施工含水量与最优含水量之差可控制在$-4\%\sim2\%$范围内。

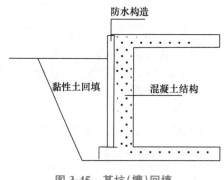

图 3-45　基坑(槽)回填

(5)当填方基底为耕植土或松土时，应将基底充分夯实和碾压密实。当填方位于含水量很大的松散土地段，应根据具体情况采取排水疏干，或将淤泥全部挖出换土、抛填片石、填砂砾石、翻松、掺石灰等措施进行处理。当填土场地地面陡于 1/5 时，应先将斜坡挖成阶梯形，阶高为 0.2~0.3 m，阶宽大于 1 m，然后分层填土，以利于结合和防止滑动。深浅坑(槽)相连时，应先填深坑(槽)，相平后与浅坑全面分层填夯。如采取分段填筑，交接处填筑应呈阶梯形。

(6)地下工程上的地面建筑物周围应做散水，宽度不宜小于 800 mm，散水坡度宜为 5%。地下工程建成后，其地面应进行整修，地质勘察和施工留下的探坑等应回填密实，不得积水。工程顶部不宜设置蓄水池或修建水渠。

3.11　地下防水工程施工方案编制

《地下防水工程质量验收规范》(GB 50208—2011)第 3.0.4 条规定，地下防水工程施工前，应通过图纸会审，掌握结构主体及细部构造的防水要求，施工单位应编制防水工程专项施工方案，经监理单位或建设单位审查批准后执行。

地下防水工程的施工方案应包括编制依据、工程概况、施工部署、施工准备与资源配置计划、施工方法及工艺要求、质量标准、安全保证措施和季节性施工措施等内容。

1. 编制依据

1.1　工程设计图纸

1.2　施工合同

1.3　现行国家标准规范

2. 工程概况

2.1　工程主要情况

分部分项或专项工程名称；工程参建单位情况；工程施工范围。

2.2　设计简介

图纸设计内容及要求。

2.3　工程施工条件

3. 施工部署

3.1　工程施工目标(表 3-14)

表 3-14 工程施工目标

项目	
进度目标	
质量目标	
安全目标	
环境目标	
绿色施工目标	

3.2 施工段划分及施工顺序

3.3 施工重点难点分析及对策

3.4 施工管理组织机构

4. 施工进度计划

5. 施工准备与资源配置计划

5.1 施工准备

5.1.1 技术准备

施工所需技术资料的准备、图纸深化和技术交底的要求、试验检验和测试工作计划、样板制作计划以及与相关单位的技术交接计划等。

5.1.2 现场准备

包括生产、生活等临时设施的准备以及与相关单位进行现场交接的计划等。

5.1.3 资金准备

编制资金使用计划等。

5.2 资源配置计划

5.2.1 劳动力计划(表 3-15)

表 3-15 劳动力计划表

序号	工种	人数	需要时间

5.2.2 物资配置计划(表 3-16~表 3-18)

表 3-16　工程材料和设备配置计划表

序号	材料设备名称	规格型号	单位	数量	需要时间

表 3-17　周转材料和施工机具配置计划表

序号	材料设备名称	规格型号	单位	数量	需要时间

表 3-18　计量、测量和检验仪器配置计划表

序号	材料设备名称	规格型号	单位	数量	需要时间

6. 施工方法及工艺要求

6.1　施工方法及工艺

6.2　常见质量通病及预防

6.3　新技术、新工艺、新材料、新设备的试验及论证计划

7. 质量标准

7.1 主控项目

7.2 一般项目

8. 安全保证措施

9. 季节性施工措施

3.12 地下防水工程技术交底的编制

技术交底一般应包括编制依据、工程内容、施工准备、操作工艺、质量标准、成品保护、安全交底、环保措施等内容。编制依据主要是编写技术交底依据的内容，包括设计图纸、标准图集、施工方案、施工组织设计等。工程内容是技术交底适用的工程范围，包括分部分项工程名称和工程轴线范围、楼层等，一般要求至少一层交底一次，最好每个检验批都要交底。施工准备是施工前要进行的准备，包括现场条件、机具和材料等内容。操作工艺就是实际操作的步骤，应尽量详细，必要时可以采用图片、视频和现场相结合的形式。质量标准包括主控项目和一般项目。成品保护就是对完成后的本工序的成品进行保护的做法和措施。安全交底要交代一下完成本施工内容要注意的安全措施。环保措施是避免施工造成环境影响的措施。

技术交底记录见表 3-19。

表 3-19 技术交底记录

工程名称		施工单位	
交底部位		工序名称	
交底提要：			
交底内容：			
项目（专业）技术负责人		交底人		接受交底人	

注：本记录份数根据竣工资料对技术交底归档的要求确定，但应至少一份交底单位存，一份接受交底单位存。

3.13 地下防水工程施工记录的填写

地下防水工程施工过程中和施工完成后，需要填写施工记录，这些施工记录包括《混凝土工程施工记录》(表 3-20)和《地下室防水效果检查记录》(表 3-21)。

表 3-20 混凝土工程施工记录

年　　月　　日　时至　时，气温　　天气　　风力

建设单位名称　　　　　　　　　　单位工程名称

结构名称及浇筑部位(标明轴线和标高)

混凝土数量/m³　　　　　　　　　当班完成量/m³

混凝土设计等级　　　　　　　　　配合比报告编号

混凝土配合比检查情况

材料	水泥		水		外加剂名称及用量		砂		石	
	第一次	第二次	第一次	第二次	第一次	第二次	第一次	第二次	第一次	第二次
骨料含水率/%										
骨料含水量/kg										
每立方米混凝土湿料实用量/kg										
每缶(盘)混凝土湿料实用量/kg										
每立方米混凝土材料设计用量/kg										

坍落度要求/cm:　　　　第一次测试结果　　　　第二次测试结果

水泥品种、生产厂及等级　　　　搅拌机型号

混凝土捣实方法　　　　　　　　混凝土养护方法

试块数量编号及试压结果

试件	留置组数	试块编号及试压结果							
同条件养护									
标准养护									

注：1. 试块试压结果栏中应注明试压报告编号和试压龄期。

2. 附浇筑示意图。示意图应标明浇筑方向、浇筑方量、浇筑日期和施工缝设置部位及试块留置数量与位置。

拆模时间

项目(专业)技术负责人：　　　　　项目专业质量检查员：

表 3-21　地下室防水效果检查记录

工程名称：

试水方法		试验日期	
工程试验部位及情况	附件：背水内表面的结构工程展开图		
试验结果			
复查意见			
	复查人：		复查日期：
施工单位	试验人员： 项目专业质量检查员： 项目(专业)技术负责人： 　　　　　年　月　日	监理(建设)单位	监理工程师(建设单位项目负责人)： 　　　　　年　月　日

3.14 地下防水工程质量验收记录的填写

地下防水工程检验批施工完成后，应及时进行质量验收，并填写质量验收记录。这些验收记录包括《防水混凝土检验批质量验收记录表》(表 3-22)、《水泥砂浆防水层检验批质量验收记录表》(表 3-23)、《卷材防水层检验批质量验收记录表》(表 3-24)、《涂料防水层检验批质量验收记录表》(表 3-25)等。

表 3-22 防水混凝土检验批质量验收记录表

单位(子单位)工程名称													
分部(子分部)工程名称								验收部位					
施工单位								项目经理					
分包单位								分包项目经理					
施工执行标准名称及编号			《地下防水工程质量验收规范》(GB 50208—2011)										

		施工质量验收规范的规定		施工单位检查评定记录										监理(建设)单位验收记录
				1	2	3	4	5	6	7	8	9	10	
主控项目	1	原材料、配合比及坍落度	第4.1.14条											
	2	抗压强度、抗渗压力	第4.1.15条											
	3	细部做法	第4.1.16条											
一般项目	1	表面质量	第4.1.17条											
	2	裂缝宽度	第4.1.18条											
	3	防水混凝土结构厚度 ≥250 mm	第4.1.19条											
		迎水面钢筋保护层 ≥50 mm	第4.1.19条											

施工单位检查评定结果	专业工长(施工员)		施工班组长	
	项目专业质量检查员：		年　月　日	

监理(建设)单位验收结论	专业监理工程师： (建设单位项目专业技术负责人)：	年　月　日

表 3-23 水泥砂浆防水层检验批质量验收记录表

单位(子单位)工程名称													
分部(子分部)工程名称									验收部位				
施工单位									项目经理				
分包单位									分包项目经理				
施工执行标准名称及编号				《地下防水工程质量验收规范》(GB 50208—2011)									

施工质量验收规范的规定				施工单位检查评定记录										监理(建设)单位验收记录
				1	2	3	4	5	6	7	8	9	10	
主控项目	1	原材料及配合比	第4.2.7条											
	2	粘结强度和抗渗性能	第4.2.8条											
一般项目	1	结合牢固	第4.2.9条											
	2	留槎、接槎	第4.2.11条											
	3	防水层厚度：平均厚度　最小厚度	第4.2.12条											
	4	表面平整度	第4.2.13条											

施工单位检查评定结果	专业工长(施工员)		施工班组长	
	项目专业质量检查员：		年　月　日	

监理(建设)单位验收结论		
	专业监理工程师： (建设单位项目专业技术负责人)：	年　月　日

表 3-24 卷材防水层检验批质量验收记录表

单位(子单位)工程名称													
分部(子分部)工程名称								验收部位					
施工单位								项目经理					
分包单位								分包项目经理					
施工执行标准名称及编号				《地下防水工程质量验收规范》(GB 50208—2011)									

施工质量验收规范的规定				施工单位检查评定记录										监理(建设)单位验收记录
				1	2	3	4	5	6	7	8	9	10	
主控项目	1	卷材及配套材料质量	第4.3.15条											
	2	细部做法	第4.3.16条											
一般项目	1	基层质量	第4.3.17条											
	2	卷材搭接缝	第4.3.18条											
	3	保护层	第4.3.19条											
	4	卷材搭接宽度允许偏差	第4.3.20条											

	专业工长(施工员)		施工班组长	
施工单位检查评定结果				
	项目专业质量检查员:		年 月 日	
监理(建设)单位验收结论				
	专业监理工程师: (建设单位项目专业技术负责人):		年 月 日	

146

表 3-25 涂料防水层检验批质量验收记录表

单位(子单位)工程名称												
分部(子分部)工程名称								验收部位				
施工单位								项目经理				
分包单位								分包项目经理				
施工执行标准名称及编号			《地下防水工程质量验收规范》(GB 50208—2011)									

施工质量验收规范的规定				施工单位检查评定记录										监理(建设)单位验收记录
				1	2	3	4	5	6	7	8	9	10	
主控项目	1	涂料质量及配合比	第4.4.7条											
	2	防水层厚度	第4.4.8条											
	3	细部做法	第4.4.9条											
一般项目	1	粘结、表面质量	第4.4.10条											
	2	胎体覆盖	第4.4.11条											
	3	保护层与防水层粘结	第4.4.12条											

施工单位检查评定结果	专业工长(施工员)		施工班组长	
	项目专业质量检查员:		年 月 日	
监理(建设)单位验收结论	专业监理工程师: (建设单位项目专业技术负责人):		年 月 日	

3.15 地下防水工程质量通病的分析与防治

3.15.1 防水混凝土质量通病

（1）混凝土蜂窝、麻面、露筋、孔洞等造成地下室渗水，主要原因是配合比不准，坍落度过小，长距离运输和自由入模高度过大，造成混凝土离析；局部钢筋密集或预留洞口的下部混凝土无法进入，振捣不实或漏振，跑模漏浆等。针对以上情况对混凝土应严格计量，搅拌均匀，长距离运输后要进行二次搅拌。对于自由入模高度过高者，应使用串桶滑槽，浇筑应按施工方案分层进行，振捣密实。对于钢筋密集处，可调整石子级配，较大的预留洞下应预留浇筑口。模板应支设牢固，混凝土浇筑过程中应指派专人值班"看模"。

（2）混凝土结构的施工缝也是极易发生渗水的位置，其渗水的主要原因是施工缝留设位置不当；施工缝清理不净，新旧混凝土未能很好结合；钢筋过密，混凝土捣实有困难等。防止施工缝部位渗水可采取以下措施：首先，施工缝应按规定位置留设，防水薄弱部位及底板上不应留设施工缝，墙板上如必须留设垂直施工缝时，应与变形缝相一致。其次，施工缝的留设、清理及新旧混凝土的接浆等应有统一部署，由专人认真、细致地做好。还有设计人员在确定钢筋布置位置和墙体厚度时，应考虑方便施工，以保证工程质量。如发现施工缝渗水，可采用防水堵漏技术进行修补。

（3）混凝土裂缝产生渗漏。混凝土裂缝产生的原因很多，如由干缩、温度、水泥用量过大或水泥安定性不好等因素引起裂缝。防水混凝土所用水泥必须经过检测，杜绝使用安定性不合格的产品，混凝土配合比由试验室提供并严格控制水泥用量。对于地下室底板等大体积的混凝土，应遵守大体积混凝土施工的有关规定，严格控制温度差。设计时应综合考虑诸多不利因素，使结构具有足够的安全度并合理设置变形缝，以适应结构变形。

（4）预埋件部位产生渗漏。产生渗漏的原因有预埋件过密，埋件周围混凝土振捣不密实；在混凝土终凝前碰撞预埋件，使预埋件松动；预埋件铁脚过长，穿透混凝土层，又没按规定焊好止水环；预埋管道自身有裂缝、砂眼等，地下水通过管壁渗漏等。为防止预埋件部位产生渗漏，可采取以下方法：预埋件应有固定措施，预埋件密集处应有施工技术措施，预埋件铁脚应按规定焊好止水环。地下室的管线应尽量设计在地下水水位以上，穿墙管道一律设置止水套管，管道与套管采用柔性连接。

3.15.2 柔性防水层渗漏

（1）找平层要保证表面抹压密实，转角处应做成圆弧形。

（2）卷材长短边的搭接长度分别不应小于 100 mm、150 mm，上、下两层及相邻卷材的接缝要错开，上、下两层不得相互垂直铺贴，转角处和管道处应增设附加层，收头粘结牢固，严禁有皱褶、空鼓、起泡、翘边或收头、封门不严等缺陷。

单元小结

本单元主要介绍了地下防水工程施工的要点。读者要重点掌握地下防水工程的概念、地下工程施工的方法和注意事项。同时，要了解地下防水工程的构造与设计，要掌握防水混凝土的配合比和施工要求。

对高聚物改性沥青防水卷材、合成高分子卷材、水泥基渗透结晶型防水涂料和聚氨酯防水涂料等常用于地下防水附加层的防水材料应彻底掌握。同时，要了解地下工程防水保护层施工的要点。

学习本单元之后，大家应该能够编制地下防水工程施工方案，会编写地下防水工程技术交底，且会填写地下防水工程的施工记录和质量验收记录，在地下防水工程出现问题时，能分析原因并进行防治。

习 题

1. 什么是地下防水工程？
2. 地下工程的防水标准分为哪几级？
3. 什么是渗水？
4. 地下工程的施工方法有哪几种？
5. 地下工程的主体结构必须采用哪种防水材料？
6. 对地下防水的施工队伍和人员有哪些要求？
7. 如何划分地下防水工程的检验批？
8. 防水混凝土分为几个抗渗等级？都适用于什么埋深？
9. 防水混凝土对模板、钢筋施工有哪些要求？
10. 防水混凝土的配合比有哪些要求？
11. 泵送防水混凝土的坍落度有哪些要求？
12. 冬期施工防水混凝土有哪些要求？
13. 防水混凝土的施工缝留设和继续浇筑混凝土有哪些要求？
14. 防水混凝土的质量检查有哪些内容？
15. 地下防水工程找平层的养护有哪些要求？
16. 卷材和基层的粘贴方法有哪些？
17. 地下工程外防水有哪两种设置方法？
18. 对地下工程防水热熔法施工的防水卷材有哪些要求？
19. 地下防水工程阴阳角附加层做法有哪些要求？
20. 简述三元乙丙橡胶防水卷材的施工工艺。
21. 简述水泥基渗透结晶型防水涂料的施工工艺。
22. 简述聚氨酯防水涂料的施工工艺。
23. 地下防水工程施工方案应包括哪些内容？
24. 技术交底应包括哪些内容？
25. 地下防水工程施工应填写哪些施工记录？
26. 地下防水工程施工应填写哪些检验批质量验收记录？
27. 地下防水工程质量通病有哪些？如何防治？

单元 4　屋面工程施工

⊚ 学习目标

知识目标：

1. 掌握屋面工程的构造及图纸会审要点；

2. 掌握屋面找平层、保温层、防水层的施工工艺；

3. 了解瓦屋面、隔热屋面的构造及施工工艺；

4. 了解屋面工程施工方案的内容、技术交底的内容；

5. 了解屋面工程施工记录和质量验收记录的内容。

能力目标：

1. 能够拟订屋面工程施工方案，会编写屋面工程各分项的施工技术交底；

2. 能够填写屋面工程施工记录、检验批及分项工程质量验收记录。

素养目标：

1. 遵守屋面工程相关的标准和管理规定，遵守施工现场安全管理规定；具有良好的防水工程职业操守，诚实守信，爱岗敬业；

2. 具有施工现场安全事故防范的素质，掌握安全事故救援处理步骤。

📖 任务描述

某教学楼的屋面平面图如图 4-1 所示，设计的屋面做法如图 4-2 所示。

⚙ 任务要求

编写"任务描述"中教学楼屋面的施工方案及技术交底。

➡ 任务实施

4.1　屋面工程施工概述

屋面是房屋的重要组成部分之一，屋面的主要功能包括保温和防水。保温和防水是保证屋面使用功能的主要指标。屋面工程保温功能主要是设置保温层，防水功能实现应"防排结合"。一方面，屋面应设置一定的排水坡度，及时排除降水；另一方面，屋面要设置多道防水层，防止降水的渗透。为了确保屋面的保温和防水功能，屋面工程施工应遵守下述要求：

(1)屋面防水工程应由具备相应资质的专业队伍进行施工。作业人员应持有关主管部门颁发的上岗证。

(2)屋面工程施工前应通过图纸会审，掌握施工图中的细部构造及有关技术要求；施工单位应编制屋面工程的施工方案或技术措施，并进行现场技术安全交底。

(3)屋面工程所采用的防水、保温材料应有产品合格证书和性能检测报告，材料的品种、规

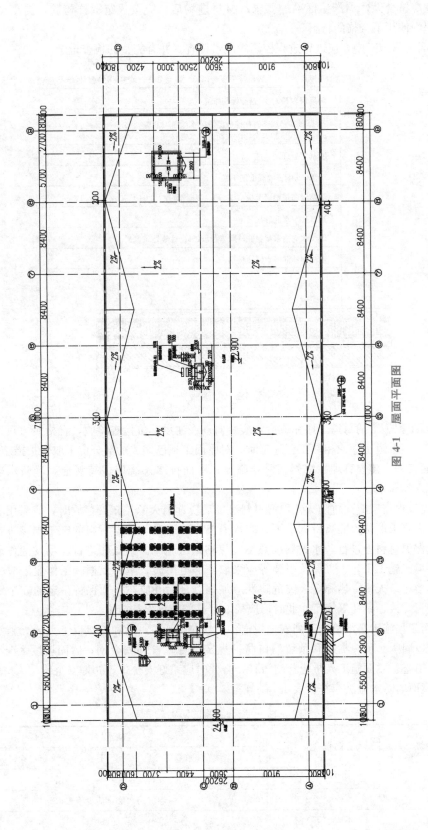

图 4-1　屋面平面图

格、性能等应符合设计和产品标准的要求；材料进场后，应按规定取样检验，提出试验报告，严禁在工程中使用不合格的材料。

（4）屋面工程施工中，应进行过程控制的质量检查，并有完整的检查记录。

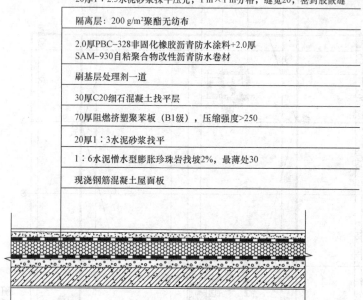

| 20厚1:2.5水泥砂浆抹平压光，1 m×1 m分格，缝宽20，密封胶嵌缝 |
| 隔离层：200 g/m²聚酯无纺布 |
| 2.0厚PBC-328非固化橡胶沥青防水涂料+2.0厚SAM-930自粘聚合物改性沥青防水卷材 |
| 刷基层处理剂一道 |
| 30厚C20细石混凝土找平层 |
| 70厚阻燃挤塑聚苯板（B1级），压缩强度>250 |
| 20厚1:3水泥砂浆找平 |
| 1:6水泥憎水型膨胀珍珠岩找坡2%，最薄处30 |
| 现浇钢筋混凝土屋面板 |

图4-2 屋面做法

（5）屋面工程施工的每道工序完成后，应经监理或建设单位检查验收，合格后方可进行下道工序的施工。当下道工序或相邻工程施工时，对屋面工程已完成的部分应采取保护措施。

（6）屋面工程应建立管理、维修、保养制度；屋面排水系统应保持畅通，严防水落口、天沟、檐沟堵塞和积水。

（7）屋面工程施工应注重防火。保温材料进场后应远离火源。露天存放时，应采用不燃材料完全覆盖。需要采取防火隔离带的层面、防水隔离带施工应与保温材料的施工同步进行。不得直接在可燃保温材料上进行防水材料的热熔、热粘结法施工。聚氨酯进行现场发泡作业时，应避开高温环境。施工工艺、工具及服装等应采取防静电措施。屋面工程施工作业区应配备足够的消防灭火器材。火源、热源等火灾危险源应加强管理，并应与屋顶保持一定的安全距离。屋面上需要进行焊接、钻孔等施工作业时，应采取可靠的防火保护措施。

（8）屋面工程施工必须符合下列安全规定：严禁在雨天、雪天和五级以上大风天施工；屋面周边和预留口周围必须按临边和预留洞口防护规定设置栏杆和安全网；屋面坡度大于30%时，应采取防滑措施；屋面施工人员应穿防滑鞋，必要时应系好安全带，扣好安全钩。

（9）平屋面的防水做法应符合表4-1的规定。

表4-1 平屋面工程的防水做法

防水等级	防水做法	防水层	
		防水卷材	防水涂料
一级	不应少于3道	卷材防水层不应少于1道	
二级	不应少于2道	卷材防水层不应少于1道	
三级	不应小于1道	任选	

（10）瓦屋面工程的防水做法应符合表 4-2 的规定。

表 4-2　瓦屋面工程的防水做法

防水等级	防水做法	防水层		
		屋面瓦	防水卷材	防水涂料
一级	不应少于 3 道	为 1 道，应选	卷材防水层不应少于 1 道	
二级	不应少于 2 道	为 1 道，应选	不应少于 1 道；任选	
三级	不应小于 1 道	为 1 道，应选	—	

（11）金属屋面的防水做法应符合表 4-3 的规定。全焊接金属板屋面应视为一级防水等级的防水做法。

表 4-3　金属屋面工程防水做法

防水等级	防水做法	防水层	
		金属板	防水卷材
一级	不应少于 2 道	为 1 道，应选	不应少于 1 道；厚度不应小于 1.5 mm
二级	不应少于 2 道	为 1 道，应选	不应少于 1 道
三级	不应小于 1 道	为 1 道，应选	——

4.2　屋面构造及图纸会审要点

4.2.1　屋面的功能与类别

屋面工程应具有排除、阻止雨雪水侵入建筑物内的作用，冬季保温减少建筑物的热损失和防止结露，夏季隔热降低建筑物对太阳辐射热的吸收，能适应主体结构的受力变形和温差变形，能承受风荷载的作用不产生破坏，保证火灾情况下的安全性，满足各种面层的使用和建筑外形美观的要求。

屋面按形式划分，可分为平屋面、斜坡屋面；按保温隔热功能划分，可分为保温隔热屋面和非保温隔热屋面；按防水层位置划分，可分为正置式屋面和倒置式屋面；按屋面使用功能划分，可分为非上人屋面、上人屋面等；按采用的防水材料划分，可分为卷材防水屋面、涂膜防水屋面、刚性防水屋面、瓦屋面、金属板材屋面等。

4.2.2　认识屋面防水的构造

屋面防水按构造可分为卷材防水屋面、涂膜防水屋面和刚性防水屋面。屋面防水的构造如图 4-3～图 4-5 所示。屋面的构造层次有隔汽层、保温层、防水层、隔离层、保护层、隔热层、复合防水层、附加层、防水垫层等。屋面根据防水层与保温层的相对位置可分为正置式屋面和倒置式屋面，如图 4-3 及图 4-4 所示。图 4-6 所示为某工程的屋面做法样板。

隔汽层是屋面结构层上面，用来阻止湿气渗透到保温层内的构造层；保温层是减少围护结构热交换作用的屋面构造层；防水层是防止水渗漏、渗透的构造层；隔离层是消除材料之间粘结力、机械咬合力等相互作用的构造层；保护层是对防水层或保温层等起防护作用的构造层；隔热层是减少太阳辐射热对室内作用的构造层；复合防水层是由彼此相容的两种防水材料组合而成的防水层；附加层是在屋面易渗漏水部位，设置的卷材或涂膜加强层；防水垫层是设置在块瓦或沥青瓦下面，起防水、防潮作用的构造层。

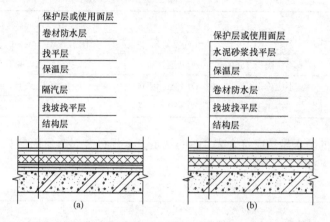

图 4-3　卷材防水屋面构造层次示意图
（a）正置式卷材防水屋面；（b）倒置式卷材防水屋面

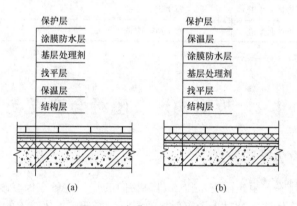

图 4-4　涂膜防水屋面构造
（a）正置式涂膜防水屋面；（b）倒置式涂膜防水屋面

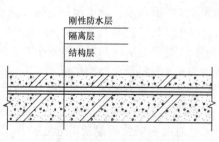

图 4-5　刚性防水屋面构造

图 4-6　屋面防水做法实例

不同类别的建筑屋面构造层次应符合表4-4的要求。

表4-4　建筑屋面构造层次

序号	类别	屋面构造层次
1	防水、保温上人屋面	(1)使用面层；(2)隔离层；(3)防水层；(4)找平层；(5)找坡层；(6)保温层；(7)结构层
2	防水、保温、隔汽上人屋面	(1)使用面层；(2)隔离层；(3)防水层；(4)找平层；(5)找坡层；(6)保温层；(7)隔汽层；(8)找平层；(9)结构层
3	防水、保温不上人屋面	(1)保护层；(2)隔离层；(3)防水层；(4)找平层；(5)找坡层；(6)保温层；(7)结构层
4	防水、保温、隔汽不上人屋面	(1)保护层；(2)隔离层；(3)防水层；(4)找平层；(5)找坡层；(6)保温层；(7)隔汽层；(8)找平层；(9)结构层
5	保温层在防水层上的防水、保温不上人屋面	(1)保护层；(2)保温层；(3)防水层；(4)找平层；(5)找坡层；(6)结构层
6	防水、保温、架空隔热屋面	(1)架空隔热层；(2)保护层；(3)隔离层；(4)防水层；(5)找平层；(6)找坡层；(7)保温层；(8)结构层
7	防水、保温、蓄水隔热屋面	(1)蓄水隔热层；(2)保护层；(3)隔离层；(4)防水层；(5)找平层；(6)找坡层；(7)保温层；(8)结构层
8	防水、保温、种植隔热屋面	(1)种植隔热层；(2)保护层；(3)隔离层；(4)防水层；(5)找平层；(6)找坡层；(7)保温层；(8)结构层
9	混凝土瓦或烧结瓦保温屋面	(1)瓦材；(2)挂瓦条；(3)顺水条；(4)防水垫层；(5)持钉层；(6)保温层；(7)结构层
10	沥青瓦保温屋面	(1)沥青瓦；(2)防水垫层；(3)持钉层；(4)保温层；(5)结构层
11	单层金属板保温屋面	(1)压型金属板；(2)固定支架；(3)防水垫层；(4)保温层；(5)隔汽层；(6)承托网(7)型钢檩条
12	双层金属板保温屋面	(1)上层压型金属板；(2)保温层；(3)隔汽层；(4)型钢附加檩条；(5)底层压型金属板；(6)型钢主檩条

近几年，随着新型防水材料的不断使用，屋面的渗漏发生了很大的变化，由以前的材料破坏造成的渗漏为主，逐渐变化为以构造和设计不合理造成的渗漏为主。表4-4中的1、3和6~9的做法都是直接在结构层上做保温层，是渗漏隐患最大的做法，尽量避免采用。

4.2.3　认识屋面找平层及保护层的作用与技术要求

1. 找平层

找平层是防水层的依附层，为防水层的铺设做铺垫，其质量好坏直接影响到防水层的质量。找平层要表面平整、坚固、坡度准确、排水流畅，其表面不起砂、不起皮、不开裂。混凝土结构宜采用结构找坡，坡度不应小于3%。当采用材料找坡时，宜采用质量轻、吸水率低、有一定强度的材料，坡度宜为2%。屋面找平层宜采用水泥砂浆或细石混凝土，找平层厚度和技术要求应符合表4-5的要求。为了避免或减少找平层开裂，找平层宜留设分格缝，缝宽为5~20 mm，纵横向缝的间距不宜大于6 m，缝中宜嵌密封材料。

表 4-5　找平层厚度和技术要求

找平层分类	适用的基层	厚度/mm	技术要求
水泥砂浆	整体现浇混凝土板	15～20	1∶2.5 水泥砂浆
	整体材料保温层	20～25	
细石混凝土	装配式混凝土板	30～35	C20 混凝土，宜加钢筋网片
	板状材料保温层		C20 混凝土

2. 保护层

上人屋面保护层可采用块体材料、细石混凝土等材料，不上人屋面保护层可采用浅色涂料、铝箔、矿物粒料、水泥砂浆等材料。保护层材料的适用范围和技术要求应符合表 4-6 的规定。

表 4-6　保护层材料的适用范围和技术要求

序号	保护层材料	适用范围	技术要求
1	浅色涂料	不上人屋面	丙烯酸系反射涂料
2	铝箔	不上人屋面	0.05 mm 厚铝箔反射膜
3	矿物粒料	不上人屋面	不透明的矿物粒料
4	水泥砂浆	不上人屋面	20 mm 厚 1∶2.5 或 M15 水泥砂浆
5	块体材料	上人屋面	地砖或 30 mm 厚 C20 细石混凝土预制板
6	细石混凝土	上人屋面	40 mm 厚 C20 细石混凝土或 50 mm 厚 C20 细石混凝土内配 Φ4@100 双向钢筋网片

采用块体材料做保护层时，宜设分格缝，其纵横间距不宜大于 10 m，分格缝宽度宜为 20 mm 并用密封材料嵌填。采用水泥砂浆做保护层时，表面应抹平压光并设表面分格缝，分格面积宜为 1 m²。采用细石混凝土做保护层时，表面应抹平压光并设分格缝，其纵横间距不应大于 6 m，分格缝宽度宜为 10～20 mm 并用密封材料嵌填。采用浅色涂料做保护层时，应与防水层粘结牢固，厚薄应均匀，不得漏涂。块体材料、水泥砂浆、细石混凝土保护层与女儿墙或山墙之间，应预留宽度为 30 mm 的缝隙，缝内宜填塞聚苯乙烯泡沫塑料并用密封材料嵌填。需经常维护的设施周围和屋面出入口至设施之间的人行道，应铺设块体材料或细石混凝土保护层。

块体材料、水泥砂浆、细石混凝土保护层与卷材、涂膜防水层之间，应设置隔离层。隔离层材料的适用范围和技术要求宜符合表 4-7 的规定。

表 4-7　隔离层材料的适用范围和技术要求

序号	隔离层材料	适用范围	技术要求
1	塑料膜	块体材料、水泥砂浆保护层	0.4 mm 厚聚乙烯膜或 3 mm 厚发泡聚乙烯膜
2	土工布	块体材料、水泥砂浆保护层	200 g/m² 聚酯无纺布
3	卷材	块体材料、水泥砂浆保护层	石油沥青卷材一层
4	低强度等级砂浆	细石混凝土保护层	10 mm 厚黏土砂浆，石灰膏∶砂∶黏土＝1∶2.4∶3.6
			10 mm 厚石灰砂浆，石灰膏∶砂＝1∶4
			5 mm 厚掺有纤维的石灰砂浆

3. 排水坡度

屋面排水坡度应根据屋顶结构形式、屋面积层类别、防水构造形式、材料性能及使用环境等条件确定，并应符合下列规定：

(1)屋面坡度应符合表 4-8 的规定。

表 4-8　屋面排水坡度

屋面类型			屋面排水坡度/％
平屋面			≥2
瓦屋面	快网		≥30
	波形网		≥20
	沥青瓦		≥20
	金属网		≥20
金属屋面	压型金属板，金属夹心板		≥5
	单层防水卷材金属屋面		≥2
种植屋面			≥2
玻璃采光顶			≥5

(2)当屋面采用结构找坡时，其坡度不应小于 3％。

(3)混凝土屋面檐沟、天沟的纵向坡度不应小于 1％。

4.2.4　认识屋面保温层的要求

保温层是减少屋面热交换作用的构造层。保温层的材料、厚度要满足设计要求，保温层内应干燥。对保温层的要求是材料合格、厚度均匀、分层铺设、表面平整、找坡准确。

保温层设置在防水层上部时，保温层上部应设保护层。保温层设置在防水层下部时，保温层上部应设找平层。屋面坡度超过 25％时，干铺保温层常发生下滑现象，应采取粘贴或铺钉措施，防止保温层变形和位移。

对于正置式屋面或者结构板上直接做找坡层的屋面做法，吸湿性保温材料，如加气混凝土和膨胀珍珠岩制品，不宜用于封闭式保温层。吸湿保温材料在雨期施工、材料受潮或泡水的情况下，如果不能采取有效措施控制保温材料的含水率，由于保温层含水率过高，不但会降低其保温性能，而且在水分汽化时会使卷材防水层产生鼓泡，导致渗漏。因此，采取排汽构造是控制保温材料含水率的有效措施。

保温层宜选用吸水率低、密度和导热系数小，并有一定强度的保温材料；保温层厚度应根据所在地区现行建筑节能设计标准，经计算确定；保温层的含水率，应相当于该材料在当地自然风干状态下的平衡含水率。

倒置式屋面保温层设计应符合下列规定：倒置式屋面的坡度宜为 3％，坡度太大会造成保温材料下滑，太小不利于屋面的排水；保温层应采用吸水率低且长期浸水不变质的保温材料，如挤塑聚苯乙烯泡沫塑料、硬质聚氨酯泡沫塑料和喷涂硬泡聚氨酯等；为了不造成板状保温材料下面长期积水，在保温层的下部应设置排水通道和泄水孔，即板状保温材料的下部纵向边缘应设排水凹缝；保温层与防水层所用材料应相容匹配；有机保温材料长期暴露在外，受到紫外线照射及臭氧、酸碱离子侵蚀会过早老化，以及人在上面踩踏而破坏，且保温层很轻，若不加保护和埋压，容易被大风吹起或被屋面雨水浮起，所以，保温层上面宜采用块体材料或细石混凝土做保护层；檐沟、水落口部位应采用现浇混凝土堵头或砖砌堵头，并应做好保温层排水处理；喷涂硬泡聚氨酯与浅色涂料保护层间应具有相容性。

4.2.5 认识屋面防水层的要求

屋面防水层是能够隔绝水而不使水向建筑物屋顶内部渗透的构造层,其施工质量的优劣,不仅关系到建筑物的使用寿命,而且直接影响到建筑物的使用功能。对屋面防水层的要求是材料合格、工艺准确、厚度合格、粘结牢固、细部合理、表面美观。屋面的防水层应根据屋面防水等级选用,见表4-9。

表4-9 屋面防水等级和防水做法

防水等级	防水做法
Ⅰ级	卷材防水层和卷材防水层、卷材防水层和涂膜防水层、复合防水层
Ⅱ级	卷材防水层、涂膜防水层、复合防水层

防水卷材可选用合成高分子防水卷材和高聚物改性沥青防水卷材,其外观质量和品种、规格应符合国家现行有关材料标准的规定;应根据当地历年最高气温、最低气温、屋面坡度和使用条件等因素,选择耐热度、低温柔性相适应的卷材;应根据地基变形程度、结构形式、当地年温差、日温差和振动等因素,选择拉伸性能相适应的卷材;应根据屋面卷材的暴露程度,选择耐紫外线、耐老化、耐霉烂相适应的卷材;种植隔热屋面的防水层应选耐根穿刺防水卷材。

卷材防水层的最小厚度应符合表4-10的要求。

表4-10 每道卷材防水层最小厚度   mm

防水等级	合成高分子防水卷材	高聚物改性沥青防水卷材		
		聚酯胎、玻纤胎、聚乙烯胎	自粘聚酯胎	自粘无胎
Ⅰ级	1.2	3.0	2.0	1.5
Ⅱ级	1.5	4.0	3.0	2.0

卷材的搭接宽度应符合表4-11的要求。

表4-11 卷材搭接宽度   mm

卷材类别		搭接宽度
合成高分子防水卷材	胶粘剂	80
	胶粘带	50
	单缝焊	60,有效焊接宽度不小于25
	双缝焊	80,有效焊接宽度为10×2+空腔宽
高聚物改性沥青防水卷材	胶粘剂	100
	自粘	80

防水涂料的选择应符合下列规定:防水涂料可选用合成高分子防水涂料、聚合物水泥防水涂料和高聚物改性沥青防水涂料,其外观质量和品种、型号应符合现行国家有关材料标准的规定;应根据当地历年最高气温、最低气温、屋面坡度和使用条件等因素,选择耐热性、低温柔性相适应的涂料;应根据地基变形程度、结构形式、当地年温差、日温差和振动等因素,选择拉伸性能相适应的涂料;应根据屋面涂膜的暴露程度,选择耐紫外线、耐老化相适应的涂料;屋面坡度大于25%时,应选择成膜时间较短的涂料。胎体增强材料宜采用聚酯无纺布或化纤无纺布;胎体增强材料长边搭接宽度不应小于50 mm,短边搭接宽度不应小于70 mm;上下层胎

体增强材料的长边搭接缝应错开，且不得小于幅宽的 1/3；上下层胎体增强材料不得相互垂直铺设。涂膜防水层的最小厚度见表 4-12。

表 4-12　每道涂膜防水层的最小厚度　　　　　　　　　　　　　　　　　　mm

防水等级	合成高分子防水涂膜	聚合物水泥防水涂膜	高聚物改性沥青防水涂膜
Ⅰ级	1.5	1.5	2.0
Ⅱ级	2.0	2.0	3.0

复合防水层设计应符合下列规定：选用的防水卷材与防水涂料应相容；防水涂膜宜设置在防水卷材的下面；挥发固化型防水涂料不得作为防水卷材粘结材料使用；水乳型或合成高分子类防水涂膜上面，不得采用热熔型防水卷材；水乳型或水泥基类防水涂料，应待涂膜实干后再采用冷粘铺贴卷材。复合防水层的最小厚度见表 4-13。

表 4-13　复合防水层最小厚度　　　　　　　　　　　　　　　　　　　　　mm

防水等级	合成高分子防水卷材+合成高分子防水涂膜	自粘聚合物改性沥青防水卷材（无胎）+合成高分子防水涂膜	高聚物改性沥青防水卷材+高聚物改性沥青防水涂膜	聚乙烯丙纶卷材+聚合物水泥防水胶结材料
Ⅰ级	1.2+1.5	1.5+1.5	3.0+2.0	(0.7+1.3)×2
Ⅱ级	1.0+1.0	1.2+1.0	3.0+1.2	0.7+1.3

下列情况不得作为屋面的一道防水设防层：混凝土结构层；Ⅰ型喷涂硬泡聚氨酯保温层；装饰瓦及不搭接瓦；隔汽层；细石混凝土层；卷材或涂膜厚度不符合《屋面工程技术规范》（GB 50345—2012）规定的防水层。

附加层设计应符合下列规定：檐沟、天沟与屋面交接处，屋面平面与立面交接处，以及水落口、伸出屋面管道根部等部位，应设置宽度不小于 250 mm 的卷材或涂膜附加层；屋面找平层分格缝等部位，宜设置卷材空铺附加层，其空铺宽度不宜小于 100 mm；附加层最小厚度应符合表 4-14 的规定。涂膜附加层应夹铺胎体增强材料。

表 4-14　附加层最小厚度　　　　　　　　　　　　　　　　　　　　　　　mm

附加层材料	最小厚度
合成高分子防水卷材	1.2
高聚物改性沥青防水卷材（聚酯胎）	3.0
合成高分子防水涂料、聚合物水泥防水涂料	1.5
高聚物改性沥青防水涂料	2.0

4.2.6　检验批、分项、子分部、分部工程的划分

屋面工程是建筑工程的一个分部工程，包括若干子分部和分项工程。分项工程可根据施工的先后顺序或部位划分为若干检验批，见表 4-15。

表 4-15　屋面工程的分部分项工程划分

分部工程	子分部工程	分项工程
屋面工程	基层与保护	找平层和找坡层，隔汽层，隔离层，保护层
	保温与隔热	板状材料保温层，纤维材料保温层，喷涂硬泡聚氨酯保温层，现浇泡沫混凝土保温层，架空隔热层，蓄水隔热层，种植隔热层

分部工程	子分部工程	分项工程
屋面工程	防水与密封	卷材防水层，涂膜防水层，复合防水层，接缝密封防水
	瓦面与板面	烧结瓦和混凝土瓦铺装，沥青瓦铺装，金属板铺装，玻璃采光顶铺装
	细部构造	檐口，檐沟和天沟，女儿墙和山墙，水落口，变形缝， 伸出屋面管道，屋面出入口，反梁过水孔，设施基座，屋脊，屋顶窗

4.2.7 屋面防水等级和设防要求

根据《屋面工程技术规范》(GB 50345—2012)，屋面防水工程应根据建筑物的类别、重要程度、使用功能要求确定防水等级，并应按相应等级进行防水设防；对防水有特殊要求的建筑屋面，应进行专项防水设计。屋面防水等级和设防要求应符合表 4-16 的规定。

表 4-16 屋面防水等级和设防要求

防水等级	建筑类别	设防要求
Ⅰ级	重要建筑和高层建筑	两道防水设防
Ⅱ级	一般建筑	一道防水设防

4.2.8 屋面工程图纸会审要点

1. 审查设计内容是否全面

屋面工程应根据工程特点、环境条件及使用要求等进行设计，并应包括屋面防水等级和防水层设防要求；屋面工程的构造设计；屋面排水方式和排水系统的设计；找坡方式和找坡材料的选择；防水层选用的材料、厚度、型号规格及其主要物理性能；保温、隔热层选用的材料、厚度及其主要物理性能；屋面细部构造的密封防水措施，选用材料及其主要物理性能。

2. 审查技术措施是否可行到位

屋面防水层设计宜采取下列技术措施：卷材防水层易拉裂部位，宜选用空铺、点粘、条粘等施工方法；防水层易损坏的部位，应增设卷材或涂膜附加层；在坡度较大和垂直面上粘贴防水卷材时，宜采用机械固定和固定点密封的方法；卷材或涂膜防水层上应有保护层；构配件的接缝以及卷材或涂膜的搭接和收头处，应采用与其相适宜的密封材料进行处理。

3. 审查所选材料的性能及兼容性

屋面工程所使用材料在下列情况下应具有相容性：卷材或涂料与基层处理剂；卷材与胶粘剂或胶粘带；卷材与卷材复合使用；卷材与涂料复合使用；密封材料与基层材料。

根据建筑物的性质和屋面使用功能，选择防水材料。外露使用的防水材料，应选用耐紫外线、耐老化、耐酸雨等性能优良的防水材料；上人屋面，应选用耐水、拉伸强度高的防水材料；蓄水屋面、种植屋面等长期处于潮湿环境的防水层，应选用耐腐蚀、耐霉烂、耐穿刺性能优良的防水材料；薄壳、装配式结构、钢结构等大跨度建筑屋面，应选用质量轻和耐热性、适应变形能力优良的防水材料；保温层在防水层之上时，应选用适应变形能力优良、接缝密封保证率高的防水材料；斜坡屋面，应选用与基层粘结力强、感温性小的防水材料；屋面接缝密封防水，应选用与基层粘结力强、位移变形和耐温性能适应使用要求的密封材料。

4. 审查屋面的细部构造

细部构造设计应遵循"多道设防、复合用材、连续密封、局部增强、适应基面"的原则。不同材性的两种材料交接处或基面变形可能产生开裂处应设预留缝(槽)并嵌填密封材料。在易受温差影响变形较大的部位，防水层应采用延伸率大的防水材料。细部构造选用的防水材料应考虑施工环境条件和工艺的可操作性，并与屋面主体防水材料具有相容性。

4.3 屋面找平层施工

4.3.1 施工准备

常用的屋面找平层主要有水泥砂浆找平层和细石混凝土找平层。

(1)作业条件：将基层表面清理干净，进行处理，以有利于基层与找平层的结合，如提前浇水湿润等。

(2)工具：小推车、木抹子、铁抹子、筛子、小扫把、灰桶、水桶、木拍板等。

4.3.2 施工工艺

(1)基层清理：应将尘土、杂物等清理干净，凸出基层表面的灰渣等黏结杂物要铲平，不得影响找平层的有效厚度。

(2)洒水湿润：在抹找平层前，应对基层洒水湿润，但不能将水浇透，宜适当掌握，以达到找平层、保温层能牢固结合为准。

(3)冲筋和贴灰饼：根据坡度拉线找坡贴灰饼，顺排水方向冲筋，冲筋的间距为 1.5 m，冲筋后应抹找平层。

(4)分格缝设置：分格缝兼作屋面的排汽道，应适当加宽，并应与保温层连通，一般分格缝的宽度为 20 mm，分格缝的留置应在预制结构的拼缝处，其纵缝的最大间距，水泥砂浆找平层不宜大于 6 m，沥青砂浆找平层不宜大于 4 m。

(5)铺灰压头遍：沟边、拐角、根部等处应在大面积抹灰前先做，有坡度要求的部位必须满足排水要求。

(6)铁抹子压第二遍、第三遍：当水泥砂浆开始凝结，人踩上去有脚印但不下陷时，用铁抹子压第二遍，注意不得漏压，并把死坑、死角、砂眼抹平；当抹子压不出抹纹时，即可找平、压实，宜在砂浆初凝前抹平、压实。

(7)养护：找平层抹平、压实后，常温时在 24 h 后开始浇水养护，养护时间一般不少于 7 d，干燥后即可进行防水层施工。

4.3.3 施工质量要求

1. 主控项目

(1)找坡层和找平层所用材料的质量及配合比，应符合设计要求。

检验方法：检查出厂合格证、质量检验报告和计量措施。

(2)找坡层和找平层的排水坡度，应符合设计要求。

检验方法：坡度尺检查。

2. 一般项目

(1)找平层应抹平、压光，不得有酥松、起砂、起皮现象。

检验方法：观察检查。

(2)卷材防水层的基层与突出屋面结构的交接处，以及基层的转角处，找平层应做成圆弧形，且应整齐、平顺。

检验方法：观察检查。

(3)找平层分格缝的宽度和间距,均应符合设计要求。

检验方法:观察和尺量检查。

(4)找坡层表面平整度的允许偏差为 7 mm,找平层表面平整度的允许偏差为 5 mm。

检验方法:2 m 靠尺和塞尺检查。

4.3.4 成品保护与安全环保措施

(1)在抹好的找平层上推小车运输时,应先铺设脚手板车道,以防止破坏找平层表面。

(2)找平层施工完毕,未达到一定强度时不得上人踩踏。

(3)雨水口、内排雨口在施工过程中,应采取临时措施封口,防止杂物进入堵塞。

(4)屋面周边应做好临边防护。

(5)五级以上大风和雨、雪天,应停止屋面工程施工。

4.4 屋面保温层施工

4.4.1 施工准备

屋面保温层所用材料主要有松散、板状保温材料和现浇整体保温材料。松散保温材料,如蛭石、炉渣等;板状保温材料有珍珠岩保温板、聚苯块等;现浇整体保温材料,如现浇泡沫混凝土等。

(1)工具:大小平锹、铁板、手推胶轮车、铁抹子、木抹子、木杠等。

(2)作业条件:基层经检查办理交接验收手续,屋面露出物应清除并清理干净,穿过屋面的管道根部应做好转角处理。

4.4.2 施工工艺

(1)基层清理:预制或现浇混凝土的基层表面,应将尘土、杂物等清理干净。

(2)铺设隔汽层:应按设计要求或相关规范规定铺好隔汽层。

(3)铺设松散保温层:

1)松散保温层如采用炉渣应经筛选,严格控制粒径,铺水泥焦渣要加水预闷。

2)松散保温材料应分层铺设,并进行适当压实,每层铺设的厚度应不大于 150 mm,其压实程度及厚度应根据设计要求确定,完工后保温层的允许偏差为 10% 或 −5%。

3)铺设顺序应从一端开始退着向另一端进行,要振捣密实,表面用木杠刮平,用木抹子粗抹一遍。

4)干铺板块保温材料时应先将接触面清扫干净,板块应铺平垫稳,分层铺设的板块,其上下两层的接缝应错开,各层板之间的缝隙应用同类材料的碎屑嵌填密实,表面应与相邻两板的高度一致。

5)如设计要求采用倒置式屋面,其防水层要平整,不得有积水现象,保温层使用憎水性胶结材料,要用机械搅拌均匀;对于檐口抹灰、薄钢板檐口安装等项,应严格按照施工顺序,在找平层前完成。

4.4.3 施工质量要求

1. 板状材料保温层施工质量要求

(1)主控项目。

1)板状保温材料的质量,应符合设计要求。

检验方法:检查出厂合格证、质量检验报告和进场检验报告。

2)板状材料保温层的厚度应符合设计要求,其正偏差应不限,负偏差应为5%,且不得大于4 mm。

检验方法:钢针插入和尺量检查。

3)屋面热桥部位处理应符合设计要求。

检验方法:观察检查。

(2)一般项目。

1)板状保温材料铺设应紧贴基层,应铺平垫稳,拼缝应严密,粘贴应牢固。

检验方法:观察检查。

2)固定件的规格、数量和位置均应符合设计要求;垫片应与保温层表面齐平。

检验方法:观察检查。

3)板状材料保温层表面平整度的允许偏差为5 mm。

检验方法:2 m靠尺和塞尺检查。

4)板状材料保温层接缝高低差的允许偏差为2 mm。

检验方法:直尺和塞尺检查。

2. 纤维材料保温层的施工质量要求

(1)主控项目。

1)纤维保温材料的质量,应符合设计要求。

检验方法:检查出厂合格证、质量检验报告和进场检验报告。

2)纤维材料保温层的厚度应符合设计要求,其正偏差应不限,毡不得有负偏差,板负偏差应为4%,且不得大于3 mm。

检验方法:钢针插入和尺量检查。

3)屋面热桥部位处理应符合设计要求。

检验方法:观察检查。

(2)一般项目。

1)纤维保温材料铺设应紧贴基层,拼缝应严密,表面应平整。

检验方法:观察检查。

2)固定件的规格、数量和位置应符合设计要求;垫片应与保温层表面齐平。

检验方法:观察检查。

3)装配式骨架和水泥纤维板应铺钉牢固,表面应平整;龙骨间距和板材厚度应符合设计要求。

检验方法:观察和尺量检查。

4)具有抗水蒸气渗透外覆面的玻璃棉制品,其外覆面应朝向室内,拼缝应用防水密封胶带封严。

检验方法:观察检查。

3. 喷涂硬泡聚氨酯保温层施工质量要求

(1)主控项目。

1)喷涂硬泡聚氨酯所用原材料的质量及配合比,应符合设计要求。

检验方法:检查原材料出厂合格证、质量检验报告和计量措施。

2)喷涂硬泡聚氨酯保温层的厚度应符合设计要求,其正偏差应不限,不得有负偏差。

检验方法:钢针插入和尺量检查。

3)屋面热桥部位处理应符合设计要求。

检验方法:观察检查。

(2)一般项目。

1)喷涂硬泡聚氨酯应分遍喷涂,黏结应牢固,表面应平整,找坡应正确。

检验方法:观察检查。

2)喷涂硬泡聚氨酯保温层表面平整度的允许偏差为 5 mm。

检验方法:2 m 靠尺和塞尺检查。

4.4.4　成品保护与安全环保措施

(1)在已铺完的保温层上行走胶轮车,应垫脚手板保护。

(2)保温层施工完成后,应及时铺抹水泥砂浆找平层,以减少受潮和雨水进入,使含水率增大;在雨期施工,要采取防雨措施。

(3)屋面周边应做好临边防护。

(4)六级以上大风和雨、雪天,避免在屋面上施工。

4.5　涂膜防水施工

4.5.1　施工准备

(1)基层检查:涂膜防水层施工前,应检查基层的质量是否符合设计要求,并清扫干净,如出现缺陷应及时加以修补。

(2)材料准备:按施工面积计算防水材料及配套材料的用量,安排分批进场和抽检,不合格的防水材料不得在建筑工程中使用。

(3)施工机具准备:根据防水涂料的品种选用相应的计量器具、搅拌机具、运输工具、涂布工具等。

(4)防水涂料严禁在雨天、雪天和五级风及其以上时进行施工,以免影响涂料的成膜质量。溶剂型防水涂料施工时的环境温度不得低于−5 ℃,水乳型防水涂料不得低于 5 ℃。

(5)搅拌:采用双组分涂料时,每份涂料在配料前必须先搅匀。配料应根据材料生产厂家提供的配合比现场配制。

4.5.2　施工工艺

(1)涂(刷)基层处理剂时,应用刷子用力薄涂,使涂料尽量刷进基层表面毛细孔中,并将基层可能留下的少量灰尘等无机杂质,像填充料一样混入基层处理剂中,使其与基层牢固结合。

(2)涂刷涂膜防水层时,涂刷的顺序应先垂直面,后水平面;先阴阳角、细部,后大面,而且每一道涂膜防水层的涂刷顺序都应相互垂直。

(3)在需要重点处理的细部,要增加一道增强涂布或玻璃丝布,特殊部位如阴阳角处应先做尺寸为 50 mm 的聚合物水泥砂浆圆弧,再做宽度为 300 mm 的附加防水层。

(4)涂刷涂膜防水层时要待前一层涂膜固化干燥后进行,并应先检查其上有无残留的气孔或气泡。

(5)在底胶干燥固化后,用塑料或橡皮刮板均匀涂刷一层厚约 0.6 mm 的涂料,涂刮时用力要均匀一致。平面或坡面施工后，在防水层未固化前不应踩踏。涂抹过程中要留出施工退路，或采用分区、分片后退法施工。

(6)第二遍涂膜施工：在第一遍涂膜固化24 h后，对所涂膜的空鼓、气孔、砂、卷进涂料的灰尘、涂层伤痕和固化不良等进行修补后刮第二遍涂料，涂刮方向与第一遍涂刮方向垂直，厚度控制在0.7 mm左右，涂膜顺序先立面后平面。

(7)在第二层涂膜固化24 h后，进行第三遍涂膜，厚度应控制在0.7 mm左右，涂膜总厚度按照设计要求控制在2 mm左右。

(8)在最后一道涂膜防水层固化前，要先在其表面稀撒粒径细小的石渣，再在外墙和底板上分别做保护层，以增强涂膜与其保护层的黏结能力。

4.5.3　施工质量要求

1. 主控项目

(1)防水涂料和胎体增强材料的质量，应符合设计要求。

检验方法：检查出厂合格证、质量检验报告和进场检验报告。

(2)涂膜防水层不得有渗漏和积水现象。

检验方法：雨后观察或淋水、蓄水试验。

(3)涂膜防水层在檐口、檐沟、天沟、水落口、泛水、变形缝和伸出屋面管道的防水构造，应符合设计要求。

检验方法：观察检查。

(4)涂膜防水层的平均厚度应符合设计要求，且最小厚度不得小于设计厚度的80％。

检验方法：针测法或取样量测。

2. 一般项目

(1)涂膜防水层与基层应黏结牢固，表面应平整，涂布应均匀，不得有流淌、皱褶、起泡和露胎体等缺陷。

检验方法：观察检查。

(2)涂膜防水层的收头应用防水涂料多遍涂刷。

检验方法：观察检查。

(3)铺贴胎体增强材料应平整顺直，搭接尺寸应准确，应排除气泡，并应与涂料黏结牢固；胎体增强材料搭接宽度的允许偏差为−10 mm。

检验方法：观察和尺量检查。

4.5.4　成品保护与安全环保措施

(1)施工人员必须穿软底鞋在屋面进行操作，并避免在施工完的防水层上走动，以免鞋钉及尖硬物将防水层划破。

(2)防水涂层干燥固化后，应及时做保护层，减少不必要的返修。

(3)涂膜防水层施工时，防水涂料不得污染已做好饰面的墙壁和门窗等。

(4)严禁在已施工好的防水层上堆放物品。

(5)穿过屋面的管道应加以保护，施工过程中不得碰坏；地漏、水落口等处施工中应采取措施保持畅通，防止堵塞。

(6)防水材料为易燃材料，容易引发火灾，必须注意安全。

(7)施工现场应备有干粉灭火器或消防器材，施工现场不得有易燃物、不得有电焊等明火作业，以免发生火灾。

(8)防水材料施工时应保持通风。

4.6　高聚物改性沥青防水卷材施工

4.6.1　施工准备

(1)基层检查：卷材防水层施工前，应检查基层的质量是否符合设计要求并清扫干净，如出现缺陷应及时加以修补。

(2)材料准备：按施工面积计算防水材料及配套材料的用量，安排分批进场和抽检，不合格的防水材料不得在建筑工程中使用。

(3)施工机具准备：根据防水涂料的品种选用相应的计量器具、搅拌机具、运输工具、涂布工具等。

(4)防水施工严禁在雨天、雪天和五级风及其以上时施工，以免影响粘贴质量。

4.6.2　施工工艺

1. 卷材铺贴方向

卷材的铺贴方向应根据屋面坡度和屋面是否有振动来确定。当屋面坡度小于3%时，卷材宜平行于屋脊铺贴；屋面坡度为3%～15%时，卷材可平行或垂直于屋脊铺贴；屋面坡度大于15%或受振动时，沥青卷材、高聚物改性沥青卷材应垂直于屋脊铺贴，合成高分子卷材可根据屋面坡度、屋面有否受振动、防水层的粘结方式、粘结强度、是否机械固定等因素综合考虑采用平行或垂直于屋脊铺贴。上下层卷材不得相互垂直铺贴。屋面坡度大于25%时，卷材宜垂直于屋脊方向铺贴并应采取固定措施，固定点还应密封。

2. 涂刷基层处理剂

当找平层经检验证实已干燥后，在铺贴卷材之前应在找平层上涂刷一道冷底子油做基层处理剂。冷底子油应采用商品化冷底子油，不宜自行配制。

冷底子油采用长柄滚刷涂刷，要求涂刷均匀，不漏涂。当冷底油挥发干燥后，即可铺贴卷材防水层。如涂刷冷底油后因气候、材料等影响，较长时间不能铺贴卷材时，则在以后铺贴卷材之前应重刷一道冷底子油，以清除找平层上的灰尘、杂物，增强卷材与基层的黏结。

3. 卷材搭接缝宽度

改性沥青卷材防水层一般采用热熔满粘法施工，故要求长边的搭接缝宽度均不得小于80 mm，短边不得小于100 mm。为确保搭接缝的宽度，应先在找平层上弹出墨线，进行卷材试铺，无问题后方可正式铺贴。

4. 掌握好卷材热熔胶的加热程度

若卷材底部的热熔胶加热不足，会造成卷材与基层黏结不牢；若过分加热，又容易使卷材烧穿，胎体老化，热熔胶焦化变脆，严重降低防水层的质量。因此，要求烘烤时要使卷材底面和基层同时均匀加热，喷枪的喷嘴与卷材面的距离要适中，一般保持在50～100 mm，与基层呈30°～45°角。喷枪要沿着卷材横向缓缓来回移动，移动速度要合适，使在卷材幅宽内加热温度均匀，至热熔胶融呈光亮黑色时，即可趁卷材柔软的情况下滚铺粘贴。

5. 辊压、排气

卷材铺贴完成后，应趁热用压辊滚压。卷材始端铺贴完成后，即可进行大面积滚铺。持枪人位于卷材滚铺方向，推滚卷材人位于已铺好的卷材始端上面，待卷材加热后缓缓推压卷材，并随时注意卷材的平整、顺直和搭接的宽度。其后跟随一人用棉纱团等从中间向两边抹压卷材，排出卷材下面的空气，并用刮刀将溢出的热熔胶刮压接边缝；另一人用压辊压实卷材，使其黏结牢固，表面平展，无皱褶现象。

6. 铺贴

铺贴时，应使卷材与基层紧密黏结，避免铺斜、扭曲，仔细压紧、刮平，赶出气泡封严。如发现已铺贴卷材有气泡、空鼓或翘边等现象，应及时处理。

末端收头处理封边：将卷材采用橡胶沥青胶粘剂将末端黏结封严。

7. 搭接缝施工

在进行搭接缝黏结施工前，应将卷材表面80～100 mm宽用喷枪烧熔，注意不要烧伤搭接缝处的卷材。粘贴搭接缝卷材时，当卷材底部的热熔胶熔融至呈光亮的黑色即可粘贴，并进行滚压至热熔胶溢出，收边者趁热用刮板将溢出的热胶刮平，沿边封严。当整个卷材防水层铺贴完毕后，在所有搭接缝边均要用改性沥青弹性密封膏涂封，宽度为10 mm。

8. 细部处理

屋面要处理的细部一般有女儿墙、水落口、泛水、变形缝和凸出屋面的管道等。

4.6.3 施工质量要求

1. 主控项目

(1)防水卷材及其配套材料的质量，应符合设计要求。

检验方法：检查出厂合格证、质量检验报告和进场检验报告。

(2)卷材防水层不得有渗漏和积水现象。

检验方法：雨后观察或淋水、蓄水试验。

(3)卷材防水层在檐口、檐沟、天沟、水落口、泛水、变形缝和伸出屋面管道的防水构造，应符合设计要求。

检验方法：观察检查。

2. 一般项目

(1)卷材的搭接缝应黏结或焊接牢固，密封应严密，不得扭曲、皱褶和翘边。

检验方法：观察检查。

(2)卷材防水层的收头应与基层黏结，钉压应牢固，密封应严密。

检验方法：观察检查。

(3)卷材防水层的铺贴方向应正确，卷材搭接宽度的允许偏差为-10 mm。

检验方法：观察和尺量检查。

(4)屋面排汽构造的排汽道应纵横贯通，不得堵塞；排汽管应安装牢固，位置应正确，封闭应严密。

检验方法：观察检查。

4.6.4 成品保护与安全环保措施

(1)施工人员必须穿软底鞋在屋面进行操作，并避免在施工完的防水层上走动，以免鞋钉及尖硬物将防水层划破。

(2)严禁在已施工好的防水层上堆放物品。

(3)穿过屋面的管道应加以保护，施工过程中不得碰坏；地漏、水落口等处施工时应采取措施保持畅通，防止堵塞。

(4)防水材料为易燃材料，容易引发火灾，必须注意安全。

(5)施工现场应备有干粉灭火器或消防器材，施工现场不得有易燃物、电焊等明火作业，以免发生火灾。

(6)防水材料施工时应保持通风。

4.7　合成高分子卷材施工

4.7.1　施工准备

(1)基层检查：卷材防水层施工前，应检查基层的质量是否符合设计要求并清扫干净，如出现缺陷应及时加以修补。

(2)材料准备：按施工面积计算防水材料及配套材料的用量，安排分批进场和抽检，不合格的防水材料不得在建筑工程中使用。

(3)施工机具准备：根据防水涂料的品种选用相应的计量器具、搅拌机具、运输工具、涂布工具等。

(4)防水施工严禁在雨天、雪天和五级风及其以上时施工，以免影响粘贴质量。

4.7.2　施工工艺

(1)将卷材展开并定位：把卷材折回一半，使卷材底面有一半暴露；折回的卷材应平滑、无皱褶。

(2)搅匀基层胶粘剂并用绒毛滚刷或毛刷把胶均匀涂布在基层和卷材上，不要结球，并保证使两个表面都达到100%涂布，但在卷材搭接区域不要涂布基层胶粘剂；基层胶粘剂干燥至仍然发黏但手指接触不粘时，即可开始铺贴卷材。

(3)操作时应将卷材沿长方向已涂胶一侧向外对折，对准基准线将涂过胶干燥的一半卷材滚铺进涂过胶的基层上。铺贴时不能拉伸卷材，并避免出现皱褶缺陷；每铺完一幅卷材后，立即在卷材表面用力滚压，以保证卷材与其粘贴牢固；折回卷材未黏结的一半，按照上述工艺完成整幅卷材的铺贴。

(4)垂直面防水层卷材应由下向上铺贴，涂胶及晾胶的方法与平面相同。

(5)卷材搭接缝的黏结和密封。

1)卷材与卷材的连接采用搭接方式，搭接宽度为短边80 mm，长边80 mm。

2)相邻卷材搭接定位，用专用清洗剂清洁搭接区域后，均匀涂刷搭接胶粘剂。

3)待搭接胶粘剂干燥至仍有黏性但手指接触不粘时，沿底部卷材的内边缘13 mm以内，挤涂4 mm宽的内密封膏膏条，在所有的接缝上，特别是接缝相交处要确保密封膏不间断。

4)在内密封膏挤涂完毕后，进行卷材搭接黏结作业，用手一边压合一边排除空气，使搭接部位粘合，不要拉伸卷材或使卷材出现皱褶；随后，立即用手持钢压辊以正向压力向接缝外边缘辊压，保证黏结牢固，滚压方向应与接缝方向垂直。

5)用沾有配套清洗剂的布清理接缝，以接缝为中心线挤涂搭接密封膏，并用带有凹槽的专用刮板沿接缝中心线以45°角刮涂压实外密封膏，使其定型。搭接密封膏应在搭接完成2 h后施加，并应当日完成。

(6)细部处理。在铺设大面卷材防水层之前，应先在排水和变形比较集中的细部节点(如女儿墙、水落口、泛水、变形缝和凸出屋面的管道等)做好附加防水层。屋面要处理的细部一般有水落口、泛水、变形缝和凸出屋面的管道等。

4.7.3　施工质量要求

1. 主控项目

(1)防水卷材及其配套材料的质量,应符合设计要求。

检验方法:检查出厂合格证、质量检验报告和进场检验报告。

(2)卷材防水层不得有渗漏和积水现象。

检验方法:雨后观察或淋水、蓄水试验。

(3)卷材防水层在檐口、檐沟、天沟、水落口、泛水、变形缝和伸出屋面管道的防水构造,应符合设计要求。

检验方法:观察检查。

2. 一般项目

(1)卷材的搭接缝应黏结或焊接牢固,密封应严密,不得扭曲、皱褶和翘边。

检验方法:观察检查。

(2)卷材防水层的收头应与基层黏结,钉压应牢固,密封应严密。

检验方法:观察检查。

(3)卷材防水层的铺贴方向应正确,卷材搭接宽度的允许偏差为−10 mm。

检验方法:观察和尺量检查。

(4)屋面排汽构造的排汽道应纵横贯通,不得堵塞;排汽管应安装牢固,位置应正确,封闭应严密。

检验方法:观察检查。

4.7.4　成品保护与安全环保措施

(1)施工人员必须穿软底鞋在屋面进行操作,并避免在施工完的防水层上走动,以免鞋钉及尖硬物将防水层划破。

(2)严禁在已施工好的防水层上堆放物品。

(3)穿过屋面的管道应加以保护,施工过程中不得碰坏;地漏、水落口等处施工时应采取措施保持畅通,防止堵塞。

(4)防水材料为易燃材料,容易引发火灾,必须注意安全。

(5)施工现场应备有干粉灭火器或消防器材,施工现场不得有易燃物、电焊等明火作业,以免发生火灾。

(6)防水材料施工时应保持通风。

4.8　瓦屋面施工

4.8.1　平瓦屋面施工

平瓦主要是指传统的机制平瓦和水泥平瓦,平瓦屋面由平瓦和脊瓦组成,平瓦用于铺盖坡面,脊瓦铺盖于屋脊上。

(1)平瓦屋面施工工艺:平瓦屋面施工工艺如图4-7所示。

(2)屋面、檐口瓦:挂瓦次序从檐口由下到上、自左向右方向进行。檐口瓦要挑出檐口50~70 mm;瓦后爪均应挂在挂瓦条上,与左边、下边两块瓦落槽密合,随时注意瓦面、瓦楞平直,不符合质量要求的瓦不能铺挂。瓦的搭接应顺主导风向,以防漏水。檐口瓦应铺成一条直线，天沟处的瓦要根据宽度及斜度弹线锯料。整坡瓦应平整，行列横平竖直，无翘角和张口现象。

（3）斜脊、斜沟瓦：先将整瓦挂上，沟边要求搭盖泛水宽度不小于 150 mm，弹出墨线，编好号码，将多余的瓦面砍去，然后按号码次序挂上；斜脊处的平瓦也按上述方法挂上，保证脊瓦搭接平瓦每边不小于 40 mm，弹出墨线，编好号码，砍去多余部分，再按次序挂好。斜脊、斜沟处的平瓦要保证使用部分的瓦面质量。

（4）脊瓦：挂平脊、斜脊脊瓦时，应拉通长麻线，铺平挂直。扣脊瓦用 1∶2.5 石灰砂浆铺坐平实，脊瓦接口和脊瓦与平瓦间的缝隙处，要用掺抗裂纤维的灰浆嵌严刮平，脊瓦与平瓦的搭接每边不少于 40 mm；平脊的接头口要顺主导风向；斜脊的接头口向下，平脊与斜脊的交接处要用麻刀灰封严。铺好的平脊和斜脊平直，无起伏现象。

图 4-7　平瓦屋面施工工艺

4.8.2　油毡瓦屋面施工

油毡瓦是以玻璃纤维毡为胎基，经浸涂石油沥青后，一面覆盖彩砂矿物粒料，另一面撒以隔离材料，并经切割所制成的瓦片状屋面防水材料。

（1）油毡瓦施工工艺：油毡瓦施工工艺如图 4-8 所示。

（2）油毡瓦屋面坡度宜为 20%～85%。

（3）屋面基层应清除杂物、灰尘，基层应具有足够的强度、平整度，干净，无起砂、起皮等缺陷。

（4）细部节点处理和防水层施工：根据设计要求，对屋面与凸出屋面结构的交接处、女儿墙泛水、檐沟等部位，用涂料或卷材进行防水处理，验收合格后方可进行防水层施工。

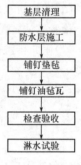

图 4-8　油毡瓦施工工艺

（5）油毡瓦应自檐口向上铺设，如图 4-9 所示。第一层瓦应与檐口平行，切槽应向上指向屋脊，用油毡钉固定，如图 4-10 所示；第二层油毡瓦应与第一层叠合，但切槽应向下指向檐口，如图 4-11 所示；第三层油毡瓦应压在第二层上，并露出切槽 125 mm，油毡瓦之间的对缝，上下层不应重合，如图 4-12 所示。每片油毡瓦用不应少于 4 个油毡钉固定；当屋面坡度大于 80% 时，应增加油毡钉固定。

图 4-9　油毡瓦铺贴方向

图 4-10　第一层油毡瓦

（6）油毡瓦铺设在木基层上时，可用油毡钉固定；油毡瓦铺设在混凝土基层上时，可用射钉固定，也可以采用冷玛琋脂或胶粘剂黏结固定。图 4-13 所示为钢钉固定油毡瓦的做法。图中可以看到该油毡瓦质量低劣，自粘处已经干燥了；同时，钢钉的钉帽过小。

图 4-11　第二层油毡瓦

图 4-12　第三层以上的油毡瓦

（7）将油毡瓦切槽剪开分成四块即可作为脊瓦，并搭盖两坡面油毡瓦 1/3，脊瓦相互搭接面不应小于 1/2，如图 4-14 所示。

图 4-13　钢钉固定油毡瓦

图 4-14　脊瓦

（8）屋面与凸出屋面结构的交接处，油毡瓦应铺贴至立面上，高度不应小于 250 mm。

4.8.3　金属板材瓦屋面施工

（1）金属板材屋面的施工工艺：金属板材屋面的施工工艺如图 4-15 所示。

（2）屋面坡度不应小于 1/20，也不应大于 1/6；在腐蚀环境中屋面坡度不应小于 1/12。《建筑与市政工程防水通用规范》（GB 55030—2022）规定，屋面压型金属板的厚度应由结构设计确定，且应符合下列规定：压型铝合金面层板的工程厚度不应小于 0.9 mm；压型钢板面层板的工程厚度不应小于 0.6 mm；压型不锈钢面层板的公称厚度不应小于 0.5 mm。

（3）屋面板采用切边铺法时，上下两块板的板峰应对齐；不切边铺法时，上下两块板的板峰应错开一波。铺板应挂线铺设，使纵横对齐，横向搭接不小于一个波，长向（侧向）搭接，应顺年最大频率风向搭接，端部搭接应顺流水方向搭接，搭接长度不应小于 200 mm。屋面板铺设从一端开始，往另一端同时向屋脊方向进行。

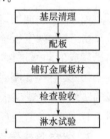

基层清理
配板
铺钉金属板材
检查验收
淋水试验

图 4-15　金属板材
屋面的施工工艺

（4）每块金属板材两端支承处的板缝均应用 M6.3 自攻螺钉与檩条固定，中间支承处应每隔一个板峰用 M6.3 自攻螺钉与檩条固定。钻孔时，应垂直、不偏斜，将板与檩条一起钻穿。螺栓固定前，先垫好长短边的密封条，套上橡胶密封垫圈和不锈钢压盖一起拧紧。

（5）铺板时两板长向搭接间应放置一条通长密封条，端头应放置两条密封条（包括屋脊板、

171

泛水板、包角板等），密封条应连续、不得间断。螺栓拧紧后，两板的搭接口处还应用丙烯酸或硅酮密封膏封严。

（6）两板铺设后，两板的侧向搭接处用拉铆钉连接，所用铆钉均应用丙烯酸或硅酮密封膏封严，并用金属或塑料杯盖保护。

4.9　隔热屋面施工

4.9.1　架空屋面施工

1. 架空隔热层面构造

（1）架空隔热屋面应在通风较好的平屋面建筑上使用，夏季风量小的地区和通风差的建筑上使用效果不好，尤其在高女儿墙情况下不宜采用，应采取其他隔热措施。寒冷地区也不宜采用，因为到冬天寒冷时也会降低屋面温度，反而使室内降温。

（2）架空的高度一般为 $100\sim300$ mm，并要视屋面的宽度、坡度而定。如果屋面宽度超过 10 m 时，应设通风屋脊，以加强通风强度。架空隔热板距离女儿墙不小于 250 mm，以利于通风，避免顶裂山墙。架空做法如图 4-16 所示。

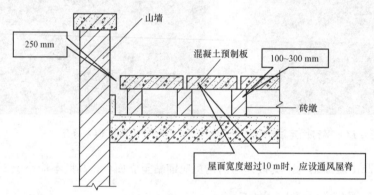

图 4-16　架空隔热屋面做法

（3）架空屋面的进风口应设在当地炎热季节最大频率风向的正压区，出风口设在负压区。

（4）铺设架空板前，应清扫屋面上的落灰、杂物，以保证隔热层气流畅通，但操作时不得损伤已完成的防水层。

（5）架空板支座底面的柔性防水层上应采取增设卷材或柔软材料的加强措施，以免损坏已完工的防水层。架空板的铺设应平整、稳固，缝隙宜采用水泥砂浆或水泥混合砂浆嵌填，如图 4-17 所示。

2. 架空隔热屋面施工工艺

（1）工艺流程。屋面清理→弹支墩位置线→加强防水层铺贴→支墩砌筑→架空板安装→嵌缝。

（2）施工要点。

1）屋面清理。施工验收完成的防水层上清除杂物、清扫干净。

2）弹支墩位置线。根据屋面几何形状和架空板尺寸，用粉线放出支墩纵横中心线。

3）加强防水层铺贴。当在卷材或涂膜防水层上砌筑支墩时，应先铺设略大于支墩面积的卷材一层，操作时不得损坏已完工的防水层。

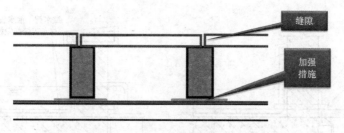

图 4-17 架空板的做法

4)支墩砌筑。按已弹出的支墩位置线，设计坡度要求先砌筑四角及屋脊处的标准支墩，距离较远时可在中间适当增加标准支墩，然后纵横拉线确定中间各支墩的高度，砌筑时做到灰浆饱满，随手清缝，靠檐口四角的支墩应采用1∶2.5的水泥砂浆抹面，达到纵横顺直，坡度准确。

5)架空板安装。空板宜拉线安装，坐浆刮平，垫稳，板缝整齐一致，并应边铺边清除落地灰、杂物等，保证架空层空气畅通。架空板与山墙及女儿墙的距离不宜小于250 mm，架空板与防水层之间的间距宜为100～300 mm。

上人架空板可随屋面坡度拼接，拼接缝可用砂浆勾平，也可以不勾缝。不上人的架空层，可以加大坡度。使用轻型的板材，也可以鱼鳞状搭接或锯齿形铺设，但应采取防风的措施。

架空板铺设完成后，应逐块检查，达到支垫平稳、板缝均匀、无倒坡晃动现象，相邻两板高差不大于3 mm。

6)嵌缝。板缝用1∶(2～2.5)水泥砂浆嵌缝填密实，嵌缝宜做成平缝或低于板面2～3 mm的凹缝，并按设计要求留置变形缝，缝宽为20 mm，采用柔性材料嵌填密实。

4.9.2 蓄水屋面施工

蓄水屋面是在屋面防水层上蓄一定高度的水，起到隔热作用的屋面。蓄水屋面对防水层和屋盖结构起到有效的保护作用，延缓了防水层的老化，但其要求屋面防水层有效和耐久，否则会引起渗漏，很难修补，所以，蓄水屋面宜选用刚性细石混凝土防水层或在柔性防水层上面再做刚性细石混凝土的复合防水层。深蓄水屋面蓄水深宜为500 mm，浅蓄水屋面蓄水深为200 mm。

1. 构造和对防水层要求

(1)蓄水屋面的防水层，宜采用刚柔结合的防水方案。柔性防水层应采用耐腐蚀、耐霉烂、耐穿刺性好的涂料或卷材，最佳方案是采用涂膜防水层和卷材防水层复合，然后在防水层上浇筑配筋细石混凝土。它既是刚性防水层，又是柔性防水层的保护层。刚性防水层的分格缝和蓄水分区相结合，分格间距一般不大于10 m，以便于管理、清扫和维修，缩小蓄水面积，也可防止大风吹起浪花，影响周围环境。细石混凝土的分格缝应填密封材料。

(2)蓄水屋面坡度不宜大于0.5%，并应划分为若干蓄水区，每区的边长不宜大于10 m；在变形缝两侧，应分成两个互不连通的蓄水区；长度超过40 m的蓄水屋面，应做横向伸缩缝一道，分区隔墙可用混凝土，也可用砖砌抹面，同时兼作人行通道。分隔墙间应设可以关闭和开启的连通孔、进水孔、溢水孔。

(3)蓄水屋面的泛水和隔墙应高出蓄水深度100 mm，并在蓄水高度处留置溢水口。在分区隔墙底部设过水孔，泄水孔应与水落管连通，如图4-18所示。

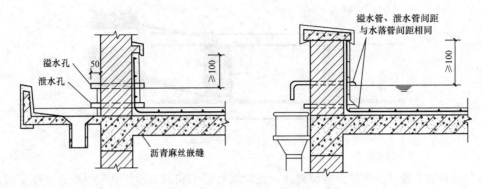

图 4-18 蓄水屋面做法

2. 防水层施工要求

(1)蓄水屋面如采用柔性防水层复合时，应先施工柔性防水层，再做隔离层，然后浇筑细石混凝土防水层。柔性防水层施工完成后，应进行蓄水检验，无渗漏后才能继续下一道工序的施工(图 4-19)。柔性防水层与刚性防水层或刚性保护层间应设置隔离层。

图 4-19 施工流程

(2)蓄水屋面预埋管道及孔洞应在浇筑混凝土前预埋牢固和预留孔洞，不得事后打孔凿洞。

(3)蓄水屋面的细石混凝土原材料和配合比应符合刚性防水层的要求，宜掺加膨胀剂、减水剂和密实剂，以减少混凝土的收缩。蓄水屋面的分格缝不能过多，一般要放宽间距，分格间距不宜大于 10 m。

(4)每分格区内的混凝土应一次浇完，不得留设施工缝。

(5)防水混凝土必须机械搅拌、机械振捣，随捣随抹，抹压时不得洒水、撒干水泥或加水泥浆。混凝土收水后应进行二次压光，及时养护，如放水养护应结合蓄水，不得再使其干涸。

(6)分格缝嵌填密封材料后，上面应做砂浆保护层进行保护。

(7)蓄水屋面的每块盖板间应留设 20~30 mm 的缝隙，以便下雨时蓄水。

3. 质量要求

(1)主控项目。

1)防水混凝土所用材料的质量及配合比，应符合设计要求。

检验方法：检查出厂合格证、质量检验报告、进场检验报告和计量措施。

2)防水混凝土的抗压强度和抗渗性能，应符合设计要求。

检验方法：检查混凝土抗压和抗渗试验报告。

3)蓄水池不得有渗漏现象。

检验方法：蓄水至规定高度观察检查。

(2)一般项目。

1)防水混凝土表面应密实、平整，不得有蜂窝、麻面、露筋等缺陷。

检验方法：观察检查。

2)防水混凝土表面的裂缝宽度不应大于 0.2 mm，并不得贯通。

检验方法：刻度放大镜检查。

3)蓄水池上所留设的溢水口、过水孔、排水管、溢水管等，其位置、标高和尺寸均应符合设计要求。

检验方法：观察和尺量检查。

4)蓄水池结构的允许偏差和检验方法应符合表 4-17 的规定。

表 4-17　蓄水池结构的允许偏差和检验方法

项目	允许偏差/mm	检验方法
长度、宽度	+15，−10	尺量检查
厚度	±5	
表面平整度	5	2 m 靠尺和塞尺检查
排水坡度	符合设计要求	坡度尺检查

5)蓄水屋面应安装自动补水装置，蓄水后就不得干涸。水面植萍时，应有专人管理。防水层完成后应先行试水，合格后才可蓄水。

4.9.3　种植屋面施工

种植屋面不仅能有效地保护防水层和屋面结构层，而且对建筑物有很好的保温隔热效果，对城市环境起到绿化和美化作用。

1. 构造和对防水层的要求

(1)种植屋面的坡度宜为 3%，以利于多余水的排除。

(2)种植屋面的防水层，宜采用刚柔结合的防水方案，柔性防水层应采用耐腐蚀、耐霉烂、耐穿刺性好的涂料或卷材，最佳方案应是涂膜防水层和卷材防水层复合，柔性防水层上必须设置细石混凝土保护层或细石混凝土防水层，以抵抗种植根系的穿刺和种植工具对它的损坏，如图 4-20 所示。

(3)种植屋面四周应设挡墙，以阻止屋面上种植介质的流失，挡墙下部应留泄水孔，孔内侧放置疏水粗细骨料，或放置聚酯无纺布，以保证多余水的流出而种植介质不会流失，如图 4-21 所示。

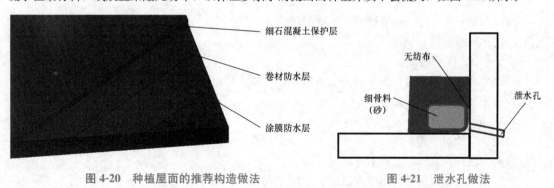

图 4-20　种植屋面的推荐构造做法　　　　图 4-21　泄水孔做法

(4)根据种植要求应设置人行通道，也可以采用门形预制槽板，作为挡墙和分区走道板，如图 4-22 所示。

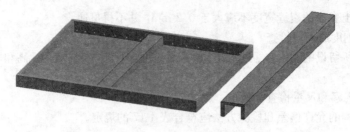

图 4-22　走道板做法

2. 防水层及面层施工要求

(1)防水层施工同蓄水屋面施工要求。

(2)种植屋面应有1‰～3‰的排水坡度，在大雨时及时排走多余雨水。为了使种植介质不被雨水冲走，屋面种植部位四周要砌矮墙，一定距离留置泄水孔，泄水孔应有砂石或铺聚酯无纺布过滤层，以免种植介质流失。

(3)种植覆盖层的施工应避免损坏防水层；覆盖材料的表观密度、厚度应按设计要求选用。

(4)分格缝宜采用整体浇筑的细石混凝土，硬化后用切割机锯缝，缝深为2/3刚性防水层厚度，填密封材料后加聚合物水泥砂浆嵌缝，以减少植物根系穿刺防水层，如图4-23所示。

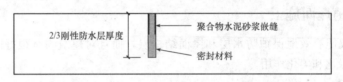

图 4-23　分格缝做法

(5)种植屋面在施工刚性保护层或刚性防水层前应对柔性防水层进行试水，雨后或淋水、蓄水检验合格后才可继续施工。填放种植介质前，应确认种植介质性能指标，尤其是表观密度要符合设计规定。

3. 施工质量要求

(1)主控项目。

1)种植隔热层所用材料的质量，应符合设计要求。

检验方法：检查出厂合格证和质量检验报告。

2)排水层应与排水系统连通。

检验方法：观察检查。

3)挡墙或挡板泄水孔的留设应符合设计要求，并不得堵塞。

检验方法：观察和尺量检查。

(2)一般项目。

1)陶粒应铺设平整、均匀，厚度应符合设计要求。

检验方法：观察和尺量检查。

2)排水板应铺设平整，接缝方法应符合国家现行有关标准的规定。

检验方法：观察和尺量检查。

3)过滤层土工布应铺设平整、接缝严密，其搭接宽度的允许偏差为－10 mm。

检验方法：观察和尺量检查。

4)种植土应铺设平整、均匀，其厚度的允许偏差为±5%，且不得大于30 mm。

检验方法：尺量检查。

4. 使用要求

(1)屋面防水层完工后应及时养护，及时覆土或覆盖多孔松散种植介质。

(2)种植屋面应有专人管理，及时清除枯草藤蔓，翻松植土，并及时洒水。

(3)定期清理泄水孔和粗细骨料，检查排水是否通畅、顺利。

4.10 屋面工程施工方案、技术交底的编制和施工记录的填写

4.10.1 屋面工程施工方案的编制

为了指导施工作业，确保屋面工程的质量，施工单位应根据设计图纸，结合施工的实际情况，编制有针对性的施工方案或技术措施。屋面工程施工方案的内容包括：工程概况、质量工作目标、施工组织与管理、防水保温材料及其使用、施工操作技术、安全注意事项等。

4.10.2 屋面工程技术交底的编制

屋面工程施工前，施工员应书面向施工班组进行交底，交底的内容和格式参考 3.11 节的内容。

4.10.3 屋面工程施工记录的填写

屋面工程完成后应填写施工记录，记录表格的形式见表 4-18。

表 4-18 屋面淋水、蓄水试验检查记录

工程名称			试验日期	
试水方式	□第一次试水 □第二次试水		试水日期	从＿＿年＿＿月＿＿日＿＿时＿＿分 至＿＿年＿＿月＿＿日＿＿时＿＿分
检查方法及内容				
检查结果				
复查意见	复查人：　　　　　　　　　　复查日期：			
施工单位	试验人员： 项目专业质量检查员： 项目(专业)技术负责人： 　　　　　　　　　年 月 日		监理(建设)单位	监理工程师(建设单位项目技术负责人)： 　　　　　　　　　　年 月 日

4.11 屋面工程验收记录

屋面找平层工程检验批质量验收记录和屋面保温层工程检验批质量验收记录，见表4-19和表4-20。

表4-19 屋面找平层工程检验批质量验收记录表

单位(子单位)工程名称						
分部(子分部)工程名称					验收部位	
施工单位					项目经理	
分包单位					分包项目经理	
施工执行标准名称及编号			《屋面工程质量验收规范》(GB 50207—2012)			
施工质量验收规范的规定			施工单位检查评定记录		监理(建设)单位验收记录	
主控项目	1	材料质量及配合比	第4.2.5条			
	2	排水坡度	第4.2.6条			
一般项目	1	表面质量	第4.2.7条			
	2	交接处和转角处细部处理	第4.2.8条			
	3	分格缝位置和间距	第4.2.9条			
	4	表面平整度允许偏差	第4.2.10条			
			专业工长(施工员)		施工班组长	
施工单位检查评定结果			项目专业质量检查员： 年 月 日			
监理(建设)单位验收结论			专业监理工程师： (建设单位项目专业技术负责人)： 年 月 日			

表 4-20　屋面保温层工程检验批质量验收记录表

单位(子单位)工程名称				
分部(子分部)工程名称			验收部位	
施工单位			项目经理	
分包单位			分包项目经理	
施工执行标准名称及编号		《屋面工程质量验收规范》(GB 50207—2012)		
施工质量验收规范的规定			施工单位检查评定记录	监理(建设)单位验收记录
主控项目	1	材料质量 设计要求		
	2	保温层含水率 设计要求		
	3	热桥处理 设计要求		
一般项目	1	保温层铺设 第5.2.7条 第5.3.6条 第5.4.9条 第5.5.8条 第5.5.6条		
	2	固定件 第5.2.8条 第5.3.7条		
	3	表面平整度 第5.2.9条 第5.3.8条 第5.4.10条 第5.5.10条		
	4	接缝高低差 第5.2.10条		
	5	抗水蒸气渗透覆面朝向 第5.3.9条		
施工单位检查评定结果	专业工长(施工员) 施工班组长 项目专业质量检查员： 年 月 日			
监理(建设)单位验收结论	专业监理工程师： (建设单位项目专业技术负责人)： 年 月 日			

4.12 屋面工程质量通病分析与防治

4.12.1 屋面工程常见质量通病

屋面工程常见的质量通病有屋面积水、屋面开裂、卷材起鼓、屋面渗漏等。

4.12.2 屋面工程质量通病的预防与治理

1. 屋面积水

原因：找坡不准，形成坑洼；水落口标高过高；水落管管径过小。

防治措施：加强找坡层验收；水落口周围按规范设置标高，确保水落管管径不小于 75 mm。

2. 屋面开裂

原因：温度变化和卷材搭接过少。

防治措施：屋面设置分格的伸缩缝；确保卷材的搭接长度。

3. 卷材起鼓

原因：卷材中有水分或胶粘剂的蒸汽。

防治措施：卷材的基层应干燥，胶粘剂粘贴卷材后不得立即封边，待胶粘剂中的溶剂挥发后方可封边。

4. 屋面渗漏

原因：防水卷材破损、结构变形拉裂卷材、细部构造渗漏。

防治措施：屋面完成后进行淋水或蓄水试验；结构部位应设置伸缩缝；细部构造应严格按规范施工并加强验收，前道工序不合格，不得进行下道工序的施工。

单元小结

本单元的主要内容是屋面工程的相关内容。包括屋面构造及图纸会审的要点，屋面找平层施工、屋面保温层施工、涂膜防水施工、高聚物改性沥青防水卷材施工、合成高分子卷材施工；还包括瓦屋面、隔热屋面等特殊屋面的施工。最后，介绍了屋面工程施工方案、技术交底的编制和屋面工程质量通病的分析与防治。

习 题

1. 屋面防水工程对施工队伍和作业人员有哪些要求？
2. 屋面工程每道工序完成后应进行哪些工作？
3. 屋面施工必须符合哪些规定？
4. 屋面按防水构造分为哪些种类？
5. 屋面的构造层次有哪些？
6. 屋面工程包括哪些子分部和分项工程？
7. 屋面分几个防水等级？分别适用于哪些建筑？设防要求有哪些？
8. 简述屋面工程图纸会审要点。

9. 屋面找平层分格缝的设置有哪些要求？

10. 屋面工程卷材的铺贴方向有哪些要求？

11. 简述平瓦屋面的施工工艺。

12. 简述油毡瓦屋面的施工工艺。

13. 蓄水屋面的防水层有哪些要求？

14. 种植屋面的排水有哪些要求？

15. 屋面工程施工方案编制的内容有哪些？

16. 屋面工程应填写哪些施工记录？

17. 简述屋面工程常见的质量通病和防治措施。

技能训练题

《屋面工程技术规范》(GB 50345—2012)对屋面工程施工的一般规定中包括如下要求。

(1)屋面防水工程应由具备相应资质的专业队伍进行施工。作业人员应持证上岗。

(2)屋面工程施工前应通过图纸会审，并应掌握施工图中的细部构造及有关技术要求；施工单位应编制屋面工程的专项施工方案或技术措施，并应进行现场技术安全交底。

(3)屋面工程所采用的防水、保温材料应有产品合格证书和性能检测报告，材料的品种、规格、性能等应符合设计和产品标准的要求。材料进场后，应按规定抽样检验，提出检验报告。工程中严禁使用不合格的材料。

(4)屋面工程施工的每道工序完成后，应经监理或建设单位检查验收，并应在合格后再进行下道工序的施工。当下道工序或相邻工程施工时，应对已完成的部分采取保护措施。

编写一个工作流程，完整实现上述要求。

单元 5   楼地面防水施工

学习目标

知识目标：

1. 掌握防水楼地面的构造及细部节点做法；

2. 掌握楼地面防水找平层施工技术；

3. 掌握楼地面防水层施工技术；

4. 理解楼地面防水的成品保护、安全、环保措施；

5. 了解楼地面防水质量通病及其防治方法。

能力目标：

1. 能够分析设计防水楼地面的构造；

2. 能够应用楼地面防水层施工技术；

3. 能够编写楼地面防水的技术交底；

4. 能够处理楼地面防水的质量通病。

素养目标：

1. 培养精益求精的工匠精神；

2. 培养团队协作精神。

任务描述

某办公楼的卫生间，设计的防水做法如图 5-1 所示。

该卫生间地面的防水做法如下：

(1)8 mm 厚地砖铺实拍平，稀水泥浆擦缝。

(2)30 mm 厚 1∶3 干硬性水泥砂浆。

(3)1.5 mm 厚聚氨酯防水涂料，防水卷起高度为 1 800 mm。

(4)最薄处 35 mm 厚 1∶3 水泥砂浆。

(5)素水泥浆一道。

(6)现浇混凝土楼板。

任务要求

编制"任务描述"中卫生间的防水施工方案。

任务实施

5.1   认识防水楼地面的构造

楼层地面防水是房屋建筑防水的重要组成部分。其防水质量的保证将直接关系着建筑地面

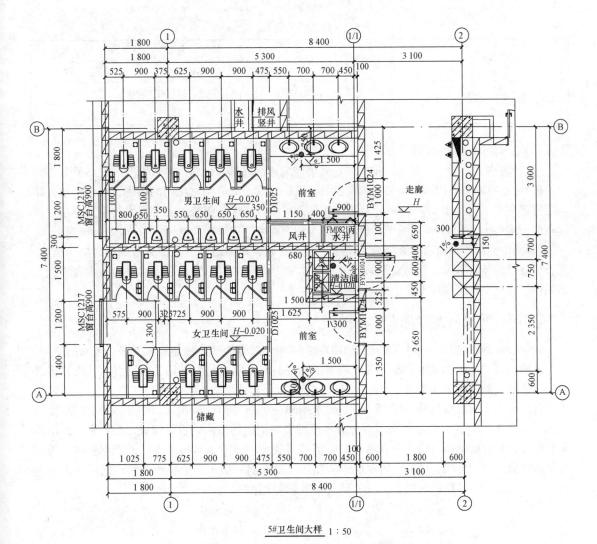

<u>5#卫生间大样</u> 1：50

图 5-1 某办公楼卫生间设计的防水做法

工程的使用功能，特别是厕浴间、厨房和有防水要求的楼层地面（含有地下室的底层地面），如若发生渗透、漏水等现象，则严重影响人们的正常活动和居住条件。楼地面防水涉及的标准规范有《建筑地面设计规范》（GB 50037—2013）、《民用建筑设计统一标准》（GB 50352—2019）、《建筑地面工程施工质量验收规范》（GB 50209—2010），常用的楼地面构造的术语如下。

面层（surface course）——建筑地面直接承受各种物理和化学作用的表面层。

结合层（combined course）——面层与下面构造层之间的连接层。

找平层（troweling course）——在垫层、楼板或填充层上起抹平作用的构造层。

隔离层（isolating course）——防止建筑地面上各种液体或水、潮气透过地面的构造层。

防潮层（damp course）——防止地下潮气透过地面的构造层。

填充层（filler course）——建筑地面中设置的起隔声、保温、找坡或暗敷管线等作用的构造层。

垫层（under layer）——在建筑地基上设置承受并传递上部荷载的构造层。

地基（foundation）——承受底层地面荷载的土层。

（1）《建筑与市政工程防水通用规范》（GB 55030—2022）规定，室内楼地面防水做法应符合表 5-1 的规定。

表 5-1　室内楼地面防水做法

防水等级	防水做法	防水层		
		防水卷材	防水涂料	水泥基防水材料
一级	不应少于2道	防水涂料或防水卷材不应少于1道		
二级	不应少于1道	任选		

(2)室内墙面防水层不应少于1道。

(3)有防水要求的楼地面应设排水坡,并应坡向地漏或排水设施,排水坡度不应小于1.0%。

(4)用水空间与非用水空间楼地面交接处应有防止水流入非用水房间的措施。淋浴区墙面防水层翻起高度不应小于2 000 mm,且不低于淋浴喷淋口高度。盥洗池盆等用水处墙面防水层翻起高度不应小于1 200 mm。墙面其他部位泛水翻起高度不应小于250 mm。

(5)潮湿空间的顶棚应设置防潮层或采用防潮材料。地漏的管道根部应采取密封防水措施;穿过楼板或墙体的管道套管与管道间应采用防水密封材料嵌填压实;穿过楼板的防水套管应高出装饰层完成面,且高度不应小于20 mm。

5.1.1 常见防水楼地面构造

《建筑地面设计规范》(GB 50037—2013)规定,有水或非腐蚀性液体经常浸湿、流淌的地面,应设置隔离层并采用不吸水、易冲洗、防滑的面层材料,隔离层应采用防水材料。装配式钢筋混凝土楼板上除满足上述要求外,尚应设置配筋混凝土整浇层。

防水楼地面一般包括基层(找平层)、防水层和保护层等构造层次,如图5-2所示。需要注意的是,图5-2(a)所示的做法是不符合防水原理带有缺陷的做法,容易造成渗漏;图5-2(b)所示的做法是符合防水原理的,不容易渗漏,但是对找坡层的要求是吸水率低或者不吸水,否则容易造成厨卫间的异味。楼地面防水层应采用防水类卷材、防水类涂料或掺防水剂的水泥类材料(砂浆、混凝土)等铺设而成,一般情况下应首选防水涂料。

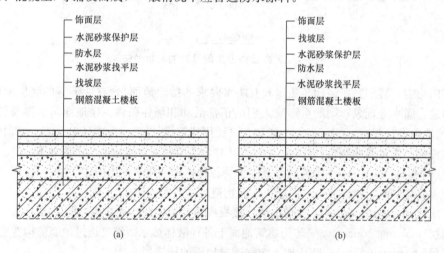

图 5-2　防滑地砖面层的防水楼面
(a)不符合防水原理的做法;(b)符合防水原理的做法

楼地面防水层所采用的材料及其铺设层数(或厚度):当采用掺有防水剂的水泥类找平层作为隔离层时,其防水剂掺量和强度等级(或配合比)应符合设计要求。

厕浴间和有防水要求的建筑地面必须设置防水层。楼层结构必须采用现浇混凝土或整块预制混凝土板，混凝土强度等级不应低于C20；楼板四周除门洞外，应做混凝土翻边，其高度不应小于 120 mm，如图 5-3 所示。施工时，结构层标高和预留孔洞位置应准确，严禁乱凿洞。

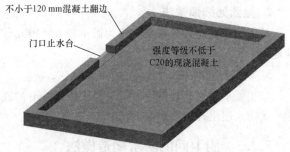

图 5-3　卫生间楼板的结构防水要求

铺设防水层时，在管道穿过楼板面的四周，防水材料应向上铺涂，并超过套管的上口；在靠近墙面处，应高出面层 200～300 mm，或按设计要求的高度铺涂。阴阳角和管道穿过楼板面的根部应增加铺涂附加防水隔离层。

防水材料铺设后，必须蓄水检验，蓄水深度应为 20～30 mm，24 h 内无渗漏为合格，并做记录。

5.1.2　防水地面细部节点构造

1. 管根与墙角

施工找平层时，管根与墙角应做半径 $R=10$ mm 的圆弧，凡靠墙的管根处均抹出 5% 的坡度。防水附加层宽度为 150 mm，墙角高度为 100 mm，管根处与标准地面平，如图 5-4～图 5-6 所示。

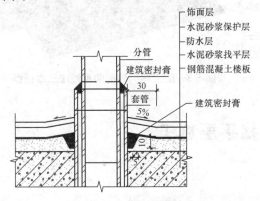

图 5-4　穿过楼板安装套管细部做法图

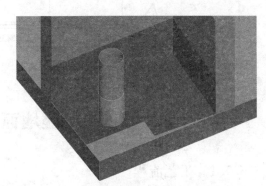

图 5-5　穿过楼板安装套管现场图

图 5-6　管根防水做法

2. 地漏处细部做法

施工找平层时，管根与墙角为做半径 $R=10$ mm 的圆弧，设 150 mm 宽附加层，管根处与标准地面平。

3. 门口细部做法

施工找平层时，转角处做成半径 $R=10$ mm 的圆弧，防水附加层宽度为 150 mm，高与地面相平，防水层出外墙面 250 mm。

5.1.3　厨卫间的防水构造做法

在卫生间门下口浇筑台阶状混凝土门槛，混凝土门槛高度为完成面高度减去装饰面层的厚度。在门口部位进行防水施工时，卫生间内的防水层向卫生间外侧地面延伸长度不小于 500 mm，防水层向侧面延伸不小于 200 mm，防水层上翻高度不小于 300 mm，如图 5-7 所示。做法的三维模型如图 5-8 所示。

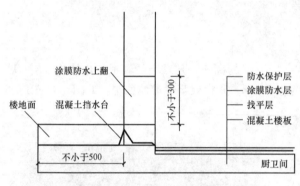

图 5-7　厨卫间门口防水做法

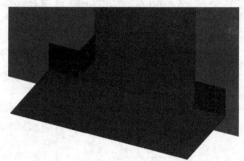

图 5-8　厨卫间门口的防水做法三维模型

5.2　楼地面找平层施工

5.2.1　工艺流程

楼地面找平层施工工艺流程如图 5-9 所示。

图 5-9　楼地面找平层施工工艺流程

5.2.2　施工要点

（1）基层处理。

1）把黏结在混凝土基层上的浮浆、松动混凝土、砂浆等剔掉，用钢丝刷刷掉水泥浆皮，然后用扫帚扫净。

2）有防水要求的建筑地面工程，铺设前必须对立管、套管和地漏与楼板节点之间进行密封处理；排水坡度应符合设计要求。

（2）测标高、弹水平控制线。根据墙上的+500 mm 水平标高线，往下量测出垫层标高，有条件时可弹在四周墙上。

(3)混凝土或砂浆搅拌。

1)找平层水泥砂浆体积比或混凝土强度等级应符合设计要求，且水泥砂浆体积比不应小于1：3(或相应的强度等级)，混凝土强度等级不应低于 C15。

2)应按规范标准要求留置试块。

(4)铺设混凝土或砂浆。

1)找平层厚度应符合设计要求。当找平层厚度不大于 25 mm 时，用水泥砂浆做找平层；当找平层厚度大于 25 mm 时，用细石混凝土做找平层。在楼层混凝土基层上可抹 100 mm×100 mm 的找平墩(用细石混凝土做)，墩上平面为找平层的上标高。

2)大面积地面找平层应分区段进行浇筑。分区段应结合变形缝位置、不同材料的地面面层的连接处和设备基础位置等进行划分。

3)铺设混凝土或砂浆前先在基层上洒水湿润，刷一层素水泥浆(水胶比为 0.4～0.5)，然后从一端开始铺设，由里往外退着操作。

(5)混凝土振捣。用铁锹铺混凝土，厚度略高于找平墩，随即用平板振动器振捣。

(6)找平。混凝土振捣密实后或砂浆铺设完毕后，以墙上水平标高线及找平墩为准检查平整度，高的铲掉，凹处补平。用水平刮杠刮平，表面再用木抹子搓平。有坡度要求的房间应按设计要求的坡度找坡。

(7)养护。已浇筑完成的混凝土或砂浆找平层，应在 12 h 左右覆盖和浇水养护，一般养护不少于 7 d。

冬期施工时，所掺防冻剂必须经试验合格后方可使用，氯化物总含量不得大于水泥质量的 2%。

5.2.3 成品保护

已浇筑的找平层强度达到 1.2 MPa 以后，方可上人和进行其他工序。

5.3 楼地面防水层施工

5.3.1 卷材防水层铺贴施工工艺

1. 工艺流程

卷材防水层铺贴工艺流程如图 5-10 所示。

图 5-10 卷材防水层铺贴工艺流程

2. 施工要点

铺贴前，应先做好节点密封处理。对管根、阴阳角部位的卷材应按设计要求，先进行裁剪加工。铺贴顺序从低处向高处施工，坡度不大时也可以从里向外或从一侧向另一侧铺贴。

(1)铺贴卷材采用搭接法，上下层卷材及相邻两幅卷材的搭接缝应错开。各种卷材的搭接宽度应符合表 5-2 的要求。

表 5-2　卷材搭接宽度 mm

卷材类别		搭接宽度
合成高分子防水卷材	胶粘剂	80
	胶粘带	50
	单缝焊	60，有效焊接宽度不小于 25
	双缝焊	80，有效焊接宽度为 10×2＋空腔宽
高聚物改性沥青防水卷材	胶粘剂	100
	自粘	80

(2)卷材与基层的粘贴方式。卷材与基层的粘贴方法可分为满粘法、空铺法、点粘法和条粘法等形式。通常采用满粘法；而空铺法、点粘法、条粘法更适用于防水层上有重物覆盖或基层变形较大的场合，是一种克服基层变形拉裂卷材防水层的有效措施。施工时，应根据设计要求和现场条件确定适当的粘贴方式。

(3)卷材的粘贴方法。根据卷材的种类不同，卷材的粘贴又可分为冷粘法(用胶粘剂粘贴高聚物改性沥青卷材及合成高分子卷材)、热熔法(高聚物改性沥青卷材)、自粘法(自粘贴卷材)、焊接法(合成高分子卷材)等多种方法。施工时，根据选用卷材的种类选用适当的粘贴方法，严格按照产品说明书的技术要求制定相应的粘贴施工工艺。

1)冷粘法铺贴卷材。采用与卷材配套的胶粘剂，胶粘剂应涂刷均匀，不露底、不堆积。根据胶粘剂的性能，应控制胶粘剂涂刷与卷材铺贴的间隔时间。卷材下面的空气应排尽，并辊压粘结牢固。铺贴卷材应平整、顺直，搭接尺寸准确，不得扭曲、皱褶。接缝口应用密封材料封严，宽度不应小于 10 mm。

2)热熔法铺贴卷材。火焰加热器加热卷材要均匀，不得过分加热或烧穿卷材，厚度小于 3 mm 的高聚物改性沥青防水卷材严禁采用热熔法施工。卷材表面热熔后应立即滚铺卷材，卷材下面的空气应排尽，并辊压黏结牢固，不得空鼓。卷材接缝部位必须溢出热熔的改性沥青胶。铺贴的卷材应平整、顺直，搭接尺寸准确，不得扭曲、皱褶。

3)自粘法铺贴卷材。铺贴卷材时应将自粘胶底面的隔离纸全部撕净，在基层表面涂刷的基层处理剂干燥后及时铺贴。卷材下面的空气应排尽，并辊压黏结牢固。铺贴的卷材应平整、顺直，搭接尺寸准确，不得扭曲、皱褶，搭接部位宜采用热风加热，随即粘贴牢固。接缝口应用密封材料封严，宽度不应小于 10 mm。

4)卷材热风焊接。焊接前卷材的铺设应平整、顺直，搭接尺寸准确，不得扭曲、皱褶。卷材的焊接面应清扫干净，无水滴、油污及附着物。焊接时应先焊长边搭接缝，后焊短边搭接缝。控制热风加热温度和时间，焊接处不得有漏焊、跳焊、焊焦或焊接不牢现象。焊接时，不得损伤非焊接部位的卷材。

5.3.2　涂膜类防水层施工工艺

1. 工艺流程

涂膜类防水层施工工艺流程如图 5-11 所示。

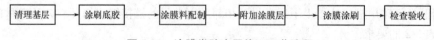

图 5-11　涂膜类防水层施工工艺流程

2. 施工要点

(1)清理基层：涂刷前，先将基层表面的杂物、砂浆硬块等清扫干净，并用干净的湿布擦一遍，经检查基层无不平、空裂、起砂等缺陷，方可进行下道工序。在水泥类找平层上铺设防水涂料时，其表面应坚固、洁净、干燥。

(2)涂刷底胶：将配好的底胶料，用长把滚刷均匀涂刷在基层表面。涂刷后至手感不粘时，即可进行下一道工序。

(3)涂膜料配制：根据要求的配合比将材料配合，并搅拌至充分拌和均匀即可使用，搅拌一般应在大桶内采用电动搅拌器搅拌，如图 5-12 所示。搅拌好的混合料应在限定时间内使用完。

图 5-12　搅拌涂料

(4)附加涂膜层：对穿过墙、楼板的管根部，地漏、排水口、阴阳角变形缝等薄弱部位，应在涂膜层大面积施工前，先做好上述部位的增强涂层(附加层)。做法为在附加层中铺设要求的纤维布，如图 5-13 所示。涂刷时用刮板刮涂料驱除气泡，将纤维布紧密地粘贴在基层上，阴阳角部位一般为条形，管根部位为扇形。

图 5-13　附加纤维布

(5)涂层施工。

1)细部附加层施工：用油漆刷蘸搅拌好的涂料在管根、地漏、阴阳角等容易漏水的薄弱部位均匀涂刷，不得漏涂(地面与墙角交接处，涂膜防水上翻至墙上 250 mm 高)。常温 4 h 表干后，再刷第二道涂膜防水涂料，24 h 实干后即可进行大面积涂膜防水层施工，每层附加层厚度宜为 0.6 mm。

2)第一层涂膜：将已搅拌好的厨卫专用防水涂料用塑料或橡胶刮板均匀涂刮在已涂好底胶的基层表面上，厚度为 0.6 mm，要均匀一致，刮涂量以 0.6~0.8 kg/m² 为宜。操作时，先墙面后地面，从内向外退着操作。

3)第二层涂膜：第一层涂膜固化至不粘手时，按第一遍材料施工方法，进行第二层涂膜防水施工。为使涂膜厚度均匀，刮涂方向必须与第一遍刮涂方向垂直，刮涂量比第一遍略少，厚度为 0.5 mm。

4)第三层涂膜：第二层涂膜固化后，按前述两遍的施工方法，进行第三遍刮涂，刮涂量以 0.4~0.5 kg/m² 为宜(如设计厚度为 1.5 mm 以上时，可进行第四次涂刷)。

分层涂刷涂膜如图 5-14 所示。

图 5-14　分层涂刷涂膜

(6)结合层：为了保护防水层，地面的防水层可不撒石渣结合层，其结合层可用 1∶1 的 108 胶或众霸胶水泥浆进行扫毛处理。地面防水保护层施工后，在墙面防水层滚涂一遍防水涂料。未固化时，在其表面上撒干净的 2～3 mm 砂粒，以增加其与面层的黏结。

3. 涂膜防水层的验收

根据防水涂膜施工工艺流程，对每道工序应进行认真检查验收，做好记录，待合格后方可进行下一道工序施工。防水层完成并实干后，对涂膜质量进行全面验收，要求满涂，厚度均匀一致，封闭严密，厚度达到设计要求(做切片检查)。防水层无起鼓、开裂、翘边等缺陷。经检查验收合格后方可进行蓄水试验(水面高出标准地面 20 mm)，24 h 无渗漏，做好记录，可进行保护层施工。

5.4　成品保护

(1)涂膜防水层在操作过程中，操作人员要穿平底鞋作业，穿地面及墙面等处的管件和套管、地漏、固定卡子等，不得碰损、变位。涂防水涂膜时，不得污染其他部位的墙地面、门窗、电气线盒、暖卫管道、卫生器具等。

(2)涂膜防水层每层施工后，要严格加以保护，在厨卫间门口要设醒目的禁入标志，在保护层施工前，任何人不得进入，也不得在上面堆放杂物，以免损坏防水层。

(3)地漏或排水口在防水施工之前，应采取保护措施，以防杂物进入，确保排水畅通，蓄水合格，应将地漏内清理干净。

(4)防水保护层施工时，不得在防水层上搅拌砂浆，铺设砂浆时铁锹不得触及防水层，要精工细做，不得损坏防水层。

5.5　安全、环保措施

(1)使用热熔法粘贴卷材时，应戴防火手套，避免烧伤。

(2)使用涂膜类隔离层时，要戴口罩，防止有害气体吸入过多，损害人体健康。

(3)使用热熔或涂膜类材料施工时，注意避免或减少大气污染。

(4)隔离层的材料宜优先选用环保型材料。

5.6 楼地面防水施工记录

楼地面防水施工完成后，应填写检查记录。记录表格的形式见表 5-3。

表 5-3 厕所、厨房、阳台等有防水要求的地面泼水、蓄水试验检查记录

工程名称			试验日期	
试水方式	□第一次试水　□第二次试水		试水日期	从_____年___月___日___时___分 至_____年___月___日___时___分
检查方法及内容				
检查结果				
复查意见	复查人：　　　　　　　　　　　复查日期：			
施工单位	试验人员： 项目专业质量检查员： 项目(专业)技术负责人： 　　　　　　　　　　年 月 日		监理(建设)单位	监理工程师(建设单位项目技术负责人)： 　　　　　　　　　　年 月 日

5.7 楼地面防水质量通病分析与防治

5.7.1 楼地面渗漏

穿过楼地面管根或地漏发生渗漏时，可沿管根或地漏周圈剔凿出凹槽，再用聚合物水泥砂浆嵌填密实，表面涂刷聚合物水泥防水涂料封闭。

地面及墙面发生较大面积渗漏时，应在清理干净后，全面铺抹 15～20 mm 厚的聚合物水泥砂浆作防水层。

5.7.2 卫生间渗漏

卫生间楼板结构混凝土浇筑要连续进行，不得留设施工缝或使其出现冷缝，并要保证有足够的抗渗等级。

结构混凝土终凝后或浇筑第二天即进行水泥砂浆找平层的施工，这样做可以减少以后施工所需的清洁时间和用工，可以减少因清理不干净而引起的脱壳现象，保证基层的黏结。

推行二次试水措施，当水泥砂浆找平完成后，即进行蓄水养护并试水 24 h。当立管安装完成且孔洞填塞后，防水涂膜及保护层完成后再次蓄水 24 h 检测，确保无渗漏。防水层应按设计，防止质量通病的措施要求同上。

对管道预留孔洞的封闭要严格控制，应先将预留孔洞四周凿成上大下细的漏斗形，并洗刷干净，扫刷浓水泥浆，用高强度等级细石混凝土灌至比混凝土楼板稍低 20 mm 的部位，并振捣密实。待混凝土凝固后，再用水泥砂浆找平，做第二次蓄水养护并试水。封塞孔洞应由有丰富经验而又有责任心的专人负责。

地漏口应相对于地面标高低 5～10 mm，以保证水的流向顺畅。

厨卫间门口处上翻防水层应沿洞口周圈均做，翻入外室内墙面长度不小于 300 mm，高度高于第一批砖缝（墙面砖第一皮砖缝一般为截水线）。

单元小结

本单元的主要内容是楼地面的防水。包括楼地面防水构造、楼地面防水的找平层施工、楼地面防水层施工、成品保护、安全环保措施、楼地面防水施工记录和楼地面防水质量通病的分析与防治。楼地面防水的构造和细部节点施工质量是楼地面防水质量的关键之一，另一个关键就是楼地面防水层的施工质量和成品保护。

习 题

1. 防水楼地面包括哪些层次？
2. 防水楼地面首选什么防水材料？
3. 对有防水要求的楼地面有哪些构造要求？
4. 简述楼地面涂膜防水层的施工工艺。
5. 楼地面防水施工完毕应填写哪些防水记录？

《民用建筑设计统一标准》(GB 50352—2019)对楼地面有如下要求。

(1)厕所、浴室、盥洗室等受水或非腐蚀性液体经常浸湿的楼地面应采取防水、防滑的构造措施,并设排水坡坡向地漏。有防水要求的楼地面应低于相邻楼地面 15.0 mm。经常有水流淌的楼地面应设置防水层,宜设门槛等挡水设施,且应有排水措施,其楼地面应采用不吸水、易冲洗、防滑的面层材料,并应设置防水隔离层。

(2)建筑地面应根据需要采取防潮、防基土冻胀或膨胀、防不均匀沉陷等措施。

请对案例背景项目,编制实现上述要求的施工方案。

单元 6　外墙防水施工

知识目标：

1. 了解外墙防水设计与构造；
2. 掌握无外保温外墙防水施工要点；
3. 掌握有外保温外墙防水施工要点；
4. 了解外墙防水质量标准；
5. 了解外墙防水质量通病及防治知识。

能力目标：

1. 能够进行无外保温外墙防水施工；
2. 能够进行有外保温外墙防水施工；
3. 能够进行外墙防水质量验收；
4. 能够初步分析外墙防水质量通病并进行简单治理。

素养目标：

1. 培养刻苦钻研、团队协作的职业素养；
2. 培养针对不同防水部位具体问题具体分析的科学精神。

任务描述

图 6-1 所示为涂料饰面带外墙外保温的防水设计。结构墙体为 C30 钢筋混凝土墙，找平层为保温层配套专用砂浆，保温层为 80 mm 厚岩棉保温板，防水层为聚合物水泥防水砂浆，涂料为米黄色外墙涂料。

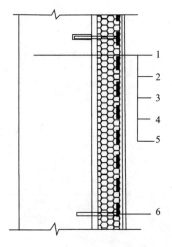

图 6-1　涂料饰面带外墙外保温的防水设计

1—结构墙体；2—找平层；3—保温层；4—防水层；5—涂料层；6—锚栓

编写该外墙防水施工的施工方案及技术交底。

任务实施

6.1 认识外墙防水设计与构造

建筑外墙防水防护应满足以下基本功能要求：应具有防止雨雪水侵入墙体的作用；应保证火灾情况下的安全性；可承受风荷载的作用；可抵御冻融和夏季高温破坏的作用。

在合理使用和正常维护的条件下，建筑外墙应按下列要求进行防水设防。符合下列情况之一的外墙，应采用墙面整体防水设防的外墙：年降水量≥800 mm地区的外墙；年降水量≥600 mm且基本风压≥0.5 kN/m^{2}地区的外墙；年降水量≥400 mm且基本风压≥0.4 kN/m^2，或年降水量≥500 mm且基本风压≥0.35 kN/m^2，或年降水量≥600 mm且基本风压≥0.3 kN/m^{2}的地区有外保温的外墙。年降水量≥400 mm地区的外墙，应采用节点构造防水措施。全国主要城镇降水量及风压强度见附录二。

建筑外墙防水防护所使用的防水材料及相关材料应符合防水功能的要求，还必须满足相应的环保及安全防火要求。

《建筑与市政工程防水通用规范》(GB 55030—2022)规定，防水等级为一级的框架填充或砌体结构外墙，应设置2道及以上防水层。防水等级为二级的框架填充或砌体结构外墙，应设置1道及以上防水层。当采用2道防水层时，应设置1道防水砂浆及1道防水涂料或其他防水材料。防水等级为一级的现浇混凝土外墙、装配式混凝土外墙板应设置1道及以上防水层。封闭式幕墙应达到一级防水要求。

6.1.1 建筑外墙防水防护工程设计的内容

建筑外墙防水防护工程设计应包括：外墙防水防护工程的构造设计；防水防护层材料及其性能指标；细部构造的密封防水措施、材料及其性能指标。

建筑外墙的防水防护层应设置在迎水面。不同结构材料的交接面应采用宽度不小于300 mm的耐碱玻璃纤维网格布或经防腐处理的金属网片做抗裂增强处理。外墙各构造层次之间应黏结牢固，并宜进行界面处理。界面处理材料的种类和做法应根据构造层次材料确定。

由于现在的住宅多为钢筋混凝土剪力墙结构，外墙施工时需要设置对拉螺栓，对拉螺栓埋入混凝土中无法取出的部分，往往成了外墙渗漏的主要原因。为了避免这个位置渗漏，当对拉螺栓取出或者切断后，应在该位置涂刷聚氨酯防水涂料一道，直径范围不小于50 mm，如图6-2所示。

图6-2 外墙对拉螺栓部位涂刷聚氨酯涂料

6.1.2 无外保温外墙的防水防护层设计

无外保温外墙的防水防护层设计应符合下列规定：防水层应设置在外墙的迎水面上。外墙采用涂料饰面时，防水层应设在找平层和涂料面层之间（图6-3），防水层可采用防水砂浆和防水涂料。外墙采用面砖饰面时，防水层应设在找平层和面砖粘结层之间（图6-4），防水层宜采用防水砂浆。外墙采用幕墙饰面时，防水层应设在找平层和幕墙饰面之间（图6-5），防水层宜采用防水砂浆、聚合物水泥防水涂料、丙烯酸防水涂料或聚氨酯防水涂料。防水防护层的最小厚度应符合表6-1的规定。

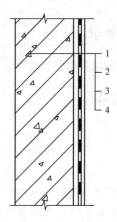

图6-3 涂料饰面外墙防水防护构造图
1—结构墙体；2—找平层；3—防水层；4—涂料面层

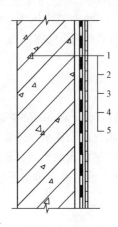

图6-4 面砖饰面外墙防水防护构造
1—结构墙体；2—找平层；
3—防水层；4—粘结层；5—饰面砖面层

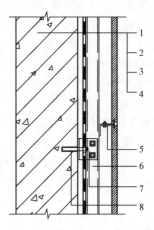

图6-5 幕墙饰面外墙防水防护构造
1—结构墙体；2—找平层；3—防水层；4—面板；
5—挂件；6—竖向龙骨；7—连接件；8—锚栓

表6-1 防水防护层最小厚度要求　　　　　　　　　　　mm

防水砂浆			防水涂料	防水饰面涂料
干粉聚合物	乳液聚合物	普通防水砂浆		
			1.0	1.2
3	5	8	—	—
			1.0	—
			1.2	1.5
5	8	10	—	—
			1.2	—

6.1.3 外保温外墙的防水防护层设计

外保温外墙的防水防护层设计应符合下列规定：防水层应设置在保温层的迎水面上。

外墙采用涂料饰面时，防水层宜采用聚合物水泥防水砂浆和防水涂料；聚合物水泥防水砂浆可兼作保温层的抗裂砂浆层，设在保温层和涂料饰面之间(图 6-6)，乳液聚合物防水砂浆厚度不应小于 8 mm，干粉聚合物防水砂浆厚度不应小于 5 mm。涂料防水层应设在抗裂砂浆层和涂料饰面之间(图 6-7)，防水涂料厚度不应小于 1.0 mm。采用面砖饰面时，防水层宜采用聚合物水泥防水砂浆，聚合物水泥砂浆可兼作保温层的抗裂砂浆层(图 6-8)。聚合物水泥砂浆防水层中应增设耐碱玻纤网格布，并用锚栓固定在结构墙体中。采用幕墙饰面时，防水层应设在找平层和幕墙饰面之间(图 6-9)，防水层宜采用聚合物水泥防水砂浆、聚合物水泥防水涂料、丙烯酸防水涂料、聚氨酯防水涂料或防水透气膜。当外墙保温层选用矿物棉保温材料时，防水层宜采用防水透气膜。

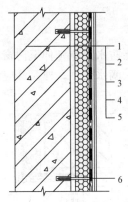

图 6-6　涂料饰面外保温外墙防水防护构造

1—结构墙体；2—找平层；3—保温层；
4—防水层；5—涂料层；6—锚栓

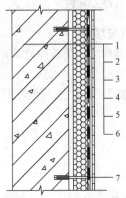

图 6-7　砖饰面外保温外墙防水防护构造

1—结构墙体；2—找平层；3—保温层；4—防水层；
5—粘结层；6—饰面面砖层；7—锚栓

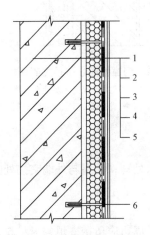

图 6-8　抗裂砂浆层兼作
防水层的外墙防水防护构造

1—结构墙体；2—找平层；3—保温层；4—防水抗裂层；
5—装饰面层；6—锚铨

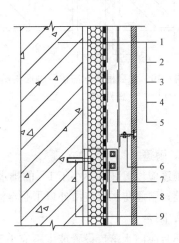

图 6-9　幕墙饰面图

1—结构墙体；2—找平层；3—保温层；
4—防水层；5—面板；6—挂件；
7—竖向龙骨；8—连接件；9—锚栓

6.1.4　分格缝设计

砂浆防水层宜留设分格缝。分格缝宜设置在墙体结构不同材料交接处，水平缝宜与窗口上沿或下沿平齐；垂直缝间距不宜大于 6 m，且宜与门、窗框两边垂直线重合。缝宽宜为 8～10 mm，缝内应采用密封材料或防水涂料做密封处理，涂层厚度应不小于 1.2 mm。

6.1.5 外墙饰面层设计

外墙饰面层设计应符合下列规定：防水砂浆饰面层应留设分格缝；分格缝间距宜根据建筑层高确定，但不应大于 6 m；缝宽宜为 10 mm。面砖饰面层宜留设宽度为 5～8 mm 的面砖接缝，用聚合物水泥防水砂浆勾缝，勾缝应连续、平直、密实、光滑、无裂缝、无空鼓。涂料饰面层应涂刷均匀，厚度应根据具体的工程与材料进行，但不得小于 1.5 mm。幕墙饰面的石材面板吸水率不得大于 0.8%，板缝间宜留设宽度为 5～8 mm 的接缝，并应用密封材料封严。

6.1.6 节点设计

1. 门窗框与墙体

门窗框与墙体之间的缝隙宜采用发泡聚氨酯填充。外墙防水层应延伸至门窗框，防水层与门窗框间应预留凹槽、嵌填密封材料；门窗上楣的外口应做滴水处理；外窗台应设置坡度不小于 5% 的排水坡度（图 6-10、图 6-11）。

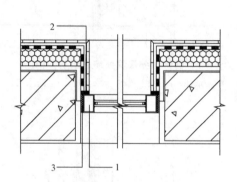

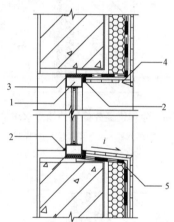

图 6-10 门窗框防水防护平剖面构造图
1—窗框；2—密封材料；3—发泡聚氨酯填充

图 6-11 门窗框防水防护立剖面构造
1—窗框；2—密封材料；3—发泡聚氨酯填充；
4—滴水槽或鹰嘴；5—外墙防水层

2. 雨篷

雨篷应设置坡度不小于 1% 的排水坡，外口下沿应做滴水处理；雨篷与外墙交接处的防水层应连续；雨篷防水层应沿外口下翻至滴水部位（图 6-12）。

3. 阳台

阳台应向水落口设置坡度不应小于 1% 的排水坡，水落口周边应留槽嵌填密封材料，外口下沿应做滴水设计（图 6-13）。

4. 变形缝

变形缝处应增设合成高分子防水卷材附加层，卷材两端应满粘于墙体，并应用密封材料密封，满粘的宽度应大于或等于 150 mm（图 6-14）。

5. 穿墙管道

穿过外墙的管道宜采用套管，墙管洞应内高外低，坡度不应小于 5%，套管周边应做防水密封处理（图 6-15）。

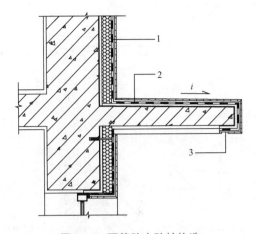

图 6-12　雨篷防水防护构造

1—外墙防水层；2—雨篷防水层；3—滴水

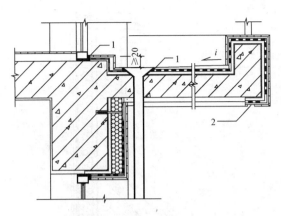

图 6-13　阳台防水防护构造

1—密封材料；2—滴水

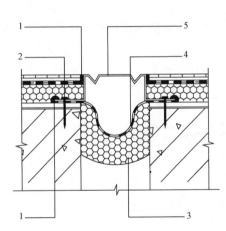

图 6-14　变形缝防水防护构造

1—密封材料；2—锚栓；3—保温衬垫材料；

4—合成高分子防水卷材(两端黏结)；

5—不锈钢钢板或镀锌薄钢板

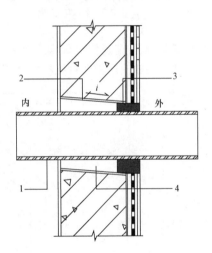

图 6-15　穿墙管道防水防护构造

1—穿墙管道；2—套管；

3—密封材料；4—聚合物砂浆

6. 女儿墙压顶

女儿墙压顶宜采用现浇钢筋混凝土或金属压顶，压顶应向内找坡，坡度 i 不应小于 2%。

女儿墙采用混凝土压顶时，外墙防水层应上翻至压顶，内侧的滴水部位宜采用防水砂浆做防水层(图 6-16)。女儿墙采用金属压顶时，防水层应做到压顶的顶部，金属压顶应采用专用金属配件固定(图 6-17)。

7. 外墙预埋件

外墙预埋件四周应采用密封材料封闭严密，密封材料与防水层应连续。

8. 上部结构与地下室墙体交接部位

上部结构与地下室墙体交接部位的防水处理应符合下列规定：

(1)严寒和寒冷地区外墙保温层及防水防护层延伸至室外地坪下的深度，应根据当地的冻土深度确定，并不应小于1 000 mm。

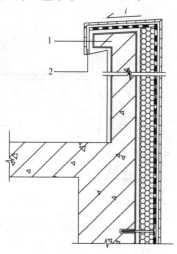

图 6-16　混凝土压顶女儿墙防水构造
1—混凝土压顶；2—防水砂浆

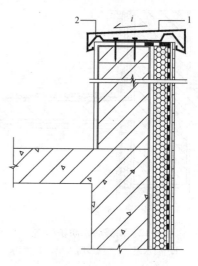

图 6-17　金属压顶女儿墙防水构造
1—金属压顶；2—金属配件

（2）外墙防水层应延伸至保温层底部以下与地下室外墙防水层搭接，搭接长度不应小于150 mm，防水层收头应用密封材料封严（图 6-18）。

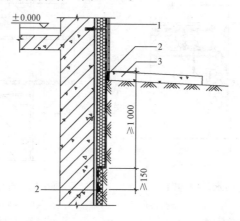

图 6-18　上部结构与地下室墙体交接部位防水防护构造
1—外墙防水层；2—密封材料；3—室外地坪（散水）

6.2　无外保温外墙防水工程施工

6.2.1　一般规定

（1）外墙防水防护层施工前应通过图纸会审，施工单位应编制外墙防水施工方案或技术措施。

（2）外墙门框、窗框应在防水层施工前安装完毕，并应验收合格；伸出外墙的管道、设备或预埋件也应在建筑外墙防水防护层施工前安装完毕。

（3）外墙防水防护应由专业队伍进行施工。作业人员应持有有关主管部门颁发的上岗证。操作人员施工时应采取安全防护措施。

(4)外墙防水防护层严禁在雨天、雪天和五级大风及以上时施工。施工的环境温度宜为5～35 ℃。

(5)外墙防水的基面应坚实、牢固、干净，不得有酥松、起砂、起皮现象，平整度应符合相应防水层材料对基层的要求。

(6)外墙防水防护层施工应进行过程控制和质量检查；应建立各道工序自检、交接检和专职人员检查的制度，并应有完整的检查记录。每道工序完成，应经检查验收合格后方可进行下一道工序的施工。

(7)外墙防水防护完工后，应采取保护措施，不得损坏防水防护层。

6.2.2　无外保温外墙防水防护施工

外墙结构表面的油污、浮浆应清除，孔洞、缝隙应堵塞抹平，不同结构材料交接处的增强处理材料应固定牢固。外墙防水层施工前，宜先做好节点处理，再进行大面积施工。

1. 找平层施工

外墙结构表面宜进行找平处理，找平层施工应符合下列规定：

(1)外墙结构表面应清理干净，并应进行界面处理。

(2)界面处理材料的品种和配合比应符合设计要求，拌和应均匀一致，无粉团、沉淀等缺陷。涂层应均匀，不露底。待表面收水后，方可进行找平层施工。

(3)找平层砂浆的强度和厚度应符合设计要求。厚度在 10 mm 以上时，应分层压实、抹平。

2. 防水砂浆施工

(1)基层表面应为平整的毛面，光滑表面应做界面处理，并充分湿润。

(2)防水砂浆的配制应符合下列规定：

1)配合比应按照设计要求进行。

2)配制聚合物乳液防水砂浆前，乳液应先搅拌均匀，再按规定比例加入拌合料中搅拌均匀。

3)聚合物干粉防水砂浆应按规定比例加水搅拌均匀。

4)粉状防水剂配制防水砂浆时，应先将规定比例的水泥、砂和粉状防水剂干拌均匀，再加水搅拌均匀。

5)液态防水剂配制防水砂浆时，应先将规定比例的水泥和砂干拌均匀，再加入用水稀释的液态防水剂搅拌均匀。

(3)配制好的防水砂浆宜在 1 h 内使用完；施工中不得任意加水。

(4)界面处理材料涂刷厚度应均匀、覆盖完全。收水后应及时进行防水砂浆的施工。

(5)防水砂浆涂抹施工应符合下列规定：

1)厚度大于 10 mm 时应分层施工，第二层应待前一层指触不粘时进行，各层应黏结牢固。

2)每层宜连续施工。当需留槎时，应采用阶梯坡形槎，接槎部位距离阴阳角不得小于 200 mm；上下层接槎应错开 300 mm 以上。接槎应依层次顺序操作、层层搭接紧密。

3)喷涂施工时，喷枪的喷嘴应垂直于基面，合理调整压力、喷嘴与基面距离。

4)涂抹时应压实、抹平；遇气泡应挑破，保证铺抹密实。

5)抹平、压实应在初凝前完成。

(6)窗台、窗楣和凸出墙面的腰线等部位上表面的流水坡应找坡准确，外口下沿的滴水线应连续、顺直。

(7)砂浆防水层分格缝的留设位置和尺寸应符合设计要求。分格缝的密封处理应在防水砂浆达设计强度的 80％后进行，密封前应将分格缝清理干净，密封材料应嵌填密实。

(8)砂浆防水层转角宜抹成圆弧形，圆弧半径应大于或等于 5 mm，转角抹压应顺直。

(9)门框、窗框、管道、预埋件等与防水层相接处应留 8~10 mm 宽的凹槽，密封处理应符合第(7)条的要求。

(10)砂浆防水层未达到硬化状态时，不得浇水养护或直接受雨水冲刷。聚合物水泥防水砂浆硬化后应采用干湿交替的养护方法；普通防水砂浆防水层应在终凝后进行保湿养护。养护时间不应少于 14 d。养护期间不得受冻。

(11)施工结束后，应将施工机具清洗干净。

3. 防水涂膜施工

(1)涂料施工前应先对细部构造进行密封或增强处理。

(2)涂料的配制和搅拌应符合下列规定：

1)双组分涂料配制前，应将液体组分搅拌均匀。配料应按照规定要求进行，不得任意改变配合比。

2)应采用机械搅拌，配制好的涂料应色泽均匀，无粉团、沉淀。

(3)涂料涂布前，应先涂刷基层处理剂。

(4)涂膜宜多遍完成，后遍涂布应在前遍涂层干燥成膜后进行。挥发性涂料的每遍用量每平方米不宜大于 0.6 kg。

(5)每遍涂布应交替改变涂层的涂布方向，同一涂层涂布时，先后接槎宽度宜为 30~50 mm。

(6)涂膜防水层的甩槎应避免污损，接槎前应将甩槎表面清理干净，接槎宽度不应小于 100 mm。

(7)胎体增强材料应铺贴平整、排除气泡，不得有褶皱和胎体外露，胎体层充分浸透防水涂料；胎体的搭接宽度不应小于 50 mm。胎体的底层和面层涂膜厚度均不应小于 0.5 mm。

(8)涂膜防水层完工并经验收合格后，应及时做好饰面层。饰面层施工时应有成品保护措施。

6.3　有外保温外墙防水工程施工

保温层应固定牢固，表面平整、干净。

1. 抗裂砂浆层施工

外墙保温层的抗裂砂浆层施工应符合下列规定：

(1)抗裂砂浆层的厚度、配合比应符合设计要求。内掺纤维等抗裂材料时，比例应符合设计要求，并应搅拌均匀。

(2)抗裂砂浆施工时应先涂刮界面处理材料，然后分层抹压抗裂砂浆。

(3)抗裂砂浆层的中间宜设置耐碱玻纤网格布或金属网片。金属网片应与墙体结构固定牢固。玻纤网格布铺贴应平整无皱褶，两幅间的搭接宽度不应小于 50 mm。

(4)抗裂砂浆应抹平压实，表面无接槎印痕，网格布或金属网片不得外露。防水层为防水砂浆时，抗裂砂浆表面应搓毛。

(5)抗裂砂浆终凝后，应及时洒水养护，时间不得少于 14 d。

2. 防水透气膜施工

防水透气膜施工应符合下列规定：

(1)基层表面应平整、干净、干燥、牢固，无尖锐凸起物。

(2)铺设宜从外墙底部一侧开始，将防水透气膜沿外墙横向展开，铺在基面上，沿建筑立面自下而上横向铺设，按顺水方向上下搭接，当无法满足自下而上铺设顺序时，应确保沿顺水方向上下搭接。

（3）防水透气膜横向搭接宽度不得小于 100 mm，纵向搭接宽度不得小于 150 mm。搭接缝应采用配套胶粘带黏结。相邻两幅膜的纵向搭接缝应相互错开，间距不小于 500 mm。

（4）防水透气膜搭接缝应采用配套胶粘带覆盖密封。

（5）防水透气膜应随铺随固定，固定部位应预先粘贴小块丁基胶带，用有塑料垫片的塑料锚栓将防水透气膜固定在基层墙体上，固定点每平方米不得少于 3 处。

（6）铺设在窗洞或其他洞口处的防水透气膜，以 I 形裁开，用配套胶粘带固定在洞口内侧。与门、窗框连接处应使用配套胶粘带满粘密封，四角用密封材料封严。

（7）幕墙体系中穿透防水透气膜的连接件周围应用配套胶粘带封严。

6.4　外墙防水工程质量检查与验收

6.4.1　建筑外墙防水防护工程的质量要求

（1）防水层不得有渗漏现象。

（2）使用的材料应符合设计要求。外墙防水防护使用的材料应有产品合格证和出厂检验报告，材料的品种、规格、性能等应符合国家现行有关标准和设计要求。对进场的防水防护材料应抽样复检，并提出抽样试验报告，不合格的材料不得在工程中使用。

（3）找平层应平整、坚固，不得有空鼓、酥松、起砂、起皮等现象。

（4）门窗洞口、穿墙管、预埋件及收头等部位的防水构造，应符合设计要求。

（5）砂浆防水层应坚固、平整，不得有空鼓、开裂、酥松、起砂、起皮现象。防水层平均厚度不应小于设计厚度，最薄处不应小于设计厚度的 80%。

（6）涂膜防水层应无裂纹、皱褶、流淌、鼓泡和露胎体等现象。平均厚度不应小于设计厚度，最薄处不应小于设计厚度的 80%。

（7）防水透气膜应铺设平整、固定牢固，不得有皱褶、翘边等现象。搭接宽度应符合要求，搭接缝和细部构造密封严密。

（8）外墙防护层应平整、固定牢固，构造应符合设计要求。

1）外墙防水层渗漏检查应在持续淋水 30 min 后进行。

2）外墙防水防护层使用的材料应有产品合格证和出厂检验报告，材料的品种、规格、性能等应符合现行国家有关标准和设计要求。对进场的防水防护材料应抽样复检，并得出抽样试验报告，不合格的材料不得在工程中使用。

3）外墙防水防护工程应按装饰装修分部工程的子分部工程进行验收，外墙防水防护子分部工程各分项工程的划分应符合表 6-2 的要求。

表 6-2　外墙防水防护子分部工程各分项工程的划分

子分部工程	分项工程
建筑外墙防水防护工程	砂浆防水层
	涂膜防水层
	防水透气膜防水层

4）建筑外墙防水防护工程各分项工程宜按外墙面面积，每 100 m² 抽查一处，每处 10 m²，且不得少于 3 处；不足 100 m² 时应按 100 m² 计算。节点构造应全部进行检查。

6.4.2　砂浆防水层

1. 主控项目

(1)砂浆防水层的原材料、配合比及性能指标，应符合设计要求。

检验方法：检查出厂合格证、质量检验报告、配合比试验报告和抽样复验报告。

(2)砂浆防水层不得有渗漏现象。

检验方法：雨后或持续淋水 30 min 后观察检查。

(3)砂浆防水层与基层之间及防水层各层之间应结合牢固，不得有空鼓。

检验方法：观察和用小锤轻击检查。

(4)砂浆防水层在门窗洞口、伸出外墙管道、预埋件、分格缝及收头等部位的节点做法，应符合设计要求。

检验方法：观察检查和检查隐蔽工程验收记录。

2. 一般项目

(1)砂浆防水层表面应密实、平整，不得有裂纹、起砂、麻面等缺陷。

检验方法：观察检查。

(2)砂浆防水层施工缝留槎位置应正确，接槎应按层次顺序操作，应做到层层搭接紧密。

检验方法：观察检查。

(3)砂浆防水层的平均厚度应符合设计要求，最小厚度不得小于设计值的80%。

检验方法：观察和尺量检查。

6.4.3　涂膜防水层

1. 主控项目

(1)防水层所用防水涂料及配套材料应符合设计要求。

检验方法：检查出厂合格证、质量检验报告和抽样复验报告。

(2)涂膜防水层不得有渗漏现象。

检验方法：雨后或持续淋水 30 min 后观察检查。

(3)涂膜防水层在门窗洞口、伸出外墙管道、预埋件及收头等部位的节点做法，应符合设计要求。

检验方法：观察检查和检查隐蔽工程验收记录。

2. 一般项目

(1)涂膜防水层的平均厚度应符合设计要求，最小厚度不应小于设计厚度的80%。

检验方法：针测法或割取 20 mm×20 mm 实样用卡尺测量。

(2)涂膜防水层应与基层黏结牢固，表面平整，涂刷均匀，不得有流淌、皱褶、鼓泡、露胎体和翘边等缺陷。

检验方法：观察检查。

6.4.4　防水透气膜防水层

1. 主控项目

(1)防水透气膜及其配套材料应符合设计要求。

检验方法：检查出厂合格证、质量检验报告和抽样复验报告。

(2)防水透气膜防水层不得有渗漏现象。

检验方法：雨后或持续淋水 30 min 后观察检查。

(3)防水透气膜在门窗洞口、伸出外墙管道、预埋件及收头等部位的节点做法，应符合设计要求。

检验方法：观察检查和检查隐蔽工程验收记录。

2. 一般项目

(1)防水透气膜的铺贴应顺直，与基层应固定牢固，膜表面不得有皱褶、伤痕、破裂等缺陷。

检验方法：观察检查。

(2)防水透气膜的铺贴方向应正确，纵向搭接缝应错开，搭接宽度的负偏差不应大于10 mm。

检验方法：观察和尺量检查。

(3)防水透气膜的搭接缝应黏结牢固，密封严密；收头应与基层黏结并固定牢固，缝口封严，不得有翘边现象。

检验方法：观察检查。

6.4.5 分项工程验收

(1)外墙防水防护工程质量验收的程序和组织，应符合现行国家标准《建筑工程施工质量验收统一标准》(GB 50300—2013)的规定。

(2)外墙防水防护工程验收的文件和记录应按表6-3的要求执行。

表6-3 外墙防水防护工程验收的文件和记录

序号	项目	文件和记录
1	防水设计	设计图纸及会审记录，设计变更通知单和材料代用核定单
2	施工方案	施工方法、技术措施、质量保证措施
3	技术交底记录	施工操作要求及注意事项
4	材料质量证明文件	出厂合格证、型式检验报告、出厂检验报告、进场验收记录和进场检验报告
5	施工日志	逐日施工情况
6	工程检验记录	抽样质量检验、现场检查
7	施工单位资质证明及施工人员上岗证件	资质证书及上岗证复印件
8	其他技术资料	事故处理报告、技术总结

(3)建筑外墙防水防护工程隐蔽验收记录应包括下列内容：

1)防水层的基层。

2)密封防水处理部位。

3)门窗洞口、穿墙管、预埋件及收头等细部做法。

(4)外墙防水防护工程验收后，应填写分项工程质量验收记录，交建设单位和施工单位存档。

(5)外墙防水防护材料现场抽样数量和复验项目应按表6-4的要求执行。

表6-4 防水防护材料现场抽样数量和复验项目

序号	材料名称	现场抽样数量	外观质量检验
1	普通防水砂浆	每10 m³为一批，不足10 m³按一批抽样	均匀，无凝结团状
2	聚合物水泥防水材料	每10 t为一批，不足10 t按一批抽样	包装完好无损，标明产品名称、规格、生产日期、生产厂家、产品有效期

序号	材料名称	现场抽样数量	外观质量检验
3	防水涂料	每 5 t 为一批，不足 5 t 按一批抽样	包装完好无损，标明产品名称、规格、生产日期、生产厂家、产品有效期
4	耐碱玻璃纤维网布	每 3 000 m² 为一批，不足 3 000 m² 按一批抽样	均匀，无团状，平整，无褶皱
5	防水透气膜	每 3 000 m² 为一批，不足 3 000 m² 按一批抽样	包装完好无损，标明产品名称、规格、生产日期、生产厂家、产品有效期
6	密封材料	每 1 t 为一批，不足 1 t 按一批抽样	均匀膏状物，无结皮、凝胶或不易分散的固体团状
7	热镀锌电焊网	每 3 000 m² 为一批，不足 3 000 m² 按一批抽样	网面平整，网孔均匀，色泽基本均匀

6.5　外墙防水工程质量通病分析与防治

6.5.1　外墙渗漏的治理

(1)外墙裂缝发生渗漏时，应沿裂缝锯出 V 形缝，再分层采用聚合物水泥砂浆嵌填，表面再用防水涂料涂刷均匀。

(2)外墙变形缝发生渗漏，应将缝内尘土杂物等清理干净后，再分层嵌填密封材料封严。

(3)门窗框与外墙连接部位发生渗漏时，应沿接缝处剔凿出凹槽，再分层嵌填密封材料封闭。

(4)外墙发生大面积渗漏时，应在全面清除外墙表面的尘土杂物后，再铺抹纤维聚合物水泥砂浆作防水层，或涂刷防水涂料进行饰面处理。

6.5.2　穿墙体封堵做法

(1)当采用普通套管时，管道穿墙体采用高密度玻璃棉填实，外表面用石棉水泥填充，并与墙面齐平，如图 6-19 所示。

(2)当采用钢管刚性防水套管时，套管与管道之间的缝隙应用阻燃密实材料填实，端面应光滑，如图 6-20 所示。

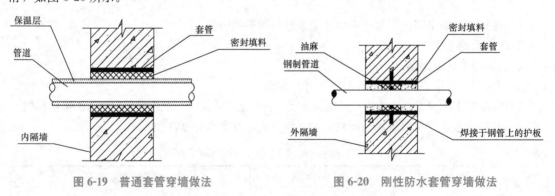

图 6-19　普通套管穿墙做法　　　　　图 6-20　刚性防水套管穿墙做法

6.5.3　墙体裂缝防治的技术

(1)砌筑砂浆应符合相关规范的要求，采用专用砌筑砂浆砌筑。

(2)空心砌块、加气混凝土砌块等在施砌时，产品龄期不应小于 28 d；必须控制好砌块砌筑时的含水率。

(3)蒸压加气混凝土砌块和轻骨料混凝土小型空心砌块不应与其他块材混砌。

(4)砌体灰缝应厚度一致，砂浆饱满，竖向灰缝应插捣密实，竖向灰缝饱满度不应低于80%，不得出现瞎缝、透明缝。

(5)填充墙砌体留置的拉结筋应与原结构有可靠连接，留设位置应与砌体灰缝相符合，不得弯折使用。

(6)加气混凝土砌块常温条件下的日砌高度应控制在 1.6 m 以内。

(7)当填充墙砌至接近梁、板底时，应留一定空隙，待填充墙砌筑完成并应至少间隔 15 d后，再将其补砌挤紧，其倾斜度宜为 60°，并用砌体同级砂浆填满挤实。

(8)裙房屋面卧梁下口的砌体应砌成踏步形。

(9)不同材料基体交接处表面的抹灰，应采用设置加强网等防止开裂的措施，加强网与各基体的搭接宽度不应小于 150 mm，并应位于抹灰层中部。墙面抹灰应在墙体砌筑 30 d 后方可进行，外墙抹灰面应设分格缝。顶层粉刷砂浆中宜掺入抗裂纤维。

(10)顶层框架填充墙采用蒸压加气混凝土砌块等材料时，墙面应采取满铺加强网粉刷等必要的防裂措施，加强网应位于抹灰层中部。

(11)对设计规定的洞口、管道、沟槽和预埋件等，应在砌筑时预留或预埋；必须开洞、开槽时，应采用专用机具钻洞、切槽，避免锤击、打凿；管线埋设、回填应采用适当的材料，保证密实牢固，抹灰层设置加强网等防裂措施。

单元小结

本单元主要介绍了外墙防水的相关内容。包括建筑外墙防水工程设计、无保温外墙防水施工、有保温外墙防水施工、外墙防水工程质量检查与验收，以及外墙防水工程质量通病的分析与防治。通过本单元的学习，读者应该能够掌握外墙防水工程设计的内容，会组织外墙防水工程的施工，可以进行外墙防水工程的质量检查和质量通病的分析与防治。

习 题

1. 简述建筑外墙防水的设防要求。

2. 无外保温外墙的防水层设计有哪些要求？

3. 外保温外墙的防水防护层设计有哪些要求？

4. 外墙分格缝设计有哪些要求？

5. 外墙防水防护的施工队伍和人员有何要求？

6. 外墙防水防护的施工环境有哪些要求？

7. 外墙防水砂浆施工有哪些要求？

8. 外墙保温层抗裂砂浆施工有哪些要求？

9. 建筑外墙防水防护工程的质量要求有哪些？

10. 外墙渗漏应如何治理？

1.《建筑装饰装修工程质量验收标准》(GB 50210—2018)规定，外墙防水工程验收时应检查下列文件和记录：

(1)外墙防水工程的施工图、设计说明及其他设计文件；

(2)材料的产品合格证书、性能检验报告、进场验收记录和复验报告；

(3)施工方案及安全技术措施文件；

(4)雨后或现场淋水检验记录；

(5)隐蔽工程验收记录；

(6)施工记录；

(7)施工单位的资质证书及操作人员的上岗证书。

编写一个工作流程，该流程可以完成上述文件和资料的收集和归档。

2.在你的学校所在地，某住宅工程，钢筋混凝土剪力墙结构，部分外墙为加气混凝土砌块隔墙，部分为钢筋混凝土墙，两种墙体有交界处；外墙外侧为 80 mm 厚横丝岩棉保温板保温层，请设计该工程的墙面防水(要考虑采取墙面整体防水设防还是节点构造防水措施)。

单元 7 防水修缮施工

学习目标

知识目标：

1. 了解防水修缮的准备工作；
2. 掌握地下渗漏修缮的现场勘查和堵漏原则；
3. 掌握屋面渗漏的修缮施工要求；
4. 掌握厕浴间及墙体渗漏的修缮施工知识；
5. 了解渗漏修缮的质量验收要求。

能力目标：

1. 能够进行地下渗漏修缮的现场勘查；
2. 能够进行屋面渗漏的修缮施工；
3. 能够进行厕浴间及墙体渗漏的修缮施工；
4. 能够进行渗漏修缮的质量验收。

素养目标：

1. 培养团队精神，培养诚实守信的职业道德；
2. 树立安全施工、降低成本、保护环境的施工意识。

任务描述

某住宅屋面渗漏，但是下雨的时候没有渗漏，渗漏发生的时间一般为下过雨后晴天开始，持续渗漏几天。施工单位为了维修，在渗漏的屋面上直接加铺了一层改性沥青防水卷材。之后，一次雨后，住户反映渗漏比维修之前更厉害了，原来只有 2 处漏点，现在出现了 5 处。之后，为了修补渗漏，施工单位在改性沥青卷材之上又加铺了一层三元乙丙橡胶防水卷材。之后的一次雨后，住户又反映，这次比上次漏得更厉害了。

任务要求

请分析这个工程的防水修缮存在哪些问题，如何才能将此屋面维修好，写出这个工程的维修方案。

任务实施

随着建筑业技术的发展，提高房屋渗漏修缮的技术水平，就必须将房屋当作一个系统工程来进行研究，建立起房屋渗漏修缮工程技术理论分析体系，指导房屋渗漏修缮工程技术的发展。

当前，我国的房屋建筑，无论是屋面，还是墙体、厕浴间、厨房、地下室（住宅）等均存在不同程度的渗漏水现象，造成建筑工程渗漏的原因很多，综合起来分析，主要有设计、施工、材料和使用管理四个方面。我国作为当前世界上最大的建筑市场，既有建筑保有量和年新建建筑量均十分庞大，既有建筑渗漏治理将逐渐成为一项日常的工作。

由于渗漏修缮的对象主要是既有建筑物或构筑物，其现场调查、设计、施工和质量验收均与新建工程有所不同，既要遵循"材料是基础，设计是前提，施工是关键，管理维护要加强"的防水工程基本原则，更应做到"查勘仔细全面，分析严谨准确，方案合理可行，施工认真细致"。

房屋渗漏影响房屋的使用功能和住用安全，也给国家造成很大的经济损失。在房屋渗漏的修缮工程中，由于措施不当，效果不好，以致出现"年年漏、年年修，年年修、年年漏"的现象。造成房屋渗漏的原因涉及材料、设计、施工及维修管理等诸多方面。

7.1　了解防水修缮的准备工作

防水修缮的准备工作包括查勘、设计和施工准备。

7.1.1　现场查勘

房屋渗漏修缮施工前，应会同有关单位进行现场查勘。现场查勘宜采用走访、观察、仪器检测等方法。现场查勘宜包括下列内容：工程所在位置周围的环境、使用条件、气候变化对工程的影响；渗漏水发生的部位、现状、水源及影响范围；渗漏水变化规律；渗漏部位细部防水构造现状；对结构安全和使用功能的损害程度；查找漏水点，分析渗漏原因，提出书面报告。

7.1.2　编制修缮方案

根据查勘结果，制定渗漏修缮方案。制定渗漏修缮方案前应收集下列资料：原防水设计要求；原防水系统使用的防水材料及其性能指标；原施工组织设计、施工方案及验收资料；历次修缮技术资料。

编制渗漏修缮方案宜包括下列内容：制定方案时应根据房屋使用要求、防水等级，结合现场查勘书面报告确定采用局部维修或整体翻修措施；细部构造部位修缮措施；排水系统设计及选材；防水材料的主要物理性能；施工工艺及注意事项；防水层相关构造与功能恢复。

编制渗漏修缮设计方案时应符合下列规定：因结构损害造成的渗漏水，应先进行结构修复；严禁采用损害结构安全的施工工艺及材料；渗漏修缮中应改进和加强渗漏部位的排水功能；施工应符合国家有关安全、劳动保护和环境保护的相关规定。

7.1.3　材料要求

渗漏修缮所选材料的性能指标应符合下列规定：满足维修施工环境条件的要求；应与原防水层材性相容，耐用年限相匹配；外露使用的防水材料，其耐老化、耐穿刺等性能应满足功能要求；应满足由温差、荷载、振动等引起的结构变形的要求。

7.1.4　施工组织

渗漏修缮施工应由有相应资质的专业施工队伍承担。渗漏修缮施工应根据制定的修缮方案，施工前进行技术交底；施工工艺应符合环境条件；减少对原有完好防水层的破坏；施工过程中随时检查修缮效果，并做好隐蔽工程施工记录；对已完成渗漏修缮的部位应采取保护措施；渗漏修缮完工后，应恢复该部位原有的使用功能。

渗漏修缮工程使用的防水材料应根据用量及工程重要程度，由委托方和施工方协商决定是否进行现场见证抽样复验。

修缮施工过程中的隐蔽工程，应在隐蔽前由施工方会同有关方面进行验收。

7.2　地下渗漏修缮施工

7.2.1　现场查勘

堵漏施工应避免破坏结构和完好的防水层。混凝土结构、砌体结构现场查勘以下内容：结构裂缝、蜂窝、麻面等；变形缝、施工缝、预埋件周边、管道穿墙（地）部位、孔洞等。

渗漏水部位的查找可采用下列方法：渗漏水量较大或比较明显的部位，直接观察确定；慢渗或渗漏水点不明显的部位，将表面擦干后均匀撒一层干水泥粉，出现湿渍处，即为渗漏水部位。

7.2.2　堵漏原则

根据查勘结果及渗水点的位置、渗水状况及结构损坏程度制定漏修方案。地下室堵漏原则是先把大漏、缝漏变点漏，片漏变孔漏，逐步缩小渗漏水范围，最后堵住漏水。地下室堵漏施工顺序应先堵大漏、后堵小漏；先高处、后低处；先墙身、后底板。

7.2.3　材料要求

地下室渗漏修缮用的防水混凝土，其配合比应通过试验确定，抗渗等级应高于原防水设计要求。掺用的外加剂宜采用防水剂、减水剂、加气剂及膨胀剂等；防水抹面材料宜采用掺加外加剂、防水剂、聚合物乳液的防水砂浆；结构注浆材料应根据注浆目的选用，有补强要求时选用环氧树脂类和水泥类注浆材料，堵水注浆选用聚氨酯类、丙烯酸盐类注浆材料；防水涂料可选用渗透结晶型防水涂料、聚合物水泥防水涂料或环保型聚氨酯类防水涂料；防水密封材料应具有良好的弹塑性、黏结性、抗渗性、耐腐蚀性及施工性能；防水卷材应选用与基面粘结强度高、抗渗性能好和具有湿基面黏结性能的材料；导水、排水材料宜选用塑料排水板，铝合金、不锈钢金属排水材料，土工织物与塑料复合的排水板、渗水盲沟等。

7.2.4　堵漏方法

大面积轻微渗漏水和漏水点，可先采用速凝材料堵水，再做防水砂浆抹面或防水涂层等永久性防水层加强处理。渗漏水较大的裂缝，宜采用钻斜孔法或凿缝法注浆处理，干燥或潮湿的裂缝宜采用骑缝注浆法处理。注浆压力及浆液凝结时间应按裂缝宽度、深度进行调整。结构仍在变形、未稳定的裂缝，应待结构稳定后再进行处理。

需要补强的渗漏水部位，应选用强度较高的注浆材料，如水泥浆、超细水泥浆、自流平水泥灌浆材料、改性环氧树脂、聚氨酯等浆液，必要时可在止水后再做混凝土衬砌。

变形缝和新旧结构接头，应先注浆堵水或排水，再采用嵌填遇水膨胀止水条、密封材料，也可设置可卸式止水带等方法处理。穿墙管和预埋件可先采用快速堵漏材料止水，再采用嵌填密封材料、涂抹防水涂料、水泥砂浆等措施处理。施工缝可根据渗水情况采用注浆、嵌填密封防水材料及设置排水暗槽等方法处理，表面应增设水泥砂浆、涂料防水层等加强措施。

7.2.5　地下室渗漏水修缮

地下室渗漏水修缮施工应符合下列规定：

（1）渗漏墙面、地面堵修部位的松散石子、浮浆等应清除，堵修部位的基层必须牢固，应用水冲刷干净。阴阳角处应做成半径为 50 mm 的圆角，严禁在阴阳角处留槎。

(2)除应做好防水措施外,还应采取排水措施。

7.2.6　混凝土裂缝渗漏修缮

混凝土裂缝渗漏水的堵修应符合下列规定:

(1)水压较小的裂缝可采用速凝材料直接堵漏。堵修时,应沿裂缝剔出深度不小于 30 mm、宽度不小于 15 mm 的 U 形沟槽,用水冲刷干净,并用水泥胶浆等速凝材料填塞,挤压密实,使速凝材料与槽壁紧密黏结,堵漏材料表面低于板面的高度不应小于 15 mm。经检查无渗漏后,用聚合物砂浆沿沟槽抹平、扫毛,并用掺外加剂的水泥砂浆分层抹压做防水层(图 7-1)。

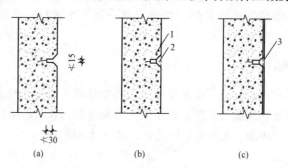

图 7-1　裂缝漏水直接堵漏

(a)剔缝;(b)填塞;(c)抹防水面层

1—速凝材料;2—水泥砂浆;3—防水砂浆

(2)水压较大的裂缝,可在剔出的沟槽底部沿裂缝放置线绳(或塑料管),用水泥胶浆等速凝材料填塞并挤压密实。抽出线绳,使漏水顺线绳流出后进行堵修。裂缝较长时,可分段堵塞,段间留设 20 mm 空隙,每段用水泥胶浆等速凝材料压紧,空隙用包有水泥胶浆的钉子塞住,待水泥胶浆快要凝固时,将钉子转动拔出,钉孔采用孔洞漏水直接堵塞的方法堵住。堵漏完毕,应用掺外加剂的水泥砂浆分层抹压,做好防水层(图 7-2)。

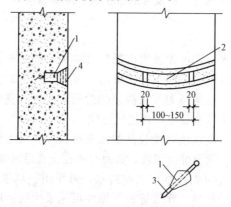

图 7-2　裂缝漏水下线堵漏

1—速凝材料;2—速凝材料填缝;3—钉杆;4—防水砂浆

(3)水压较大的裂缝急流漏水,可在剔出的沟槽底部每隔 500~1 000 mm 扣一个带有圆孔的半圆铁片(PVC 管),将胶管插入圆孔内,按裂缝渗漏水直接堵塞。漏水顺胶管流出后,应用掺外加剂的水泥砂浆分层抹压,拔管堵眼,抹好防水层(图 7-3)。

(4)局部较深的裂缝且水压较大的急流漏水,可采用注浆堵漏,并应符合下列规定:

1)裂缝处理：沿裂缝剔成 V 形边坡沟槽，用水冲刷清理干净。

2)布置注浆孔：注浆孔位置宜选择在漏水旺盛处及裂缝交叉处，其间距视漏水压力、漏水量、缝隙大小及所选用的注浆材料而定，宜为 500～1 000 mm。注浆孔应交错布置，注浆嘴用速凝材料稳固在孔洞内。

3)封闭漏水部位：混凝土裂缝表面及注浆嘴周边应用速凝材料封闭，各孔应畅通，应试注检查封闭情况。

4)灌注浆液：确定注浆压力后(注浆压力应大于地下水压力)，注浆应按水平缝自一端向另一端、垂直缝先下后上的顺序进行。当浆液注到不再进浆，且邻近灌浆嘴冒浆时，应立即封闭，停止压浆，按此依次灌注直至全部注完。

5)封孔：注浆完毕，经检查无渗漏现象后，剔除注浆嘴，堵塞注浆孔，应用掺外加剂的水泥砂浆分层抹压防水面层。

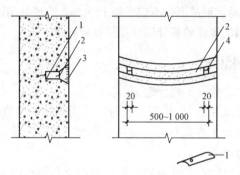

图 7-3　裂缝漏水下半圆铁片堵漏

1—半圆铁片；2—速凝材料；3—防水砂浆；4—引流孔

混凝土结构竖向或斜向贯穿裂缝渗漏水维修采用钻斜孔注浆时，应符合下列规定：

(1)采用钻机钻孔时，孔径不宜大于 20 mm，注浆孔可布置在裂缝一侧，或呈梅花形布置在裂缝两侧。钻斜孔角度为 45°～60°，钻入缝垂直深度不应小于 150 mm，孔间距为 300～500 mm(图 7-4)。

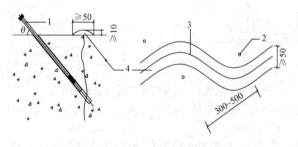

图 7-4　钻孔注浆示意图

1—注浆嘴；2—钻孔；3—裂缝；4—封缝材料

(2)注浆嘴应根据钻孔深度及孔径大小要求优先采用单向止逆压环式注浆嘴注浆，注浆液应采用亲水性低粘度环氧浆液或聚氨酯浆液。

(3)竖向结构裂缝灌浆顺序应沿裂缝走向自下而上依次进行。

(4)注浆宜用小型高压注浆泵，压力为 0.8～1.0 MPa，注浆孔压力不得超过最大注浆压力，达到设计注浆终压或出现漏浆且无法封堵时应停止注浆。注浆范围内无渗水后，按照设计要求加固注浆孔。

(5)斜孔注浆可不封闭裂缝，但裂缝较宽、钻孔偏浅时应封闭。采用速凝型无机堵漏材料封闭时，宽度不宜小于 50 mm，厚度不宜小于 10 mm。

混凝土表面蜂窝、麻面渗漏水，应先将酥松、起壳部分剔除，堵住漏水，排除地面积水，清除污物，其维修方法宜符合下列要求：

(1)混凝土表面凹凸不平处深度大于 10 mm，剔成慢坡形，表面凿毛，用水冲刷干净。面层涂刷混凝土界面剂后，应用掺外加剂的水泥砂浆分层抹压至板面齐平。铺抹水泥砂浆防水层应分层进行，每层均应密实，抹平压光。

(2)混凝土蜂窝孔洞，维修时应剔除松散石子，将蜂窝孔洞周边剔成斜坡并凿毛，用水冲刷干净。表面涂刷混凝土界面剂后，用比原强度等级高一级的细石混凝土或补偿收缩混凝土填补捣实，养护后，应用掺外加剂的水泥砂浆分层抹压至板面齐平，抹压密实。

(3)混凝土表面蜂窝麻面，剔凿深度不应小于 15 mm，清理并用水冲刷干净。表面涂刷混凝土界面剂后，应用掺外加剂的水泥砂浆分层抹压至板面齐平。

7.2.7 混凝土孔洞漏水

混凝土孔洞漏水的堵修应符合下列规定：

(1)水压较小(水位在 2 m 左右)、孔洞不大时，采用速凝材料堵漏。漏水孔洞应剔成圆槽，用水冲刷干净，面层涂刷混凝土界面剂后，应用速凝材料堵塞。经检查无渗漏后，应用掺外加剂的水泥砂浆分层抹压至板面齐平。

(2)水压较高(水位在 2~4 m)、孔洞较大时，采用下管引水堵漏。将引水管穿透卷材层至碎石内引走孔洞漏水，用速凝材料灌满孔洞，挤压密实，表面应低于结构面不小于 15 mm。堵塞完毕，经检查无渗漏水后，拔管堵眼，应用掺外加剂的水泥砂浆分层抹压至板面齐平(图 7-5)。

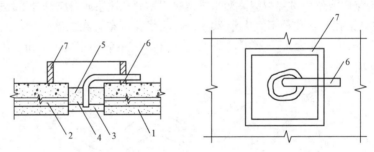

图 7-5 孔洞漏水下管引水堵漏

1—垫层；2—基层；3—碎石层；4—卷材；5—速凝材料；6—引水管；7—挡水墙

(3)孔洞漏水水压很大时(水位在 4 m 以上)，宜采用木楔等堵塞孔眼，将水止住，用速凝材料封堵。经检查无渗漏后，应用掺外加剂的水泥砂浆分层抹压密实至板面齐平。

7.2.8 水泥砂浆防水层维修

水泥砂浆防水层维修应符合下列规定：

(1)防水层局部泅渗漏水，应剔除泅渗部分并查出漏水点，然后堵漏。经检查无渗漏水后，重新铺抹防水层补平。

(2)防水层空鼓、裂缝渗漏水，应剔除空鼓处水泥砂浆，沿裂缝剔成凹槽。砖砌体结构应剔除酥松部分并清除污物，采用下管引水的方法堵漏。经检查无渗漏后，重新抹防水层补平。

(3)防水层阴阳角处渗漏水，可按混凝土渗漏堵修，阴阳角的防水层应抹成圆角，抹压应密实。

7.2.9 变形缝、施工缝渗漏堵修

变形缝渗漏水的堵修应符合下列规定：

(1)埋入式止水带变形缝渗漏水，宜按混凝土渗漏堵漏。变形缝两侧基面应洁净、干燥，重新埋入止水带。

(2)后埋式止水带(片)变形缝渗漏水，应全部剔除覆盖层混凝土及止水带(片)，按混凝土渗漏堵漏，更换止水带。

(3)粘贴式胶片变形缝渗漏水，应将混凝土或水泥砂浆覆盖层及粘贴的胶片全部剔除，按混凝土渗漏堵漏。

重新粘贴胶片时，基面应平整、干燥。涂刷胶粘剂应均匀，待胶粘剂不粘手时方可粘贴胶片。胶层溶剂挥发后，应用细石混凝土或抹水泥砂浆覆盖，覆盖层之间应用隔离材料隔开。

(4)涂刷式胶片变形缝渗漏水，可按预埋件周边渗漏水的要求处理，重新做涂刷式胶片。

施工缝出现渗漏水，应按混凝土渗漏的规定堵修。

防水层的施工缝应留成阶梯形槎。接槎处施工时，应先在原槎面上涂刷一道防水剂或水泥净浆，再分层接槎，最后一层应抹实压光。

7.2.10 预埋件渗漏堵修

预埋件周边渗漏水，应将其周边剔成环形沟槽，清除预埋件锈蚀，清洗干净并用水冲刷沟槽后，堵修应采用嵌填密封材料、堵塞速凝材料或灌注浆液等方法。

对于因受振而造成预埋件周边出现的渗漏水，宜拆除预埋件，将预埋位置剔成凹槽，在替换的混凝土预制块表面抹防水层后稳牢在凹槽内，周边应用速凝材料堵塞嵌实，分层铺抹防水层补平(图7-6)。

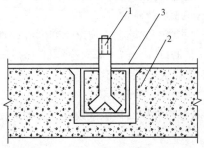

图 7-6 受震动的预埋件部位渗漏水维修

1—预埋件及预制块；2—速凝材料；3—防水砂浆

7.2.11 管道穿墙(地)部位渗漏水的堵修

管道穿墙(地)部位渗漏水的堵修应符合下列规定：

(1)常温管道穿墙(地)部位渗漏水，应沿管道周边剔成环形沟槽，用水冲刷干净，宜用速凝材料堵塞严实，经检查无渗漏后，表面分层抹压掺外加剂水泥砂浆与基面嵌平；也可用密封材料嵌缝，管道外 250 mm 范围涂刷涂膜防水层。

(2)热力管道穿透内墙部位渗漏水，可采用埋设预制半圆套管的方法，将穿管孔剔凿扩大，在管道与套管的空隙处用石灰麻刀或石棉水泥等填充料嵌填，套管外的空隙处应用速凝材料堵

塞(图7-7)。

(3)热力管道穿透外墙部位渗漏水，应先将地下水水位降至管道标高以下，宜采用设置橡胶止水套的方法，并做好嵌缝、密封处理(图7-8)。

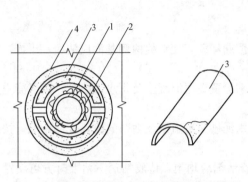 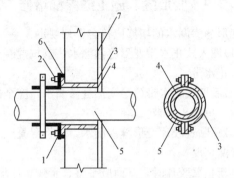

图 7-7 热力管道穿透内墙部位渗漏水采用　　图 7-8 热力管道穿透内墙部位渗漏水采用
埋设预制半圆套管的方法维修　　　　　　设置橡胶止水套的方法维修

1—热力管道；2—填充料；　　　　　　1—橡胶止水套；2—螺母；3—套管；
3—半圆混凝土套管；4—速凝材料　　　4—石棉水泥；5—热力管道；6—密封材料；7—防水层

7.3　屋面渗漏修缮施工

屋面工程渗漏修缮宜从迎水面进行。

7.3.1　基层要求

渗漏修缮工程基层处理宜符合下列规定：

(1)清除基层酥松、起砂、起皮及凸起物，表面应平整、牢固、干净、干燥，排水坡度应符合设计要求。

(2)基层与凸出屋面结构(女儿墙、立墙、天窗壁、变形缝、烟囱、伸出屋面管道等)的交接处，以及基层的转角处(水落口、檐口、天沟、檐沟等)，宜做成圆弧。

(3)内部排水的水落口周围应做成略低的凹坑。

(4)刚性防水屋面的分格缝应修整、清理干净。

在渗漏修缮过程中，不得随意增加屋面荷载或改变原屋面的使用功能。

7.3.2　修缮施工要求

按照制定的修缮方案和施工工艺进行施工；每道工序完工后，应经验收合格后方可进行下一道工序施工；渗漏修缮防水层施工时，应先做好节点附加层的处理；防水层的收头应采取密封加强措施。

雨期修缮施工应做好防雨遮盖和排水措施；冬期修缮施工应采取防冻保温措施。

7.3.3　查勘

屋面渗漏修缮查勘应全面检查屋面防水层大面及细部构造渗漏现象，对细部构造及排水系统应重点检查。

(1)卷材、涂膜防水屋面渗漏修缮查勘应包括下列内容：

1)防水层裂缝、翘边、空鼓、龟裂、流淌、剥落、腐烂、积水等；

2)天沟、檐沟、檐口、泛水、女儿墙、立墙、伸出屋面管道、阴阳角、水落口、变形缝等部位。

(2)瓦屋面渗漏修缮查勘应包括下列内容:

1)瓦件裂纹、缺角、破碎、风化、老化、锈蚀、变形等;

2)瓦件的搭接宽度、搭接顺序、接缝密封性、平整度、牢固程度等;

3)屋脊、泛水、上人孔、老虎窗、天窗等部位。

(3)刚性屋面渗漏修缮查勘应包括下列内容:

1)刚性防水层开裂、起砂、酥松、起壳等;

2)分格缝内密封材料剥离、老化等;

3)排气管、女儿墙等部位防水层的破损程度。

屋面渗漏修缮工程应根据房屋重要程度、防水设计等级、使用要求,结合查勘结果,找准渗漏部位,综合分析渗漏原因,制定修缮方案。

7.3.4 材料要求

屋面渗漏修缮用的材料应依据屋面防水设防要求、建筑结构特点、渗漏部位及施工条件选定;防水层外露的屋面,应选用耐紫外线、耐老化、耐酸雨性能优良的防水材料;上人屋面和蓄水屋面应选用耐水、耐霉烂性能优良的材料;种植屋面还应具有耐根穿刺的性能;薄壳、装配式结构、钢结构等大跨度变形较大的建筑屋面,应选用变形能力优良的防水材料;屋面接缝密封防水,应选用粘结力强,适应变形要求的密封材料;选用的材料应符合安全、环保要求。

(1)瓦屋面选材应符合下列要求:

1)瓦件及配套材料宜选用同一规格产品;

2)平瓦及其脊瓦应边缘整齐,表面光洁,不得有分层、裂纹和露砂等缺陷,平瓦的瓦爪与瓦槽的尺寸应准确;

3)沥青瓦应边缘整齐,切槽清晰,厚薄均匀,表面无孔洞、楞伤、裂纹、褶皱和起泡等缺陷;刚性防水屋面接缝渗漏宜选用密封材料。

(2)屋面工程渗漏修缮中多种材料复合使用时,应符合下列规定:

1)耐老化、耐穿刺的防水层宜设置在最上面,材料之间应具相容性;

2)合成高分子类卷材或涂膜的上部不得采用热熔型卷材或涂料。

柔性防水层破损及裂缝的修缮宜采用与其相适应的卷材、涂料及密封材料。

7.3.5 修缮施工

刚性防水层的修缮可采用卷材、涂料、防水砂浆等材料;其分格缝应采用密封材料。混凝土结构裂缝的修缮可采用低压化学灌浆。

重新铺设的卷材防水层厚度、新旧卷材搭接宽度应符合表 7-1 的要求。翻修时,铺设的卷材的搭接宽度应符合现行国家标准《屋面工程技术规范》(GB 50345—2012)的规定。

表 7-1 卷材厚度、新旧卷材搭接宽度

防水层种类		厚度/mm	搭接宽度/mm
高聚物改性沥青防水卷材		≥4	
自粘聚合物改性沥青防水卷材	无胎	≥2	≥150
	聚酯胎	≥3	
合成高分子卷材		≥1.5	
卷材与涂膜		—	

粘贴防水卷材应使用与卷材材性相容的胶粘材料，其粘结性能应符合表7-2的规定。

表7-2　防水卷材粘结性能

项目		自粘聚合物沥青防水卷材粘合面		三元乙丙橡胶和聚氯乙烯防水卷材胶粘剂	丁基橡胶自粘胶带
		PY类	N类		
剪切状态下的粘合性(卷材—卷材)/(N·mm⁻¹)	标准试验条件/(N·mm⁻¹)	≥4或卷材断裂	≥2或卷材断裂	≥2或卷材断裂	≥2或卷材断裂
粘结剥离强度(卷材—卷材)	标准试验条件/(N·mm⁻¹)	≥1.5或卷材断裂		≥1.5或卷材断裂	≥0.4或卷材断裂
	浸水168 h后保持率/%	≥70		≥70	≥80
与混凝土粘结强度(卷材—混凝土)	标准试验条件/(N·mm⁻¹)	≥1.5或卷材断裂		≥1.5或卷材断裂	≥0.6或卷材断裂

采用涂膜防水修缮时，涂膜防水层的厚度、新旧涂膜防水层搭接宽度应符合表7-3的规定。

表7-3　涂膜防水层厚度、新旧涂膜防水层搭接宽度

涂料类型	厚度/mm	搭接宽度/mm
合成高分子防水涂料	≥1.5	≥150
聚合物水泥防水涂料	≥2	
高聚物改性沥青防水涂料	≥2	

涂膜防水层开裂的部位，宜涂布带有胎体增强材料的防水涂料。瓦屋面修缮时更换的瓦件应采取固定加强措施。保温层浸水不易排除时，宜增设排水、排汽措施。屋面发生大面积渗漏，防水层丧失防水功能时，应进行翻修，并按照现行国家标准《屋面工程技术规范》(GB 50345—2012)的规定重新设计。

7.4　厕浴间和厨房渗漏修缮施工

7.4.1　查勘

厕浴间和厨房的查勘应包括下列内容：地面与墙面裂缝、积水、空鼓等；地漏、管道与地面或墙面的交接部位；排水沟及其与下水管道交接部位等。查阅相关资料，查明隐蔽性管道的铺设路径、接头的数量与位置。

7.4.2　修缮施工

(1)厕浴间和厨房的墙面、地面面砖破损、空鼓和接缝渗漏，应拆除该部位的面砖，清理干净、洒水湿润后，用聚合物水泥砂浆粘贴与原面砖基本一致的面砖，并进行勾缝处理。厕浴间和厨房墙面防水层破损渗漏，应采用涂布防水涂料或抹压聚合物水泥砂浆进行防水处理。

(2)地面防水层破损渗漏的修缮，应涂布防水涂料，管根、地漏等部位进行密封防水处

理。修缮后，排水应顺畅。地面与墙面交接处防水层破损渗漏，宜在缝隙处嵌填密封材料，并涂布防水涂料。设施与墙面接缝的渗漏，宜采用嵌填密封材料的方法进行维修。

（3）穿墙（地）管根渗漏，宜嵌填密封材料，并涂布防水涂料。地漏部位渗漏时，应在地漏周边刷出 15 mm×15 mm 的凹槽，清理干净后嵌填密封材料封闭严密。

（4）墙面防水层高度不足引起的渗漏，修缮时应符合下列规定：

1）修缮后的防水层高度应为：淋浴间防水层高度不宜小于 2 000 mm；浴盆临墙防水层高度不宜小于 800 mm；蹲坑部位防水层高度应超过蹲台地面 400 mm。洗面台临墙防水层高度不宜小于 1 000 mm；拖布池临墙防水层高度不宜小于 800 mm，其余墙体的防水层宽度不宜小于300 mm。

2）在增加防水层高度时，应先处理加高部位的基层，新旧防水层之间搭接宽度不应小于150 mm。

（5）厨房排水沟渗漏，可选用涂布防水涂料、抹压聚合物水泥砂浆，修缮后应恢复排水功能。卫生洁具与给水排水管连接处渗漏时，宜凿开地面，清理干净，洒水湿润后，抹压聚合物水泥砂浆或涂刷防水涂料做好便池底部的防水层，再安装恢复卫生洁具。

（6）地面倒泛水、积水渗漏时，应将饰面层凿除，重新找坡，涂刷基层处理剂，涂布涂膜防水层，重新铺设饰面层，排水应畅通。

（7）地面砖破损、空鼓和接缝处渗漏的维修，应先将损坏的面砖拆除，基层防水处理后，面砖采用聚合物水泥砂浆粘贴牢固并勾缝严密。

（8）穿过墙面管道根部渗漏与穿过楼地面管道的根部积水渗漏，应清除管道周围饰面层，剔出凹槽，嵌填密封材料，涂布防水涂料，恢复饰面层。

（9）楼地面与墙面交接处渗漏维修时，应清除面层至防水层，基层处理后，涂布防水涂料，立面防水层高度不应小于 250 mm，平面与原防水层的搭接宽度不应小于 150 mm，恢复饰面层。

（10）墙面渗漏修缮时，应清除饰面层至结构层，抹压聚合物水泥防水砂浆或涂布防水涂料。

7.5　墙体渗漏修缮施工

建筑外墙渗漏宜以迎水面修缮为主。

7.5.1　查勘

修缮前应对墙体渗漏部位进行现场查勘。因房屋结构损坏造成的外墙渗漏，应先加固修补结构，再进行修缮施工。外墙渗漏查勘应重点检查节点部位的渗漏现象。

墙体渗漏修缮查勘应包括下列内容：清水墙灰缝、裂缝、孔洞等。抹灰及饰面层裂缝、空鼓、风化、剥落、酥松等，面砖、石材应重点查勘接缝、开裂、空鼓等。墙体变形缝、外装饰分格缝、穿墙管道根部、阳台及雨篷根部、门窗框周边、女儿墙根部、预埋件或挂件根部、混凝土结构与填充墙结合处等节点部位。

7.5.2　修缮方案

外墙渗漏修缮工程应结合查勘结果，分析渗漏原因，制定修缮方案。面砖、石材等材料本身的破损导致的渗漏，更换面砖、石材时，应采用聚合物水泥防水砂浆粘贴并做好勾缝处理。面砖、石材接缝渗漏，应采用聚合物水泥砂浆重新勾缝。外墙水泥砂层裂缝导致的渗漏，宜采用涂刷具有装饰功能的防水涂料维修。孔洞的渗漏，应根据孔洞的用途，采取永久封堵、临时封堵和排水的治理方法。预埋件或挂件根部的渗漏，宜采用嵌填密封材料、外涂防水涂料维修。

门窗框周边的渗漏，宜在内外两侧采用密封材料封堵。混凝土结构与填充墙结合处裂缝的渗漏，宜采用挂网抹压聚合物水泥砂浆的维修。

7.5.3 材料要求

（1）外墙渗漏局部修缮选用材料的材质、色泽、外观宜与原房屋的外墙装饰材料基本一致。翻修时，所采用的材料、颜色应由业主方或设计方确定。

（2）嵌缝材料宜选用粘结强度高、延伸率大、耐久性好、冷施工和环保型的密封材料。

（3）抹面材料宜选用聚合物水泥砂浆或掺外加剂的防水砂浆。

（4）防水涂料宜选用粘结性好、耐久性好、对基层开裂变形适应性强，并符合环保要求的合成高分子防水涂料。

7.5.4 修缮施工要求

（1）清水墙渗漏维修应符合下列规定：

1）墙体坚实完好，墙面灰缝损坏时，将渗漏部位的灰缝剔凿出深度为 15～20 mm，经浇水湿润后，采用聚合物水泥砂浆勾缝。

2）墙面个别砖或局部风化、碱蚀、剥皮，应将已损坏的砖面剔除，清理干净，浇水湿润，抹压聚合物水泥砂浆，并进行调色处理使其与原墙面基本一致。

3）严重渗漏时，抹压聚合物水泥砂浆对基层进行防水补强处理后，再采用聚合物水泥砂浆粘贴面砖或涂刷具有装饰功能的防水涂料等外墙饰面层重新施工。

（2）抹灰及饰面层局部损坏渗漏时，应剔凿损坏部分至结构层，清理干净，浇水湿润，涂刷界面剂，分层抹压聚合物水泥砂浆，每层厚度宜控制在 10 mm 以内并处理好接槎。抹灰层完成后，恢复饰面层。

（3）外墙面裂缝渗漏的修缮应符合下列规定：

1）饰面层龟裂，表面清理干净，涂刷弹性防水涂料，颜色与原饰面层基本一致。

2）宽度较大的裂缝，应沿裂缝切割并剔造出 15 mm×15 mm 的凹槽，如有松动、空鼓的砂浆层，应全部清除干净，浇水湿润后，用聚合物水泥砂浆修补平整，在涂刷与原饰面层颜色基本一致且具有装饰功能的防水涂料。

饰面层大面积渗漏时应进行翻修，基层补强处理后，采用防水砂浆粘贴面砖或涂布外墙防水饰面涂料等方法进行饰面处理。

（4）面砖、石板材饰面层渗漏的修缮应符合下列规定：

1）面砖饰面层接缝处渗漏，应清理渗漏部位的灰缝，用水冲刷干净，采用聚合物水泥材料勾缝。

2）面砖局部损坏，应剔凿、清理干净、浇水湿润，修补基层后，再用聚合物水泥砂浆粘贴与原有饰面砖基本一致的面砖，并勾缝严密。

3）石板材局部破损，应剔凿，清理干净，经防水处理后，恢复饰面层。

4）严重渗漏时应翻修，对损坏部分修补后，可选用下列方法进行防水处理：

①喷（刷）涂具有防水装饰功能的外墙涂料。

②整体抹压聚合物水泥砂浆，恢复饰面层。

7.6 渗漏修缮工程质量验收

房屋渗漏修缮施工完成后，应对修缮工程质量进行验收。

7.6.1 检验批的划分

房屋渗漏修缮工程质量检验批应符合下列规定：

(1)屋面、墙面、楼地面渗漏修缮工程，应按修缮面积每 100 m² 抽查一处，每处 10 m²，且不得少于 3 处。

(2)细部构造和特殊部位，应全部进行检查。

7.6.2 验收规定

房屋渗漏修缮工程质量应符合下列规定：

(1)选用材料应与原防水层材性相容。

(2)防水层修缮完成后应平整，不得积水、渗漏。

(3)找平层表面应平整，不得有酥松、起砂、起皮现象。

(4)天沟、檐沟、泛水、水落口和变形缝等防水层构造、保温层构造应符合原工程设计要求。

(5)卷材铺贴方向和搭接宽度应符合设计要求，卷材搭接缝应黏(焊)结牢固，封闭严密，不得有皱褶、翘边和空鼓现象。卷材收头应采取固定措施并封严。

(6)涂膜的厚度应符合设计要求，表面平整，防水层收头应封严。

(7)嵌缝密封材料应与基层黏结牢固，表面应光滑，不得有气泡、开裂和脱落、鼓泡现象。

(8)瓦件的规格、品种、质量应符合原设计要求，应与原有瓦件规格、色泽接近，外形应整齐，无裂缝、缺棱掉角等残次缺陷。铺瓦应与原有部分相接吻合。

(9)厕浴间、厨房修缮施工完成后，蓄水检查不得有渗漏水现象。排水应顺畅，无积水。

(10)外墙修复完工后经淋水 2 h 检验，无渗漏为合格。

(11)上人或其他使用功能的面层，其功能恢复应符合修缮方案要求，修缮后应恢复使用功能。

检查屋面和楼地面有无渗漏、积水和排水系统是否畅通，应在雨后或持续淋水 2 h 后进行。有条件进行蓄水检验的部位，应蓄水 24 h 后检查，蓄水最浅处不得少于 20 mm。

7.6.3 验收文件及记录要求

房屋渗漏修缮工程质量验收的文件和记录应符合表 7-4 的要求。

表 7-4　房屋渗漏修缮工程质量验收的文件和记录

序号	资料项目	资料内容
1	修缮方案	渗漏查勘与诊断报告，渗漏治理方法、防水材料性能、防水层相关构造的恢复设计、设计方案及工程洽商资料
2	材料质量	质量证明文件：出厂合格证、质量检验报告、复验报告
3	中间检查记录	隐蔽工程验收记录、施工检验记录、淋水或蓄水检验记录
4	工程检验记录	质量检验及观察检查记录

房屋渗漏修缮工程应对卷材、涂膜防水层的基层、隔汽和排湿措施、接缝防水密封部位、天沟、檐沟、泛水、水落口和变形缝等细部做法、卷材、涂膜防水层的搭接宽度和附加层、刚性保护层与卷材、涂膜防水层之间的隔离层等部位进行隐蔽工程验收。

房屋渗漏修缮工程验收后，应提供验收档案资料。

单元小结

本单元主要介绍了防水修缮的施工要求，包括防水修缮的准备工作、地下渗漏的防水修缮施工、屋面渗漏的修缮施工、厕浴间和厨房渗漏的修缮施工、墙体渗漏的修缮施工及渗漏修缮工程质量验收的相关要求。通过本部分的学习，应了解防水修缮施工的基本要求，能够组织地下渗漏、屋面渗漏、厨卫间渗漏和墙体渗漏的一般问题的维修处理。

习 题

1. 防水修缮施工有哪些准备工作？
2. 防水修缮的材料要求有哪些？
3. 防水修缮的施工组织有哪些要求？
4. 地下渗漏修缮的堵漏原则有哪些？
5. 混凝土裂缝渗漏如何修缮？
6. 屋面修缮施工有哪些要求？
7. 简述屋面修缮对材料的要求。
8. 厨卫间渗漏应如何修缮？
9. 外墙渗漏修缮对材料有何要求？

技能训练题

《房屋渗漏修缮技术规程》(JGJ/T 53—2011)规定，现场查勘宜包括下列内容：

(1)工程所在位置周围的环境，使用条件、气候变化对工程的影响；

(2)渗漏水发生的部位、现状；

(3)渗漏水变化规律；

(4)渗漏部位防水层质量现状及破坏程度，细部防水构造现状；

(5)渗漏原因、影响范围，结构安全和其他功能的损害程度。

根据规范要求，编写现场查勘报告的模板，让从业人员可以根据模板直接快速完成查勘报告。

附录一　改性沥青防水卷材的取样方法

改性沥青防水卷材的取样方法依据《建筑防水卷材试验方法第4部分 沥青防水卷材厚度、单位面积质量》(GB/T 328.4—2007)进行。

1. 试件制备

从试样上裁取至少0.4 m长，整个卷材宽度宽的试片，从试片上裁取3个正方形或圆形试件，每个面积(10 000±100) mm²，一个在中心裁取，其余两个和第一个对称，沿试片相对两角的对角线，此时试件距卷材边缘大约100 mm，避免裁下任何留边(附图1)。

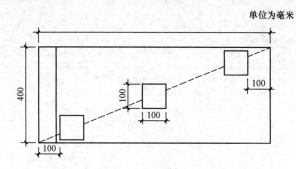

单位为毫米

附图1　正方形试件示例
1—产品宽度；2，3，4—试件；5—留边

2. 试验条件

试件应在(23±2)℃和(50±5)%相对湿度条件下至少放置20 h，试验在(23±2)℃进行。

附录二　全国主要城镇降水量及风压强度表

省市名	城市名	海拔高度/m	风压/(kN·m^{-2})			降水/mm	
			$n=10$	$n=50$	$n=100$	年降水量	日最大降水量
北京	北京	54.0	0.30	0.45	0.50	571.90	244.20
天津	天津市	3.3	0.30	0.50	0.60	544.30	158.10
上海	上海	2.8	0.40	0.55	0.60	1 164.50	204.40
重庆	重庆	259.1	0.25	0.40	0.45	1 104.50	192.90
河北	石家庄	80.5	0.25	0.35	0.40	517.0	200.20
	蔚县	909.5	0.20	0.30	0.35	412.80	88.90
	邢台市	76.8	0.20	0.30	0.35	555.70	
	张家口市	724.2	0.35	0.55	0.60	411.80	100.40
	怀来	536.8	0.25	0.35	0.40	372.3	
	承德市	377.2	0.30	0.40	0.45	512.0	151.40
	秦皇岛市	2.1	0.35	0.45	0.50	683.60	
	唐山市	27.8	0.30	0.40	0.45	623.10	
	乐亭	10.5	0.30	0.40	0.45	602.50	234.70
	保定市	17.2	0.30	0.40	0.45	566.60	
	沧州市	9.6	0.30	0.40	0.45	604.90	274.30
	南宫市	27.4	0.25	0.35	0.40	498.50	148.80
山西	太原市	778.3	0.30	0.40	0.45	431.20	183.50
	大同市	1 067.2	0.35	0.55	0.65	371.40	67.00
	原平	828.2	0.30	0.50	0.60	417.10	
	离石	950.8	0.30	0.45	0.50	493.50	103.40
	阳泉市	741.9	0.30	0.40	0.45	576.40	
	介休	743.9	0.25	0.40	0.45	454.90	
	临汾市	449.5	0.25	0.40	0.45	511.10	104.40
	长治市	991.8	0.30	0.50	0.60	618.90	
	运城市	376.0	0.30	0.40	0.45	529.60	

224

省市名	城市名	海拔高度/m	风压/(kN·m^{-2})			降水/mm	
			$n=10$	$n=50$	$n=100$	年降水量	日最大降水量
内蒙古	呼和浩特市	1 063.0	0.35	0.55	0.60	418.80	210.10
	牙克石市图里河	732.6	0.30	0.40	0.45	463.90	
	满洲里市	661.7	0.50	0.65	0.70	304.00	75.70
	海拉尔区	610.2	0.45	0.65	0.75	351.30	63.40
	新巴尔虎左旗阿木古朗	642.0	0.40	0.55	0.60	489.40	
	牙克石市博克图	739.7	0.40	0.55	0.60	481.50	127.50
	乌兰浩特市	274.7	0.40	0.55	0.60	417.80	102.10
	东乌珠穆沁旗	838.7	0.35	0.55	0.65	258.70	63.40
	额济纳旗	940.5	0.40	0.60	0.70	35.50	27.30
	额济纳旗拐子湖	960.0	0.45	0.55	0.60	35.50	27.30
	二连浩特市	964.7	0.55	0.65	0.70	142.30	61.60
	杭锦后旗陕坝	1 056.7	0.30	0.45	0.50	138.20	77.60
	包头市	1 067.2	0.35	0.55	0.60	308.90	100.90
	集宁区	1 419.3	0.40	0.60	0.70	378.90	
	鄂托克旗	1 380.3	0.35	0.55	0.65	264.70	
	东胜区	1 460.4	0.30	0.50	0.60	400.20	
	锡林浩特市	989.5	0.40	0.55	0.60	286.60	89.50
	林西	799.0	0.45	0.60	0.70	385.00	140.70
	通辽市	178.5	0.40	0.55	0.60	373.60	
	多伦	1 245.4	0.40	0.55	0.60	386.40	109.90
	赤峰市	571.1	0.30	0.55	0.65	371.00	108.00
辽宁	沈阳市	42.8	0.40	0.55	0.60	690.30	215.50
	彰武	79.4	0.35	0.45	0.50	509.00	
	阜新市	144.0	0.40	0.60	0.70	539.30	
	朝阳市	169.2	0.40	0.55	0.60	480.70	232.20
	锦州市	65.9	0.40	0.60	0.70	567.70	
	鞍山市	77.3	0.30	0.50	0.60	713.50	
	本溪市	185.2	0.35	0.45	0.50	776.00	
	营口市	3.3	0.40	0.60	0.70	643.30	240.50
	丹东市	15.1	0.35	0.55	0.65	925.60	414.40
	大连市	91.5	0.40	0.65	0.75	601.90	166.40

省市名	城市名	海拔高度/m	风压/(kN·m^{-2})			降水/mm	
			$n=10$	$n=50$	$n=100$	年降水量	日最大降水量
吉林	长春市	236.8	0.45	0.65	0.75	570.40	130.40
	白城市	155.4	0.45	0.65	0.75	411.40	
	前郭尔罗斯	134.7	0.30	0.45	0.50	421.30	
	四平市	164.2	0.40	0.55	0.60	632.70	154.10
	吉林市	183.4	0.40	0.50	0.55	674.20	
	桦甸	263.8	0.30	0.40	0.45	744.80	72.60
	延吉市	176.8	0.35	0.50	0.55	528.20	
	通化市	402.9	0.30	0.50	0.60	878.10	129.10
	百山市	332.7	0.20	0.30	0.35	791.70	
黑龙江	哈尔滨市	142.3	0.35	0.55	0.65	524.30	104.80
	漠河	296.0	0.25	0.35	0.40	419.20	115.20
	加格达奇	371.7	0.25	0.35	0.40	481.90	74.80
	黑河市	166.4	0.35	0.50	0.55	525.90	107.10
	嫩江	242.2	0.40	0.55	0.60	491.90	105.50
	孙吴	234.5	0.40	0.60	0.70	537.80	
	克山	234.6	0.30	0.45	0.50	509.80	177.90
	齐齐哈尔市	145.9	0.35	0.45	0.50	415.30	83.20
	海伦	239.2	0.35	0.55	0.65	544.60	
	伊春市	240.9	0.25	0.35	0.40	630.80	
	鹤岗市	227.9	0.30	0.40	0.45	615.20	79.20
	大庆市	149.3	0.35	0.55	0.65	428.00	
	铁力	210.5	0.25	0.35	0.40	648.70	109.00
	佳木斯市	81.2	0.40	0.65	0.75	535.30	
	通河	108.6	0.35	0.50	0.55	603.10	
	尚志	189.7	0.35	0.55	0.60	660.50	
	鸡西市	233.6	0.40	0.55	0.65	541.80	121.80
	虎林	100.2	0.35	0.45	0.50	570.30	98.80
	牡丹江市	241.4	0.35	0.50	0.55	537.00	
	绥芬河市	496.7	0.40	0.60	0.70	553.90	121.10

省市名	城市名	海拔高度/m	风压/(kN·m⁻²)			降水/mm	
			$n=10$	$n=50$	$n=100$	年降水量	日最大降水量
山东	济南市	51.6	0.30	0.45	0.50	672.70	298.40
	德州	21.2	0.30	0.45	0.50	573.70	285.00
	惠民	11.3	0.40	0.50	0.55	568.50	
	烟台市	46.7	0.40	0.55	0.60	737.00	
	威海市	48.6	0.45	0.65	0.75	776.90	370.80
	荣成市	47.7	0.60	0.70	0.75	664.40	
	淄博市	34.0	0.30	0.40	0.45	630.3.	
	沂源	304.5	0.30	0.35	0.40	721.80	222.90
	潍坊	44.1	0.30	0.40	0.45	588.30	
	青岛市	76.0	0.45	0.60	0.70	749.00	269.60
	菏泽市	49.7	0.25	0.40	0.45	624.70	
	兖州	51.7	0.25	0.40	0.45	660.10	
	日照市	16.1	0.30	0.40	0.45	915.70	
江苏	南京市	8.9	0.25	0.40	0.45	1 062.40	179.30
	徐州市	41.0	0.25	0.35	0.40	831.70	
	赣榆	2.1	0.30	0.45	0.50	905.90	
	淮阴市	17.5	0.25	0.40	0.45	959.00	
	无锡	6.7	0.30	0.45	0.50	1 079.00	
	泰州	6.6	0.25	0.40	0.45	1 053.10	212.10
	连云港	3.7	0.35	0.55	0.65	936.90	
	盐城	3.6	0.25	0.45	0.55	1 008.50	167.90
	东台市	4.3	0.30	0.40	0.45	1 051.10	
	南通市	5.3	0.30	0.45	0.50	1 074.10	
	常州市	4.9	0.25	0.40	0.45	1 076.10	
	苏州	17.5	0.30	0.45	0.50	1 088.50	
浙江	杭州市	41.7	0.30	0.45	0.50	1 454.60	189.30
	舟山市	35.7	0.50	0.85	1.00	1 320.60	212.50
	金华市	62.6	0.25	0.35	0.40	1 388.20	
	宁波市	4.2	0.30	0.50	0.60	1 442.60	
	衢州市	66.9	0.25	0.35	0.40	1 705.00	
	丽水市	60.8	0.20	0.30	0.35	1 402.60	143.70
	温州市	6.0	0.35	0.60	0.70	1 742.40	252.50

省市名	城市名	海拔高度/m	风压/(kN·m⁻²)			降水/mm	
			$n=10$	$n=50$	$n=100$	年降水量	日最大降水量
安徽	合肥市	27.9	0.25	0.35	0.40	995.30	238.40
	亳州市	37.7	0.25	0.45	0.55	790.10	
	蚌埠市	18.7	0.25	0.35	0.40	919.60	154.00
	六安市	60.5	0.20	0.35	0.40	1 678.90	
	巢县	22.4	0.25	0.35	0.40	1 105.00	
	安庆市	19.8	0.25	0.40	0.45	1 474.90	
	黄山市	1 864.70	0.25	0.35	0.40	1 691.00	
	阜阳市	30.6				889.10	
江西	南昌市	46.7	0.30	0.45	0.55	1 624.20	289.00
	修水	146.8	0.20	0.30	0.35	1 580.00	
	吉安	76.4	0.25	0.30	0.35	1 518.80	198.80
	宁冈	263.1	0.20	0.30	0.35	1 507.00	271.60
	赣州市	123.8	0.20	0.30	0.35	1 461.20	200.80
	九江	36.1	0.25	0.35	0.40	1 412.30	
	景德镇市	61.5	0.25	0.35	0.40	1 826.60	228.50
	南城	80.8	0.25	0.30	0.35	1 704.70	
	广昌	143.8	0.20	0.30	0.35	1 732.20	327.40
福建	福州市	83.8	0.40	0.70	0.85	1 339.70	167.60
	邵武市	191.5	0.20	0.30	0.35	1 788.10	187.70
	建阳	196.9	0.25	0.35	0.40	1 746.20	
	南平市	125.6	0.20	0.35	0.45	1 652.40	
	长汀	310.0	0.20	0.35	0.40	1 729.10	180.70
	永安市	206.0	0.25	0.40	0.45	1 563.80	
	龙岩市	342.3	0.20	0.35	0.45	1 692.30	
	厦门市	139.4	0.50	0.80	0.95	1 349.00	
陕西	西安市	397.5	0.25	0.35	0.40	553.30	92.30
	榆林市	1 057.5	0.25	0.40	0.45	365.50	141.70
	延安市	957.8	0.25	0.35	0.40	510.70	139.90
	铜川市	978.9	0.20	0.35	0.40	610.50	113.60
	宝鸡市	612.4	0.20	0.35	0.40	679.10	
	略阳	794.2	0.25	0.35	0.40	853.20	160.90
	汉中市	508.4	0.20	0.30	0.35	852.60	117.80
	安康市	290.8	0.30	0.45	0.50	818.70	161.90

228

省市名	城市名	海拔高度/m	风压/(kN·m⁻²)			降水/mm	
			$n=10$	$n=50$	$n=100$	年降水量	日最大降水量
甘肃	兰州市	1 517.2	0.20	0.30	0.35	311.70	96.80
	安西	1 170.8	0.40	0.55	0.60	47.40	30.70
	酒泉市	1 477.2	0.40	0.55	0.60	87.70	
	张掖市	1 428.7	0.30	0.50	0.60	128.60	46.70
	武威市	1 530.9	0.35	0.55	0.65	161.00	
	民勤	1 367.0	0.40	0.50	0.55	113.00	
	乌鞘岭	3 045.1	0.35	0.40	0.45	404.60	
	靖远	1 398.2	0.20	0.30	0.35	239.80	
	平凉市	1 346.6	0.25	0.30	0.35	482.10	
	夏河县合作	2 910.0	0.25	0.30	0.35	531.60	64.40
	武都	1 079.1	0.25	0.35	0.40	471.90	
	天水市	1 141.7	0.20	0.35	0.40	491.60	88.10
宁夏	银川市	111.4	0.40	0.65	0.75	186.30	66.80
	中宁	1 183.3	0.30	0.35	0.40	221.40	77.80
	盐池	1 347.8	0.30	0.40	0.45	273.50	
	固原	1 753.0	0.25	0.35	0.40	476.40	75.90
青海	西宁市	2 261.2	0.25	0.35	0.40	373.60	62.20
	茫崖	3 138.5	0.30	0.40	0.45	48.40	15.30
	冷湖	2 733.0	0.40	0.55	0.60	16.00	22.70
	德令哈市	2 981.5	0.25	0.35	0.40	173.60	84.00
	刚察	3 301.5	0.25	0.35	0.40	379.40	40.50
	格尔木市	2 807.6	0.30	0.40	0.45	42.10	32.00
	都兰	3 191.1	0.30	0.45	0.55	193.90	31.40
	同德	3 289.4	0.25	0.30	0.35	431.30	47.50
	格尔木市托托河	4 533.1	0.40	0.50	0.55	39.60	32.00
	杂多	4 066.4	0.25	0.35	0.40	524.80	37.90
	苣荬菜	4 231.2	0.25	0.35	0.40	406.30	28.50
	玉树	3 681.2	0.20	0.30	0.35	485.90	
	玛多	4 272.3	0.30	0.40	0.45	321.60	54.20

省市名	城市名	海拔高度/m	风压/(kN·m⁻²)			降水/mm	
			$n=10$	$n=50$	$n=100$	年降水量	日最大降水量
青海	达日县吉迈	3 967.5	0.25	0.35	0.40	544.60	
	班玛	3 750.0	0.20	0.30	0.35	667.30	49.60
新疆	乌鲁木齐市	917.9	0.40	0.60	0.70	286.30	57.70
	阿勒泰市	735.3	0.40	0.70	0.85	191.30	40.50
	克拉玛依市	427.3	0.65	0.90	1.00	105.70	26.70
	伊宁市	662.5	0.40	0.60	0.70	268.90	41.60
	乌鲁木齐县达坂城	1 103.5	0.55	0.80	0.90	275.60	57.70
	吐鲁番市	34.5	0.50	0.85	1.00	15.60	36.00
	阿克苏市	1 103.8	0.30	0.45	0.50	137.70	
	库车	1 099.0	0.35	0.50	0.60	74.50	56.30
	库尔勒市	931.5	0.30	0.45	0.50	51.30	27.60
	喀什市	1 288.7	0.35	0.55	0.65	64.00	32.70
	和田	1 374.6	0.25	0.40	0.45	36.40	26.60
	哈密	737.2	0.40	0.60	0.70	39.10	25.50
河南	郑州市	110.4	0.30	0.45	0.50	632.40	189.40
	安阳市	75.5	0.25	0.45	0.55	556.80	
	新乡市	72.7	0.30	0.40	0.45	556.00	
	三门峡市	410.1	0.25	0.40	0.45	554.90	
	卢氏	568.8	0.20	0.30	0.35	656.60	95.30
	洛阳市	137.1	0.25	0.40	0.45	601.10	
	开封市	72.5	0.30	0.45	0.50	634.20	
	南阳市	129.2	0.25	0.35	0.40	805.80	
	驻马店市	82.7	0.25	0.40	0.45	979.20	420.40
	信阳市	114.5	0.25	0.35	0.40	1 105.70	
	商丘市	50.1	0.20	0.35	0.45	711.90	
	固始	57.1	0.20	0.35	0.40	1 075.10	206.90

省市名	城市名	海拔高度/m	风压/(kN·m⁻²)			降水/mm	
			$n=10$	$n=50$	$n=100$	年降水量	日最大降水量
湖北	武汉市	23.3	0.25	0.35	0.40	1 269.00	317.40
	老河口市	90.9	0.20	0.30	0.45	834.70	178.70
	恩施市	457.1	0.20	0.30	0.40	1 470.20	227.50
	宜昌市	133.1	0.20	0.30	0.35	1 138.00	
	荆州	32.6	0.20	0.30	0.35	1 109.50	174.30
	黄石市	19.6	0.25	0.35	0.40	1 382.60	
湖南	长沙市	44.9	0.25	0.35	0.40	1 331.30	192.50
	岳阳市	53.0	0.25	0.40	0.45	1 300.00	
	常德市	35.0	0.25	0.40	0.50	1 323.30	
	芷江	272.2	0.20	0.30	0.35	1 230.10	
	邵阳市	248.6	0.20	0.30	0.35	1 327.50	
	零陵	172.6	0.25	0.40	0.45	1 425.70	
	衡阳市	103.2	0.25	0.40	0.45	1 337.40	
	郴州市	184.9	0.20	0.30	0.35	1 469.80	
广东	广州市	6.6	0.30	0.50	0.60	1 736.60	284.90
	韶关	69.3	0.20	0.35	0.45	1 583.50	208.80
	珠海市	20.80	0.75	0.85	0.90	1 998.70	
	河源	40.6	0.20	0.30	0.35	2 006.00	
	汕头市	1.1	0.50	0.80	0.95	1 631.10	297.40
	深圳市	18.2	0.45	0.75	0.90	2 000.00	
	汕尾	4.6	0.50	0.85	1.00	1 947.30	
	湛江市	25.3	0.50	0.80	0.95	1 567.30	
	阳江	23.3	0.45	0.70	0.80	2 442.70	
广西	南宁市	73.1	0.25	0.35	0.40	1 309.70	198.60
	桂林市	164.4	0.20	0.30	0.35	1 921.20	255.90
	柳州市	96.8	0.20	0.30	0.35	1 489.10	
	百色市	173.5	0.25	0.45	0.55	1 070.50	169.80
	桂平	42.5	0.20	0.30	0.35	1 682.50	
	梧州市	114.8	0.20	0.30	0.35	1 450.90	334.50
	龙州	128.8	0.20	0.30	0.35	1 304.00	
	东兴	18.2	0.45	0.75	0.90	2 761.00	
	北海市	15.3	0.45	0.75	0.90	1 677.20	509.20

省市名	城市名	海拔高度/m	风压/(kN·m⁻²)			降水/mm	
			$n=10$	$n=50$	$n=100$	年降水量	日最大降水量
海南	海口市	14.1	0.45	0.75	0.90	1 691.90	283.00
	东方	8.4	0.55	0.85	1.00	961.20	
	儋州市	168.7	0.40	0.70	0.85	1 808.00	403.10
	琼中	250.9	0.30	0.45	0.55	2 452.30	373.50
	琼海	24.0	0.50	0.85	1.05	2 059.90	
	三亚市	5.5	0.50	0.85	1.05	1 239.10	287.50
四川	成都市	506.1	0.20	0.30	0.35	870.10	201.30
	若尔盖	3 439.6	0.25	0.30	0.35	663.60	65.30
	甘孜	3 393.5	0.35	0.45	0.50	640.00	38.10
	绵阳市	470.8	0.20	0.30	0.35	963.20	
	康定	2 615.7	0.30	0.35	0.40	802.00	48.00
	九龙	2 987.3	0.20	0.30	0.35	902.60	
	宜宾市	340.8	0.20	0.30	0.35	1 063.10	
	西昌市	1 590.9	0.20	0.30	0.35	1 013.50	135.70
	会理	1 787.1	0.20	0.30	0.35	1 147.80	
	达州市	310.4	0.20	0.35	0.45	1 201.30	194.10
	南充市	309.3	0.20	0.30	0.35	987.20	
	内江市	347.1	0.25	0.40	0.50	1 058.60	244.80
	涪陵区	273.5	0.20	0.30	0.35	1 071.80	113.10
	泸州市	334.8	0.20	0.30	0.35	1 142.30	
贵州	贵阳市	1 074.3	0.20	0.30	0.35	1 127.10	133.90
	盘州市	1 515.2	0.25	0.35	0.40	1 399.90	148.80
	毕节	1 510.6	0.20	0.30	0.35	952.00	115.80
	遵义市	843.9	0.20	0.30	0.35	1 097.80	
	凯里市	720.3	0.20	0.30	0.35	1 225.40	256.50
	兴仁	1 378.5	0.20	0.30	0.35	1 342.00	

省市名	城市名	海拔高度/m	风压/(kN·m⁻²)			降水/mm	
			$n=10$	$n=50$	$n=100$	年降水量	日最大降水量
云南	昆明市	1 891.4	0.20	0.30	0.35	1 003.80	153.30
	德钦	3 485.0	0.25	0.35	0.40	661.30	74.70
	昭通市	1 949.5	0.25	0.35	0.40	738.20	
	丽江	2 393.2	0.25	0.30	0.35	933.90	105.20
	腾冲	1 654.6	0.20	0.30	0.35	1 482.40	93.20
	大理市	1 990.5	0.45	0.65	0.75	1 060.10	136.80
	楚雄市	1 772.0	0.20	0.35	0.40	862.70	
	临沧	1 502.4	0.20	0.30	0.35	1 205.50	97.40
	澜沧	1 054.8	0.20	0.30	0.35	1 576.80	
	景洪	552.7	0.20	0.40	0.50	1 196.90	151.80
	思茅	1 302.1	0.25	0.45	0.55	1 546.20	149.00
	元江	400.9	0.25	0.30	0.35	789.40	109.40
	蒙自	1 300.7	0.25	0.30	0.35	857.70	
西藏	拉萨市	3 658.0	0.20	0.30	0.35	431.30	41.60
	那曲	4 507.0	0.30	0.45	0.50	410.10	33.30
	日喀则市	3 836.0	0.20	0.30	0.35	431.20	
	昌都	3 306.0	0.20	0.35	0.35	466.50	55.30
	林芝	3 000.0	0.25	0.40	0.40	654.10	
台湾	台北	0.8	0.40	0.70	0.85	2 363.70	400.00
	台南	0.14	0.60	0.85	1.00	1 546.40	
香港	香港	0.50	0.80	0.90	0.95	2 224.70	382.60
澳门	澳门	0.57	0.75	0.85	0.90	1 998.70	

注：风压（kN/m²）按 50 年计算；表中未列入的城镇风压及降水量按相关标准或根据当地气象资料确定。

参 考 文 献

[1] 《建筑施工手册》(第五版)编委会．建筑施工手册[M]．5版．北京：中国建筑工业出版社，2022.

[2] 梁敦维．图解防水工基本技术[M]．北京：中国电力出版社，2010.

[3] [美]唐纳德·沃特森．建筑材料与选型手册[M]．王剑，等，译．北京：中国建筑工业出版社，2007.

[4] 杜红秀，周梅．土木工程材料[M]．北京：机械工业出版社，2012.

[5] 江峰．建筑材料[M]．重庆：重庆大学出版社，2009.

[6] 张金升，张银燕，夏小裕，等．沥青材料[M]．北京：化学工业出版社，2009.

[7] 陈远吉，宁平．防水工岗位技能图表详解[M]．上海：上海科学技术出版社，2010.

[8] 魏平．防水工程[M]．北京：科学出版社，2010.

[9] 中华人民共和国住房和城乡建设部，国家质量监督检验检疫总局．GB 50345—2012 屋面工程技术规范[S]．北京：中国建筑工业出版社，2012.

[10] 中华人民共和国住房和城乡建设部．GB 50108—2008 地下工程防水技术规范[S]．北京：中国建筑工业出版社，2008.

[11] 中华人民共和国住房和城乡建设部．GB 50207—2012 屋面工程质量验收规范[S]．北京：中国建筑工业出版社，2012.

[12] 中华人民共和国住房和城乡建设部．GB 50208—2011 地下防水工程质量验收规范[S]．北京：中国建筑工业出版社，2011.

[13] 中华人民共和国住房和城乡建设部．JGJ/T 53—2011 房屋渗漏修缮技术规程[S]．北京：中国建筑工业出版社，2011.

[14] 中华人民共和国住房和城乡建设部．JGJ/T 235—2011 建筑外墙防水工程技术规程[S]．北京：中国建筑工业出版社，2011.

[15] 住房和城乡建设部．住房和城乡建设部关于发布《房屋建筑和市政基础设施工程危及生产安全施工工艺、设备和材料淘汰目录(第一批)》的公告[EB]．https：//www. mohurd. gov. cn/gongkai/zhengce/zhengcefilelib/202112/20211230_763713. html? eqid=8702950400029dc000000006647e9b4f. 2021. 12.